21世纪高职高专土建立体化系列规划教材
山东省特色课程"建设工程造价管理"教改项目成果

工程造价管理

———（第二版）———

主　编　徐锡权　厉彦菊　刘永坤
副主编　陈冬花　申淑荣　郭咏梅
参　编　张　玲　赵　军　宋　健
主　审　刘　锋

北京大学出版社
PEKING UNIVERSITY PRESS

内 容 简 介

本书根据《建设工程工程量清单计价规范》(GB 50500—2013)和《建筑安装工程费用项目组成》(建标[2013]44号)等国家最新颁发的有关工程造价管理方面的政策、法规,同时按照中国建设工程造价管理协会组织制定的《建设项目全过程造价咨询规程》(CECA/GC 4—2009)的要求,涵盖了建设工程全过程造价管理的内容与方法。本书在编写中充分考虑高等职业教育的教学要求,注重学生能力的培养,突出案例教学的特点,分单元进行编写,每单元都编写了知识架构图、应用案例和综合应用案例,并附有大量的技能训练题及答案,便于教师教学和学生自学。全书共分 9 个单元,主要内容包括:工程造价管理基础知识,工程造价构成,工程造价计价模式,建设项目决策阶段、设计阶段、发承包阶段、施工阶段、竣工阶段工程造价管理,以及工程造价信息管理。

本书可作为高职高专工程造价和工程管理类专业课程的教材,也可作为成人高等教育工程造价专业的教材,还可作为工程造价管理从业人员的培训及学习用书。

图书在版编目(CIP)数据

工程造价管理/徐锡权,厉彦菊,刘永坤主编.—2 版.—北京:北京大学出版社,2016.5
21世纪高职高专土建立体化系列规划教材
ISBN 978-7-301-27050-9

Ⅰ.①工… Ⅱ.①徐…②厉…③刘… Ⅲ.①建筑造价管理—高等职业教育—教材 Ⅳ.①TU723.3

中国版本图书馆 CIP 数据核字(2016)第 079082 号

书　　　名	工程造价管理(第二版) GONGCHENG ZAOJIA GUANLI
著作责任者	徐锡权　厉彦菊　刘永坤　主编
策划编辑	杨星璐
责任编辑	伍大维
标准书号	ISBN 978-7-301-27050-9
出版发行	北京大学出版社
地　　　址	北京市海淀区成府路 205 号　100871
网　　　址	http://www.pup.cn　新浪微博:@北京大学出版社
电子信箱	pup_6@163.com
电　　　话	邮购部 010- 62752015　发行部 010-62750672　编辑部 010-62750667
印刷者	河北滦县鑫华书刊印刷厂
经销者	新华书店
	787 毫米×1092 毫米　16 开本　20 印张　462 千字 2012 年 7 月第 1 版 2016 年 5 月第 2 版　2021 年 3 月第 3 次印刷(总第 8 次印刷)
定　　　价	44.00 元

未经许可,不得以任何方式复制或抄袭本书之部分或全部内容。
版权所有,侵权必究
举报电话: 010-62752024　电子信箱: fd@pup.pku.edu.cn
图书如有印装质量问题,请与出版部联系,电话: 010-62756370

第二版前言

根据住房和城乡建设部、财政部印发的《建筑安装工程费用项目组成》(建标[2013]44号)文件、住房和城乡建设部发布的《建设工程工程量清单计价规范》(GB 50500—2013)等最新的有关标准规范和相关文件,以及学科发展情况,我们对2012年第一版《工程造价管理》教材内容进行了修订。本次修订突出以下几点。

(1) 在内容编排上,沿用第一版教材的内容体系,但每单元的教学内容,均以我国最新颁布的文件、规定等为基础进行修订,使其更符合我国现行的有关规定。

(2) 根据《建筑安装工程费用项目组成》(建标[2013]44号)等文件重新编写了单元2(工程造价构成);根据《建设工程工程量清单计价规范》(GB 50500—2013)等文件重新编写了单元7(建设项目施工阶段工程造价管理);在单元3(工程造价计价模式)课题3.2(定额计价模式)中增添了预算定额等知识内容。

(3) 为了检测学生的学习,便于教师布置课后作业,本书删除了课后的技能训练题答案,并将此部分内容作为教学素材资源包,供读者学习与参考。

此次修订工作由日照职业技术学院徐锡权(注册造价师)、厉彦菊、刘永坤(注册造价师)担任主编;武夷学院陈冬花、日照职业技术学院申淑荣、郭咏梅担任副主编;山东水利职业学院张玲、日照职业技术学院赵军、山东建苑工程咨询有限公司宋健(注册造价师)参加了编写。日照市建设工程标准定额管理站刘锋(高工、注册造价师)担任本书的主审。

本书在修订过程中参阅了大量的国内优秀教材及造价工程师执业资格考试培训教材,在此对相关作者一并表示感谢。

由于本书涉及的内容广泛,加之编者水平有限,书中难免存在不足和疏漏之处,敬请同行专家和读者批评、指正,以便今后修订时改进。

编 者

2015年12月

第一版前言

本书是针对高等职业院校工程造价和工程管理类专业的"工程造价管理""工程造价控制""工程造价计价与控制"等课程编写的专门教材。本书根据国家最新颁发的有关工程造价管理方面的政策、法规，按照中国建设工程造价管理协会组织制定的《建设项目全过程造价咨询规程》(CECA/GC 4—2009)的要求，结合《建设工程工程量清单计价规范》(GB 50500—2008)、《建设项目投资估算编审规程》(CECA/GC 1—2007)、《建设项目设计概算编审规程》(CECA/GC 2—2007)、《建设项目工程结算编审规程》(CECA/GC 3—2010)、《建设项目施工图预算编审规程》(CECA/GC 5—2010)、《建设项目经济评价方法与参数》(第三版)、《中华人民共和国标准施工招标文件》(2007 版)等新规范、规程编写了建设工程全过程造价管理的内容与方法。

全书系统介绍了工程造价管理基础知识，工程造价构成，工程造价计价模式，建设项目决策阶段、设计阶段、交易阶段、施工阶段、竣工阶段工程造价管理的内容与方法以及工程造价信息管理。全书分 9 个单元编写，注重案例教学，通过应用案例突出重点知识点，通过综合应用案例串联各单元知识点，注重培养学生的造价管理能力。

本书作为"工程造价管理""工程造价控制""工程造价计价与控制"等课程的教材，在使用时，建议课程总学时为 46～64 学时，各单元控制学时建议如下。

单 元	内 容	建议学时
单元 1	工程造价管理基础知识	2～4 学时
单元 2	工程造价构成	4～6 学时
单元 3	工程造价计价模式	4～6 学时
单元 4	建设项目决策阶段工程造价管理	8～10 学时
单元 5	建设项目设计阶段工程造价管理	8～10 学时
单元 6	建设项目交易阶段工程造价管理	6～8 学时
单元 7	建设项目施工阶段工程造价管理	8～10 学时
单元 8	建设项目竣工阶段工程造价管理	4～6 学时
单元 9	工程造价信息管理	2～4 学时
合计		46～64 学时

本书由日照职业技术学院徐锡权(注册造价师)、日照岚山城乡建设局孙家宏、日照职业技术学院刘永坤担任主编，日照职业技术学院郭咏梅、厉彦菊、赵珍玲、赵军担任副主编，山东水利职业学院张玲、日照职业技术学院申淑荣、日照宝林投资技术咨询有限公司杨林洪(注册造价师)、山东建苑工程咨询有限公司宋健(注册造价师)参加了编写。日照市建设工程标准定额管理站刘锋(高工、注册造价师)担任本书的主审。

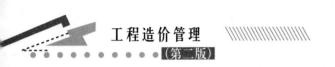

本书在编写过程中参阅和引用了一些院校优秀教材的内容，吸收了国内外众多同行专家的最新研究成果，在此表示感谢。由于编者水平有限，加上时间仓促，书中不妥之处在所难免，衷心地希望广大读者批评指正。

编　者

2012 年 2 月

单元1 工程造价管理基础知识 ……… 1
  课题1.1 工程造价的基本概念 ……… 3
    1.1.1 工程建设 ……… 3
    1.1.2 建设项目 ……… 3
    1.1.3 工程投资 ……… 5
    1.1.4 工程造价的含义 ……… 6
    1.1.5 工程造价的特点 ……… 7
  课题1.2 工程造价管理 ……… 8
    1.2.1 工程造价管理的含义 ……… 8
    1.2.2 工程造价管理的内容 ……… 8
    1.2.3 工程造价管理理论 ……… 9
  课题1.3 工程造价控制 ……… 11
    1.3.1 工程造价控制的含义 ……… 11
    1.3.2 工程造价控制的原则 ……… 12
    1.3.3 工程造价控制的重点和关键环节 ……… 13
  课题1.4 建设工程造价管理制度 ……… 15
    1.4.1 建设工程造价管理组织系统 ……… 15
    1.4.2 建设工程造价咨询企业管理 ……… 16
    1.4.3 建设工程造价专业人员资格管理 ……… 20
  单元小结 ……… 25
  综合案例 ……… 25
  技能训练题 ……… 27

单元2 工程造价构成 ……… 29
  课题2.1 工程造价构成概述 ……… 31
    2.1.1 我国现行建设项目投资构成 ……… 31
    2.1.2 我国现行建设项目工程造价的构成 ……… 32
  课题2.2 建筑安装工程费用的构成 ……… 33
    2.2.1 建筑安装工程费用内容 ……… 33
    2.2.2 我国现行建筑安装工程费用项目组成 ……… 33
    2.2.3 按费用构成要素划分建筑安装工程费用项目构成和计算 ……… 35
    2.2.4 按造价形成划分建筑安装工程费用项目构成和计算 ……… 41
    2.2.5 建筑安装工程计价程序 ……… 46
  课题2.3 设备及工器具购置费用的构成 ……… 48
    2.3.1 设备购置费的构成及计算 ……… 48
    2.3.2 工器具及生产家具购置费的构成及计算 ……… 53
  课题2.4 工程建设其他费用组成 ……… 53
    2.4.1 建设用地费 ……… 54
    2.4.2 与项目建设有关的其他费用 ……… 57
    2.4.3 与未来生产经营有关的其他费用 ……… 60
  课题2.5 预备费和建设期利息 ……… 61
    2.5.1 预备费 ……… 61
    2.5.2 建设期利息 ……… 62
    2.5.3 固定资产投资方向调节税(暂停征收) ……… 63
  课题2.6 世界银行建设项目费用构成 ……… 63
    2.6.1 世界银行项目建设总成本的构成 ……… 63
    2.6.2 国外项目的建设总成本构成 ……… 65
  单元小结 ……… 66
  综合案例 ……… 67
  技能训练题 ……… 67

单元3 工程造价计价模式 ……… 70
  课题3.1 工程造价计价原理与依据 ……… 72

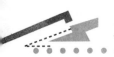

- 3.1.1 工程造价计价基本原理 ………… 72
- 3.1.2 工程造价计价依据的分类 ……… 73
- 3.1.3 现行工程造价计价依据体系 …… 74

课题 3.2 定额计价模式 ……………………… 76
- 3.2.1 定额计价的基本方法与程序 …… 76
- 3.2.2 预算定额及其基价编制 ………… 77
- 3.2.3 概算定额、概算指标、投资估算指标 ……………………… 85

课题 3.3 工程量清单计价模式 ……………… 89
- 3.3.1 工程量清单计价的基本方法与程序 ……………………………… 89
- 3.3.2 编制工程量清单文件 …………… 90
- 3.3.3 编制工程量清单计价文件 ……… 97

单元小结 …………………………………………… 98
综合案例 …………………………………………… 98
技能训练题 ……………………………………… 103

单元 4 建设项目决策阶段工程造价管理 ……………………………… 105

课题 4.1 投资决策基本知识 ……………… 106
- 4.1.1 建设项目决策与工程造价的关系 ……………………………… 106
- 4.1.2 项目决策阶段影响工程造价的主要因素 ……………………… 107

课题 4.2 投资估算的编制与审查 ………… 108
- 4.2.1 建设项目投资估算的含义和内容 ……………………………… 108
- 4.2.2 投资估算的依据、要求及步骤 ……………………………… 112
- 4.2.3 投资估算的文件组成 …………… 115
- 4.2.4 投资估算的编制方法 …………… 118
- 4.2.5 流动资金投资估算 ……………… 123

课题 4.3 建设项目的经济评价 …………… 124
- 4.3.1 经济评价 ………………………… 124
- 4.3.2 财务评价 ………………………… 125
- 4.3.3 财务评价的内容和评价指标 ……………………………… 126

单元小结 …………………………………………… 129
综合案例 …………………………………………… 129
技能训练题 ……………………………………… 133

单元 5 建设项目设计阶段工程造价管理 ……………………………… 135

课题 5.1 工程设计基本知识 ……………… 137
- 5.1.1 工程设计的含义 ………………… 137
- 5.1.2 设计阶段影响造价的因素 ……… 137
- 5.1.3 设计阶段造价控制的措施和方法 ……………………………… 139
- 5.1.4 设计阶段工程造价管理的重要意义 ……………………… 140

课题 5.2 设计方案的优选与限额设计 …… 140
- 5.2.1 设计方案的技术经济评价方法 ……………………………… 140
- 5.2.2 设计方案招投标和设计方案竞选 ……………………………… 142
- 5.2.3 价值工程在设计方案竞选中的应用 ……………………… 142
- 5.2.4 限额设计 ………………………… 150

课题 5.3 设计概算的编制与审核 ………… 151
- 5.3.1 设计概算的编制 ………………… 151
- 5.3.2 调整设计概算的编制 …………… 166
- 5.3.3 设计概算的审查 ………………… 167

课题 5.4 施工图预算的编制与审核 ……… 168
- 5.4.1 施工图预算的编制 ……………… 168
- 5.4.2 调整施工图预算的编制 ………… 171
- 5.4.3 施工图预算的审查 ……………… 172

单元小结 …………………………………………… 173
综合案例 …………………………………………… 173
技能训练题 ……………………………………… 175

单元 6 建设项目发承包阶段工程造价管理 ……………………………… 178

课题 6.1 招投标与工程造价管理 ………… 180
- 6.1.1 建设工程招投标对工程造价的重要影响 ……………………… 180
- 6.1.2 建设工程招投标阶段工程造价管理的内容 …………………… 180

课题 6.2 招标控制价编制 ………………… 183
- 6.2.1 招标控制价的概念 ……………… 183
- 6.2.2 招标控制价的编制依据 ………… 184

6.2.3 招标控制价的编制内容 ……… 185
6.2.4 招标控制价的编制程序与综合单价的确定 ……… 186
6.2.5 招标控制价计价文件的组成内容及格式 ……… 186
6.2.6 编制招标控制价需要考虑的其他因素 ……… 186
6.2.7 编制招标控制价时应注意的问题 ……… 187

课题 6.3 投标报价分析 ……… 187
6.3.1 建设工程施工投标与报价 ……… 187
6.3.2 投标报价的编制 ……… 188
6.3.3 投标报价的策略 ……… 190
6.3.4 报价技巧 ……… 191

课题 6.4 工程合同价款的确定 ……… 193
6.4.1 工程合同价确定 ……… 193
6.4.2 施工合同的签订 ……… 196
6.4.3 不同计价模式对合同价和合同签订的影响 ……… 197

单元小结 ……… 200
综合案例 ……… 200
技能训练题 ……… 202

单元 7 建设项目施工阶段工程造价管理 ……… 205

课题 7.1 合同价款调整 ……… 207
7.1.1 可以调整合同价款的事件 ……… 207
7.1.2 合同价款的调整方法 ……… 207
7.1.3 合同价款调整的程序 ……… 215
7.1.4 FIDIC 合同条件下的工程变更 ……… 215

课题 7.2 工程索赔 ……… 216
7.2.1 索赔的概念及分类 ……… 216
7.2.2 索赔成立的条件和依据 ……… 219
7.2.3 施工索赔的程序 ……… 219
7.2.4 索赔费用的计算 ……… 221
7.2.5 索赔报告的内容 ……… 227

课题 7.3 工程计量与合同价款结算 ……… 227
7.3.1 工程计量 ……… 227
7.3.2 工程计量的方法 ……… 228
7.3.3 预付款 ……… 229
7.3.4 进度款期中支付 ……… 231
7.3.5 合同解除的价款结算与支付 ……… 232
7.3.6 合同价款纠纷的处理 ……… 233
7.3.7 工程造价鉴定 ……… 236

课题 7.4 偏差调整 ……… 238
7.4.1 编制施工阶段资金使用计划 ……… 238
7.4.2 实际投资与计划投资 ……… 240
7.4.3 投资偏差与进度偏差 ……… 241
7.4.4 偏差分析方法 ……… 242
7.4.5 偏差原因分析与纠偏措施 ……… 244
7.4.6 偏差的纠正与控制 ……… 245

单元小结 ……… 250
综合案例 ……… 250
技能训练题 ……… 253

单元 8 建设项目竣工阶段工程造价管理 ……… 256

课题 8.1 工程竣工结算 ……… 258
8.1.1 竣工结算概述 ……… 258
8.1.2 竣工结算文件的组成 ……… 258
8.1.3 竣工结算的编制 ……… 258
8.1.4 工程竣工结算的审查 ……… 259
8.1.5 质量保证(修)金 ……… 261
8.1.6 最终结清 ……… 262

课题 8.2 工程竣工决算 ……… 263
8.2.1 竣工决算概述 ……… 263
8.2.2 竣工决算的内容 ……… 263
8.2.3 竣工决算的编制 ……… 271
8.2.4 竣工决算的审核 ……… 271

课题 8.3 新增资产价值的确定 ……… 273
课题 8.4 竣工项目的保修回访 ……… 276
单元小结 ……… 279
综合案例 ……… 279
技能训练题 ……… 282

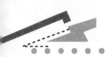

单元 9　工程造价信息管理 285
  课题 9.1　工程造价资料管理 286
  课题 9.2　工程造价信息 289
  课题 9.3　中国香港地区与国外工程造价信息管理 301

单元小结 302
综合案例 303
技能训练题 304

参考文献 306

单元 1

工程造价管理基础知识

教学目标

通过本单元的学习,熟悉工程建设的概念、建设项目的组成和工程建设程序;掌握工程造价的含义及其特点;掌握全过程工程造价管理与控制的含义和主要内容;了解建设工程造价管理组织系统、工程造价咨询企业与专业人员资格管理制度。

本单元知识架构

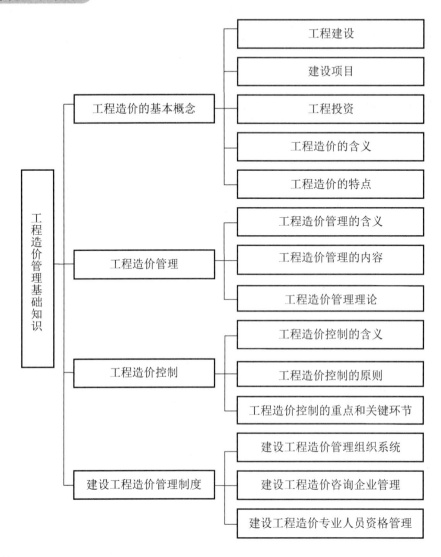

引 例

对于工程造价,我国在唐朝时就有记载,但发展缓慢。新中国成立后,工程造价有了很大的发展,但未形成一个独立的学科体系。十一届三中全会后,党的工作重点转移到了经济建设上来,特别是社会主义市场经济体制的逐步完善,使工程造价管理得到了很大的发展,逐渐形成了一个新兴学科。1985 年中国工程建设概预算定额委员会成立;从 1988 年开始,工程造价管理工作划归原建设部,并成立标准定额司;1990 年成立了中国建设工程造价管理协会;1996 年国家人事部和原建设部确定并行文建立注册造价工程师制度,对学科的建设与发展起了非常重要的作用,标志着该学科已发展成为一个独立的、完整的学科体系。经过多年的发展,我国的工程造价管理工作取得了可喜的成绩,为我国社会主义现代化建设做出了重大贡献。

本单元中,我们来学习什么是工程造价、什么是工程造价管理、目前的工程造价管理体制及相关制度等知识。

课题 1.1 工程造价的基本概念

1.1.1 工程建设

1. 工程建设的概念

工程建设是指投资建造固定资产和形成物质基础的经济活动。凡是固定资产扩大再生产的新建、扩建、改建、恢复工程及与之相关的活动均称为工程建设。

2. 工程建设的内容

工程建设包括从资源开发规划，确定工程建设规模、投资结构、建设布局、技术政策和技术结构、环境保护、项目决策，到建筑安装、生产准备、竣工验收、联动试车等一系列复杂的技术经济活动。工程建设的内容主要包括建筑工程、安装工程、设备及工器具购置以及工程建设其他工作。

1) 建筑工程

建筑工程指永久性和临时性的各种建筑物和构筑物，如厂房、仓库、住宅、学校、矿井、桥梁、电站、体育场等新建、扩建、改建或复建工程。

2) 安装工程

安装工程是指永久性和临时性生产、动力、起重、运输、传动、医疗和实验等设备的装配、安装工程，以及附属于被安装设备的管线敷设、绝缘、保温、刷油等工程。

3) 设备及工器具购置

设备及工器具购置指按设计文件规定，对用于生产或服务于生产达到固定资产标准的设备、工器具的加工、订购和采购。

4) 工程建设其他工作

工程建设其他工作是指上述三项工作之外而与建设项目有关的各项工作，主要包括：征地、拆迁、安置，建设场地准备，勘察、设计招标，承建单位招标，生产人员培训，生产准备，竣工验收、试车等。

1.1.2 建设项目

1. 建设项目的概念

工程建设在实施过程中是按项目来进行管理的。建设项目一般是指需要一定的投资，经过决策和实施的一系列程序，在一定的约束条件下，以形成固定资产为明确目标的一次性的活动，是按一个总体规划或设计范围内进行建设的，实行统一施工、统一管理、统一核算的工程，也可以称为基本建设项目。如建设一座工厂、建设一所学校、建设一所医院等均称为一个建设项目。

2. 建设项目的分类

1) 建设项目按不同标准进行分类

(1) 按建设项目的建设性质分类。

按建设项目的建设性质分类可分为基本建设项目和更新改造项目。基本建设项目是投资建设用于进行扩大生产能力或增加工程效益为主要目的工程，包括新建项目、扩建项目、迁建项目、恢复项目。更新改造项目是指建设资金用于对企事业单位原有设施进行技术改造或固定资产更新的项目，或者为提高综合生产能力增加的辅助性生产、生活福利等工程项目和有关工作。更新改造工程包括挖潜工程、节能工程、安全工程、环境工程等。如设备更新改造，工艺改革，产品更新换代，厂房生产性建筑物和公用工程的翻新、改造，原燃材料的综合利用和废水、废气、废渣的综合治理等，主要目的就是实现以内涵为主的扩大再生产。

(2) 按建设项目的用途分类。

按建设项目在国民经济各部门中的作用，可分为生产性建设项目和非生产性建设项目。

(3) 按建设项目的规模分类。

基本建设项目可划分为大型建设项目、中型建设项目和小型建设项目。更新改造项目划分为限额以上项目和限额以下项目两类。

(4) 按行业性质和特点分类。

按行业性质和特点分类可分为竞争性项目、基础性项目和公益性项目。

2) 建设项目从不同的角度进行分类

(1) 按项目的目标，分为经营性项目和非经营性项目。

(2) 按项目的产出属性(产品或服务)，分为公共项目和非公共项目。

(3) 按项目的投资管理形式，分为政府投资项目和企业投资项目。

(4) 按项目与企业原有资产的关系，分为新建项目和改、扩建项目。

(5) 按项目的融资主体，分为新设法人项目和既有法人项目。

3. 建设项目的组成

建设项目按照建设管理和合理确定工程造价的需要，划分为建设项目、单项工程、单位工程、分部工程、分项工程5个项目层次。

建设项目是由一个或几个单项工程组成的，一个单项工程是由几个单位工程组成的，而一个单位工程又是由若干个分部工程组成的，一个分部工程可按照选用的施工方法、使用的材料、结构构件规格的不同等因素划分为若干个分项工程。合理地划分分项工程，是正确编制工程造价的一项十分重要的工作，同时也有利于项目的组织管理。

下面以×××大学为例，来说明建设项目的组成，如图1.1所示。

4. 基本建设程序

基本建设程序是指工程项目从策划、评估、决策、设计、施工到竣工验收、投入生产或交付使用的整个建设过程中，各项工作必须遵循的先后工作顺序，一般包括3个时期6项工作。3个时期是指投资决策前期、投资建设时期和生产时期；6项工作为编制和报批项目建议书、编制和报批可行性研究报告、编制和报批设计文件、建设准备工作、建设实施工作、项目竣工验收及投产经营和后评价。通常基本建设程序由图1.2所示的9个环节来表达。

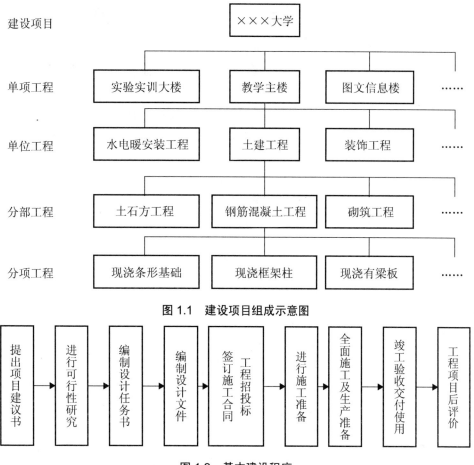

图 1.1 建设项目组成示意图

图 1.2 基本建设程序

1.1.3 工程投资

1. 投资的含义

投资是指投资主体在经济活动中为实现某种预定的生产、经营目标而预先垫付资金的经济行为。

2. 投资的分类

按不同的分类方式，投资的分类如图 1.3 所示。

3. 建设项目总投资

建设项目总投资是指投资主体为获取预期收益，在选定的建设项目上投入所需的全部资金的经济行为。生产性建设项目总投资分为固定资产投资和流动资产投资两部分；而非生产性建设项目总投资只有固定资产投资，不含上述流动资产投资。

4. 固定资产投资

固定资产是指在社会再生产过程中可供长时间反复使用，单位价值在规定限额以上，并在其使用过程中不改变其实物形态的物质资料，如建筑物、机械设备等。在我国的会计实务中，固定资产的具体划分标准为单位价值在规定限额以上，使用年限超过一年的建筑物、构筑物、机械设备、运输工具和其他与生产经营有关的工具、器具等资产均应视作固定资产；凡不符合以上条件的劳动资料一般称为低值易耗品，属于流动资产。固定资产投资是投资主体为了特定的目的，达到预期收益(效益)的资金垫付行为。在我国，固定资产投资包括基本建设投资、更新改造投资、房地产投资和其他固定资产投资4部分。

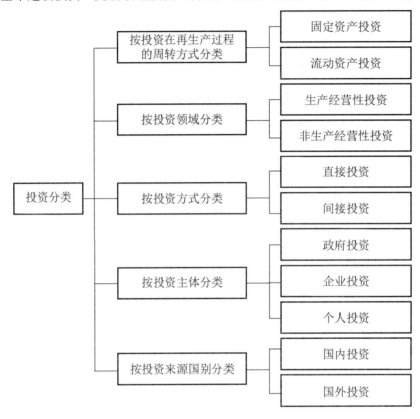

图 1.3　投资的分类

5. 静态投资

静态投资是以某一基准年、月的建设要素的价格为依据所计算出的建设项目投资的瞬时值。静态投资包括建筑安装工程费、设备及工器具购置费、工程建设其他费用和基本预备费，以及因工程量误差而引起的工程造价变化等。

6. 动态投资

动态投资是指为完成一个工程项目的建设，预计投资需要量的总和。动态投资除包括静态投资所含内容之外，还包括涨价预备费、建设期利息等，以及利率、汇率调整等增加的费用。动态投资包含静态投资，静态投资是动态投资最主要的组成部分，也是动态投资的计算基础。

1.1.4　工程造价的含义

工程造价通常是指按照确定的建设内容、建设规模、建设标准、功能要求和使用要求等将工程项目全部建成，在建设期预计或实际支出的费用。由于所处的角度不同，工程造价有不同的含义。

1. 第一种含义

从业主或投资者的角度来定义。工程造价是指建设一项工程预期开支或实际开支的全部固定资产投资费用。即有计划地进行某建设工程项目的固定资产再生产建设，形成相应的固定资产、无形资产、其他资产(递延资产)和流动资产。这些费用主要包括建筑安装工程费、设备及工器具购置费、工程建设其他费用、预备费、建设期利息。例如某单位投资建设一个附属小学，从前期的策划直到附属小学建成使用的全部过程中所投入的所有资金，就构成了该单位在这各附属小学上的工程造价。从这个意义上说，工程造价就是建设项目固定资产总投资。

2. 第二种含义

从承保商、供应商、设计市场供给主体来定义。工程造价是指工程价格，即为建成一项工程，预计或实际在土地、设备、技术劳务以及承包等市场上，通过招投标等交易方式所形成的建筑安装工程价格或建设工程总价格。

上述工程造价的两种含义一种是从项目建设角度提出的建设项目工程造价，它是一个广义的概念；另一种是从工程交易或工程承包、设计范围角度提出的建筑安装工程造价，它是一个狭义的概念。

工程造价的两种含义既有联系也有区别。两者的区别在于：其一，两者对合理性的要求不同。工程投资的合理性主要取决于决策的正确与否，建设标准是否适用及设计方案是否优化，而不取决于投资额的高低；工程价格的合理性在于价格是否反映价值，是否符合价格形成机制的要求，是否具有合理的利税率。其二，两者形成的机制不同。工程投资形成的基础是项目决策、工程设计、设备材料的选购，以及工程的施工和设备的安装，最后形成工程投资；而工程价格形成的基础是价值，同时受价值规律、供求规律的支配和影响。其三，存在的问题不同。工程投资存在的问题主要是决策失误、重复建设、建设标准脱离实情等；而工程价格存在的问题主要是价格偏离价值。

 应用案例 1-1

单项选择：工程造价的两种含义包括(根据从业主和承包商的角度可以理解为)( )。

A. 建设项目固定资产总投资和建设工程总价格
B. 建设项目总投资和建设工程发承包价格
C. 建设项目总投资和建设项目固定资产投资
D. 建设工程动态投资和建设工程静态投资

答案：A

【案例解析】

本题的关键是要对工程造价的两种含义进行准确理解。

1.1.5 工程造价的特点

1. 大额性

任何一项建设工程，不仅实物形态庞大，且造价高昂，需投资几百万元、几千万元甚至上亿元的资金，因此工程造价具有大额性的特点。

2. 单个性

任何一项建设工程其功能、用途各不相同，使得每一项工程的结构、造型、平面布置、设备配置和内外装饰都有不同的要求，这决定了工程造价必然具有单个性的特点。

3. 动态性

任何一项建设工程从决策到竣工交付使用，都有一个较长的建设期。在这一期间，如工程变更、材料价格、费率、利率、汇率等会发生变化。这种变化必然会影响工程造价的变动，直至竣工决算后才能最终确定工程造价，因此工程造价具有动态性的特点。

4. 层次性

一个建设项目往往含有多个单项工程，一个单项工程又是由多个单位工程组成。与此相对应，工程造价有建设项目总造价、单项工程造价和单位工程造价等多个层次。

5. 兼容性

工程造价既可以指建设项目的固定资产投资，也可以指建筑安装工程造价；既可以指招标的标底，也可以指投标报价。同时，工程造价的构成因素非常广泛、复杂，包括成本因素、建设用地支出费用、项目可行性研究和设计费用等，因此工程造价具有兼容性的特点。

课题 1.2　工程造价管理

1.2.1　工程造价管理的含义

工程造价管理是指综合运用管理学、经济学和工程技术等方面的知识与技能，对工程造价进行预测、计划、控制、核算等的过程。工程造价管理既涵盖了宏观层次的工程建设投资管理，也涵盖了微观层次的工程项目费用管理。

(1) 工程造价的宏观管理。工程造价的宏观管理是指政府部门根据社会经济发展的实际需要，利用法律、经济和行政等手段，规范市场主体的价格行为，监控工程造价的系统活动。

(2) 工程造价的微观管理。工程造价的微观管理是指工程参建主体根据工程有关计价依据和市场价格信息等预测、计划、控制、核算工程造价的系统活动。

1.2.2　工程造价管理的内容

工程造价管理的基本内容就是准确地计价和有效地控制造价。在项目建设的各阶段中，准确地计价就是客观、真实地反映工程项目的价值量，而有效地控制则是围绕预定的造价目标，对造价形成过程的一切费用进行计算、监控，出现偏差时，要分析偏差的原因，并采取相应的措施进行纠正，以保证工程造价控制目标的实现。

对于工程造价的准确计价，就是在工程建设的各个阶段，合理计算和确定投资估算、工程概算、施工图预算、合同价、中间结算、竣工结算与决算的过程。全过程工程造价管理各阶段主要任务、内容和成果可以用图 1.4 来表示。

对于工程造价的有效控制将在课题 1.3 中阐述。

知识链接

管理与控制是有区别的，具体可通过以下的定义来理解：管理是通过计划、组织、控制、激励和领导等环节来协调人力、物力和财务资源，以期更好地达成组织目标的过程。而控制工作作为管理的一项职能，控制工作是指主管人员对下属的工作成效进行测量、衡量和评价，并采取相应纠正措施的过程。

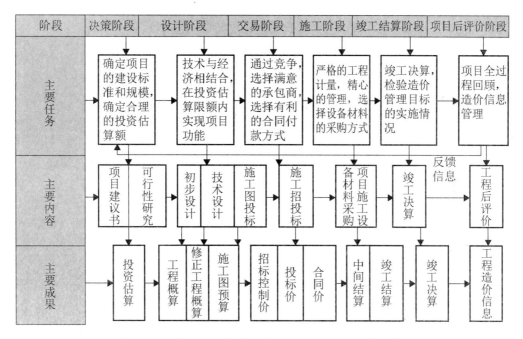

图1.4 全过程工程造价管理各阶段主要任务、内容和成果

应用案例 1-2

多项选择：工程造价的计价与建设期对应关系正确的是（　　）。

A. 在项目建议书阶段：初步投资估算　　B. 在可行性研究阶段：投资估算
C. 在招标阶段：施工图预算　　　　　　D. 在竣工验收阶段：竣工决算
E. 在实施阶段：结算价

答案：ABDE

【案例解析】

在工程建设的不同阶段，工程造价计价的名称有所不同，要注意其区别与联系。

1.2.3 工程造价管理理论

1. 工程造价管理的主导模式

工程造价管理理论与方法是随着社会生产力的发展以及现代管理科学的发展而产生并发展起来的。近年来，在原有的基础上，经过不断的发展与创新，形成了一些新的理论与方法，这些新的理论和方法最显著的地方是：更加注重决策、设计阶段工程造价管理对工程造价的能动影响作用；更重视项目整个寿命期内价值最大化，而不仅仅是项目建设期的价值最大化。其中具有代表性的造价管理模式为：20世纪70年代末期由英国建设项目工程造价管理界为主提出的"全生命周期造价管理"的理论与方法；20世纪80年代中期以中国建设项目工程造价管理界为主推出的"全过程工程造价管理"的思想和方法；20世纪90年代前期以美国建设项目工程造价管理界为主推出的"全面造价管理"的理论和方法。

2. 工程造价管理几种方法的比较

1) 全生命周期造价管理方法

全生命周期造价管理的理论与方法要求人们在建设项目投资决策分析及在项目备选方案评价与选择中要充分考虑项目建造成本和运营成本。该方法是建筑设计中的一种指导思想，用于计算建设项目在整个生命周期（包括建设项目前期、建设期、运营期和拆除期）的全部成本，其宗旨是追求建设项目全生命周期造价最小化和价值最大化的一种技术方法。这种方法主要适合在工程项目设计和决策阶段使用，尤其适合在各种基础设施和非营利性项目的设计中使用。但由于运营期的技术进步很难预测，所以对运营成本的估算就欠准确。

2) 全过程工程造价管理方法

全过程造价管理是一种基于活动和过程的建设项目造价管理模式，是一种用来科学确定和控制建设项目全过程造价的方法。它先将建设项目分解成一系列的项目工作包和项目活动，然后测量和确定出项目及其每项活动的工程造价，通过消除和降低项目的无效与低效活动以及改进项目活动方法去控制项目造价。

全过程造价管理模式更多地适合用于一个建设项目造价的估算、预算、结算和价值分析以及花费控制，但是其没有充分考虑建设项目的建造与运营费用的集成管理问题。

3) 全面造价管理方法

全面造价管理模式的最根本特征是"全面"，它不但包括了项目全生命周期和全过程造价管理的思想和方法，同时它还包括了项目全要素、全团队和全风险造价管理等全新的建设项目造价管理的思想和方法。然而，这一模式现在基本上还是一种工程造价管理的理念和思想，它在方法论和技术方法方面还有待完善。

3. 建设工程全面造价管理

按照国际工程造价管理促进会给出的定义，全面造价管理(Total Cost Management，TCM)是指有效地利用专业知识与技术，对资源、成本、盈利和风险进行筹划和控制。建设工程全面造价管理包括全寿命周期造价管理、全过程造价管理、全要素造价管理和全方位造价管理。

1) 全寿命周期造价管理

建设工程全寿命周期造价是指建设工程初始建造成本和建成后的日常使用成本之和。全寿命周期造价管理包括建设前期、建设期、使用期及拆除期各个阶段的成本管理。

2) 全过程造价管理

全过程造价管理是指覆盖建设工程策划决策及建设实施各个阶段的造价管理。

3) 全要素造价管理

影响建设工程造价的因素很多。为此，控制建设工程造价不仅仅是控制建设工程本身的建造成本，同时还应考虑工期成本、质量成本、安全与环境成本的控制，从而实现工程成本、工期、质量、安全、环境的集成管理。

4) 全方位造价管理

建设工程造价管理不仅仅是业主或承包单位的任务，而应该是政府建设主管部门、行业协会、业主、设计方、承包方以及有关咨询机构的共同任务。

课题 1.3　工程造价控制

1.3.1　工程造价控制的含义

1. 工程造价计价

建设工程造价计价就是计算和确定建设项目的工程造价，简称工程计价，也称工程估价。具体是指工程造价人员在项目实施的各个阶段，根据各个阶段的不同要求，遵循计价原则和程序，采用科学的计价方法，对投资项目最可能实现的合理价格做出科学的计算，从而确定投资项目的工程造价，编制工程造价的经济文件。工程造价计价具有以下特征。

1) 计价的单件性

产品的单件性决定了每项工程都必须单独计算造价。

2) 计价的多次性

建设工期周期长、规模大、造价高，需要按建设程序决策和实施，工程造价的计价也需要在不同阶段多次进行，以保证工程造价计算的准确性和控制的有效性。多次计价是个逐步深化、逐步细化和逐步接近实际造价的过程。工程多次计价过程如图1.5所示。

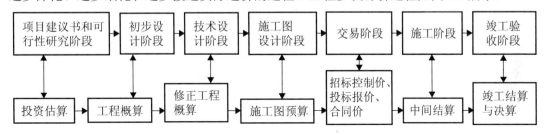

图 1.5　工程多次计价示意图

(1) 投资估算。投资估算是指在项目建议书和可行性研究阶段，通过编制估算文件预先测算和确定的工程造价。投资估算是建设项目进行决策、筹集资金和合理控制造价的主要依据。

(2) 工程概算。工程概算是指在初步设计阶段，根据设计意图，通过编制工程概算文件预先测算和确定的工程造价。与投资估算造价相比，概算造价的准确性有所提高，但受估算造价的控制。概算造价一般又可分为建设项目概算总造价、各个单项工程概算综合造价、各单位工程概算造价。

(3) 修正概算。修正概算是指在技术设计阶段，根据技术设计的要求，通过编制修正概算文件预先测算和确定的工程造价。修正概算是对初步设计阶段工程概算的修正与调整，比工程概算准确，但受工程概算控制。

(4) 施工图预算。施工图预算是指在施工图设计阶段，根据施工图纸，通过编制预算文件预先测算和确定的工程造价。它比工程概算或修正概算更为详尽和准确，但同样要受前一阶段工程造价的控制。目前，按工程量清单计价规范，有些工程项目需要确定招标控制价以限制最高投标报价。

(5) 合同价。合同价是指在工程发承包阶段通过签订总承包合同、建筑安装工程承包合同、设备材料采购合同，以及技术和咨询服务合同所确定的价格。合同价属于市场价格，它是由承发包双方(即商品和劳务买卖双方)根据市场行情共同议定和认可的成交价格，但它并不等同于最终结算的实际工程造价。按计价方法不同，建设工程合同有许多类型，不同类型合同的合同价内涵也有所不同。

(6) 中间结算。中间结算是指在工程施工过程和竣工验收阶段，按合同调价范围和调价方法，对实际发生的工程量增减、设备和材料价差等进行调整后计算和确定的价格，反映的是工程项目实际造价。竣工结算文件一般由承包单位编制，由发包单位审查，也可以委托具有相应资质的工程造价咨询机构进行审查。

(7) 竣工决算。竣工决算是指工程竣工决算阶段，以实物数量和货币指标为计量单位，综合反映竣工项目从筹建开始到项目竣工交付使用为止的全部建设费用。竣工结算文件一般由建设单位编制，上报相关主管部门审查。

3) 工程造价计价依据的复杂性

工程的多次计价有各种不同的计价依据，有投资估算指标、概算定额、预算定额等。

4) 工程造价计价方法的多样性

工程造价每次计价的精确度要求各不相同，其计价方法也具有多样性的特征。例如，计算投资估算的方法有设备系数法、生产能力指数估算法等；计算概、预算造价的方法有单价法和实物法等；不同的方法也有不同的适用条件，计价时应根据具体情况加以选择。

5) 工程造价的计价组合性

工程造价的计算过程和顺序对应是：分部分项工程造价→单位工程造价→单项工程造价→建设项目总造价。这说明了工程造价的计价过程是一个逐步组合的过程。

2. 工程造价控制

在建设工程的各个阶段，工程造价分别使用投资估算、设计概算、施工图预算、中标价、承包合同价、工程结算、竣工结算进行确定与控制。工程造价控制，就是在优化建设方案、设计方案的基础上，在建设程序的各个阶段，采用一定的方法和措施把工程造价控制在合理的范围和核定的造价限额以内。具体来说，要用投资估算价控制设计方案的选择和初步设计概算造价；用概算造价控制技术设计和修正概算造价；用概算造价或修正概算造价控制施工图设计和预算造价，以求合理使用人力、物力和财力，取得较好的投资效益。控制造价在这里强调的是控制项目投资。

1.3.2 工程造价控制的原则

有效的工程造价控制应体现以下三项原则。

(1) 以设计阶段为重点的全过程造价控制原则。工程建设分为多个阶段，工程造价控制也应该涵盖从项目建议书阶段开始，到竣工验收为止的整个建设期间的全过程。投资决策一经做出，设计阶段就成为工程造价控制的最重要阶段。设计阶段对工程造价高低具有能动的、决定性的影响作用。设计方案确定后，工程造价的高低也就确定了，也就是说全程控制的重点在前期，因此，以设计阶段为重点的造价控制才能积极、主动、有效地控制整个建设项目的投资。

(2) 主动控制与被动控制相结合的原则。长期以来，人们一直把控制理解为目标值与实际值的比较，以及当目标值偏离实际值时，分析其产生偏差的原因，并确定下一步的对策。这是一种被动控制，因为这样做只能发现偏离，不能预防可能发生的偏离。为尽可能减少及避免目标值与实际值的偏差，还必须立足于事先主动地采取控制措施，实施主动控制。也就是说，工程造价控制不仅要反映投资决策，反映设计、发包与施工，被动地控制工程造价，更要能动地影响投资决策，影响设计、发包与施工，主动地控制工程造价。

(3) 技术与经济相结合的原则。有效地控制工程造价，可以采用组织、技术、经济、合同等多种措施。其中技术与经济相结合是有效控制工程造价的最有效手段。以往，在我国的工程建设领域，存在技术与经济相分离的现象。技术人员和财务管理人员往往只注重各自职责范围内的工作，其结果是技术人员只关心技术问题，不考虑如何降低工程造价，而财务管理人员只单纯地从财务制度角度审核费用开支，而不了解项目建设中各种技术指标与造价的关系，使技术、经济这两个原本密切相关的方面对立起来。因此，要提高工程造价控制水平，就要在工程建设过程中把技术与经济有机结合起来，通过技术比较、经济分析和效果评价，正确处理技术先进性与经济合理性两者之间的关系，力求在技术先进适用的前提下使项目的造价合理，在经济合理的条件下保证项目的技术先进适用。

 应用案例 1-3

单项选择：有效控制工程造价应体现为以( )为重点的建设全过程造价控制。

A. 设计阶段　　　　B. 投资决策阶段　　　　C. 招投标阶段　　　　D. 施工阶段

答案：A

【案例解析】

工程造价是贯穿于建设全过程的，但必须重点突出。设计费一般只相当于建设工程全寿命费用的1%以下，但正是这少于1%的费用对工程造价的影响度占75%以上。

1.3.3 工程造价控制的重点和关键环节

1. 各阶段的控制重点

1) 项目决策阶段

根据拟建项目的功能要求和使用要求，做出项目定义，包括项目投资定义，并按照项目规划的要求和内容，以及项目分析和研究的不断深入，逐步地将投资估算的误差率控制在允许的范围之内。

2) 初步设计阶段

运用设计标准与标准设计、价值工程和限额设计方法等，以可行性研究报告中被批准的投资估算为工程造价目标书，控制和修改初步设计直至满足要求。

3) 施工图设计阶段

以被批准的工程概算为控制目标，应用限额设计、价值工程等方法，控制和修改施工图设计。通过对设计过程中所形成的工程造价层层限额设计，以实现工程项目设计阶段的工程造价控制目标。

4) 招标投标(交易)阶段

以工程设计文件(包括概、预算)为依据，结合工程施工的具体情况，如现场条件、市场价格、业主的特殊要求等，按照招标文件的制定，编制招标工程的招标控制(标底)价，明确合同计价方式，初步确定工程的合同价。

5) 工程施工阶段

以施工图预算或招标控制(标底)价、工程合同价等为控制依据，通过工程计量、控制工程变更等方法，按照承包人实际完成的工程量，严格确定施工阶段实际发生的工程费用。以合同价为基础，考虑物价上涨、工程变更等因素，合理确定进度款和结算款，控制工程实际费用的支出。

6) 竣工验收阶段

全面汇总工程建设中的全部实际费用，编制竣工决算，如实体现建设项目的工程造价，并总结经验，积累技术经济数据和资料，不断提高工程造价管理水平。

2. 关键控制环节

从各阶段的控制重点可见，要有效控制工程造价，关键应把握以下四个环节。

1) 决策阶段做好投资估算

投资估算对工程造价起到指导性和总体控制的作用。在投资决策过程中，特别是从工程规划阶段开始，预先对工程投资额度进行估算，有助于业主对工程建设各项技术经济方案做出正确决策，从而对今后工程造价的控制起到决定性的作用。

2) 设计阶段强调限额设计

设计是工程造价的具体化，是仅次于决策阶段影响投资的关键。为了避免浪费，采取限额设计是控制工程造价的有力措施。强调限额设计并不意味着一味追求节约资金，而是体现尊重科学、实事求是，保证设计科学合理，确保投资估算真正起到工程造价控制的作用。经批准的投资估算作为工程造价控制的最高限额，是限额设计控制工程造价的主要依据。

3) 招标投标(交易)阶段重视施工招标

业主通过施工招标择优选定承包商，不仅有利于确保工程质量和缩短工期，更有利于降低工程造价，是工程造价控制的重要手段。施工招标应根据工程建设的具体情况和条件，采用合适的招标形式，编制招标文件应符合法律法规，内容齐全。招标工作最终结果是实现工程双方签订施工合同。

4) 施工阶段加强合同管理与事前控制

施工阶段是工程造价的执行和完成阶段。在施工中通过跟踪管理，对发承包双方的实际履约行为掌握第一手资料，经过动态纠偏，及时发现和解决施工中的问题，有效地控制工程质量、进度和造价。事前控制的工作重点是控制工程变更和防止发生索赔。施工过程要搞好工程计量与结算，做好与工程造价相统一的质量、进度等各方面的事前、事中和事后控制。

应用案例 1-4

多项选择：建设项目投资控制贯穿于项目建设全过程，但各阶段程度不同，应以(　　)为控制重点。

A. 决策阶段　　　B. 竣工决算阶段　　　C. 招投标阶段
D. 设计阶段　　　E. 施工阶段

答案：AD

【案例解析】

建设项目投资过程中，决策阶段、设计阶段影响最大，是控制重点。

课题1.4　建设工程造价管理制度

1.4.1　建设工程造价管理组织系统

工程造价管理的组织系统，是指为实现造价管理目标而进行的有效组织活动，以及与造价管理功能相关的有机群体。它是工程造价动态的组织活动过程和相对静态的造价管理部门的统一。

为了实现工程造价管理目标而开展有效的组织活动，我国设置了多部门、多层次的工程造价管理机构，并规定了各自的管理权限和职责范围。工程造价管理组织有三个系统，分述如下。

1. 政府行政管理系统

政府在工程造价管理中既是宏观管理主体，也是政府投资项目的微观管理主体。从宏观管理的角度来看，政府对工程造价管理有一个严密的组织系统，设置了多层管理机构，明确了管理权限和职责范围。

1) 国务院建设主管部门的造价管理机构

对应的部门是住房和城乡建设部标准定额司，在建设工程造价管理方面的主要职能包括以下几个方面。

(1) 组织制定工程造价管理有关法规、制度并组织贯彻实施；

(2) 组织制定全国统一经济定额和制定、修订本部门经济定额；

(3) 监督指导全国统一经济定额和本部门经济定额的实施；

(4) 制定和负责全国工程造价咨询企业的资质标准及其资质管理工作；

(5) 制定全国工程造价管理专业人员执业资格准入标准，并监督执行。

2) 国务院其他部门的工程造价管理机构

包括水利、电力、石油、石化、机械、冶金、铁路、煤炭、建材、林业、核工业、公路等行业和军队的造价管理机构。主要是修订、编制、解释相应的工程建设标准定额，有的还负担本行业大型或重点建设项目的概算审批、概算调整等职责。

3) 省、自治区、直辖市工程造价管理部门

主要职责是修编、解释当地定额、收费标准和计价制度。此外，还要审核国家投资工程的标底、结算、处理合同纠纷等职责。各省、自治区、直辖市与工程造价管理对应的部门一般是住房和城乡建设厅标准定额站。

2. 行业协会管理系统

中国建设工程造价管理协会(简称中价协)是我国建设工程造价管理的行业协会，成立于1990年7月，是经原中华人民共和国建设部同意，民政部核准登记，具有法人资格的全

国性社会团体，是亚太区工料测量师协会(PAQS)和国际工程造价联合会(ICEC)等相关国际组织的正式成员。在各国造价管理协会和相关学会团体的不断共同努力下，目前，联合国已将造价管理这个行业列入了国际组织的认可行业，这对于造价咨询行业的可持续发展和进一步提高造价专业人员的社会地位将起到积极的促进作用。

为了增强对各地工程造价咨询工作和造价工程师的行业管理，近几十年来，先后成立了各省、自治区、直辖市所属的地方工程造价管理协会。全国性造价管理协会与地方造价管理协会是平等、协商、相互扶持的关系，地方协会接受全国性协会的业务指导，共同促进全国工程造价行业管理水平的整体提升。

知识链接

为了加强行业的自律管理，规范工程造价咨询企业承担建设项目全过程造价咨询的内容、范围、格式、深度要求和质量标准，提高全过程工程造价管理咨询的成果质量，依据国家的有关法律、法规、规章和规范性文件，中国建设工程造价管理协会组织有关单位制定了《建设项目全过程造价咨询规程》(以下称"本规程")编号为 CECA/GC 4—2009。2009 年 5 月 20 日发布，自 2009 年 8 月 1 日起试行。本规程适用于新建、扩建、改建等建设项目全过程造价管理咨询的咨询服务与工程造价咨询成果质量监督检查。

本规程的主要内容包括：总则、术语、一般规定、决策阶段、设计阶段、交易阶段、实施阶段、竣工阶段等。

各工程造价咨询企业和注册造价工程师、造价员在承担建设项目全过程造价咨询业务时，应认真按照本规程的有关要求执业和从业，各地方工程造价协会和中国建设工程造价管理协会各专业委员会可以依据本规程对建设项目全过程造价咨询的成果进行检查。

本教材所述的工程造价管理内容主要依据《建设项目全过程造价咨询规程》编写。

3. 企事业单位管理系统

企事业单位对工程造价的管理，属于微观管理的范畴。设计单位、工程造价咨询企业等按照业主或委托方的意图，在可行性研究和规划设计阶段合理确定和有效控制建设工程造价，通过限额设计等手段实现设定的造价管理目标；在招投标工作中编制招标文件、招标控制价，参加评标、合同谈判等工作；在项目实施阶段，通过对设计变更、工期、索赔和结算等管理进行造价控制。设计单位、工程造价咨询企业通过在全过程造价管理中的业绩，赢得自己的信誉，提高市场竞争力。

工程承包企业的造价管理是企业自身管理的重要内容。工程承包企业设有专门的职能机构参与企业的投标决策，并通过对市场的调查研究，利用过去积累的经验，研究报价策略，提出报价；在施工过程中，进行工程造价的动态管理，注意各种调价因素的发生和工程价款的结算，避免收益流失，以促进企业盈利目标的实现。

1.4.2 建设工程造价咨询企业管理

工程造价咨询企业是指接受委托，对建设项目投资、工程造价的确定与控制提供专业咨询服务的企业。工程造价咨询企业从事工程造价咨询活动，应当遵循独立、客观、公正、诚实信用的原则，不得损害社会公共利益和他人的合法权益。

工程造价咨询人是指取得工程造价咨询资质等级证书，接受委托从事建设工程造价咨询活动的企业。

1. 工程造价咨询企业资质管理

《工程造价咨询企业管理办法》(2006 年 09 月 28 日建设部令第 141 号发布,2015 年 05 月 04 日住房和城乡建设部令第 24 号修正)中规定,工程造价咨询企业资质等级分为甲级和乙级。

1) 甲级资质标准

(1) 已取得乙级工程造价咨询企业资质证书满 3 年。

(2) 企业出资人中,注册造价工程师人数不低于出资人总人数的 60%,且其出资额不低于企业注册资本总额的 60%。

(3) 技术负责人已取得造价工程师注册证书,并具有工程或工程经济类高级专业技术职称,且从事工程造价专业工作 15 年以上。

(4) 专职从事工程造价专业工作的人员(以下简称专职专业人员)不少于 20 人,其中,具有工程或者工程经济类中级以上专业技术职称的人员不少于 16 人,取得造价工程师注册证书的人员不少于 10 人,其他人员具有从事工程造价专业工作的经历。

(5) 企业与专职专业人员签订劳动合同,且专职专业人员符合国家规定的职业年龄(出资人除外)。

(6) 专职专业人员人事档案关系由国家认可的人事代理机构代为管理。

(7) 企业近 3 年工程造价咨询营业收入累计不低于人民币 500 万元。

(8) 具有固定的办公场所,人均办公建筑面积不少于 $10m^2$。

(9) 技术档案管理制度、质量控制制度、财务管理制度齐全。

(10) 企业为本单位专职专业人员办理的社会基本养老保险手续齐全。

(11) 在申请核定资质等级之日前 3 年内无本办法第二十七条禁止的行为。

2) 乙级资质标准

(1) 企业出资人中,注册造价工程师人数不低于出资人总人数的 60%,且其出资额不低于注册资本总额的 60%。

(2) 技术负责人已取得造价工程师注册证书,并具有工程或工程经济类高级专业技术职称,且从事工程造价专业工作 10 年以上。

(3) 专职专业人员不少于 12 人,其中,具有工程或者工程经济类中级以上专业技术职称的人员不少于 8 人,取得造价工程师注册证书的人员不少于 6 人,其他人员具有从事工程造价专业工作的经历。

(4) 企业与专职专业人员签订劳动合同,且专职专业人员符合国家规定的职业年龄(出资人除外)。

(5) 专职专业人员人事档案关系由国家人事代理机构代为管理。

(6) 具有固定的办公场所,人均办公建筑面积不少于 $10m^2$。

(7) 技术档案管理制度、质量控制制度、财务管理制度齐全。

(8) 企业为本单位专职专业人员办理的社会基本养老保险手续齐全。

(9) 暂定期内工程造价咨询营业收入累计不低于人民币 50 万元。

(10) 在申请核定资质等级之日前无本办法第二十七条禁止的行为。

应用案例 1-5

单项选择：工程造价咨询单位乙级资质专职技术负责人应具有高级专业技术职称，从事工程造价专业工作(　　)年以上，并取得造价工程师注册证书。

A. 8　　　B. 9　　　C. 10　　　D. 11　　　E. 12

答案：C

【案例解析】

乙级企业资质标准规定：技术负责人已取得造价工程师注册证书，并具有工程或工程经济类高级专业技术职称，且从事工程造价专业工作 10 年以上。

2. 工程造价咨询管理

工程造价咨询是指工程造价咨询企业面向社会接受委托，承担工程项目建设的可行性研究与经济评价，进行工程项目的投资估算、设计概算、工程预算、工程结算、竣工决算、工程招标标底、投标报价的编制与审核，对工程造价进行监控以及提供有关工程造价信息资料等业务工作。

工程造价咨询企业应当依法取得工程造价咨询企业资质，并在其资质等级许可的范围内从事工程造价咨询活动。工程造价咨询企业依法从事工程造价咨询活动不受行政区域限制。甲级工程造价咨询企业可以从事各类建设项目的工程造价咨询业务；乙级工程造价咨询企业可以从事工程造价 5000 万元人民币以下的各类建设项目的工程造价咨询业务。

1) 范围

根据《建设项目全过程造价咨询规程》，建设项目全过程工程造价管理咨询企业可负责或参与的主要工作包括以下几方面。

(1) 建设项目投资估算的编制、审核与调整；

(2) 建设项目经济评价；

(3) 设计概算的编制、审核与调整；

(4) 施工图预算的编制或审核；

(5) 参与工程招标文件的编制；

(6) 施工合同的相关造价条款的拟定；

(7) 招标工程工程量清单的编制；

(8) 招标工程招标控制价的编制或审核；

(9) 各类招标项目投标价合理性的分析；

(10) 建设项目工程造价相关合同履行过程的管理；

(11) 工程计量支付的确定，审核工程款支付申请，提出资金使用计划建议；

(12) 施工过程的设计变更、工程签证和工程索赔的处理；

(13) 提出工程设计、施工方案的优化建议，各方案工程造价的编制与比选；

(14) 协助建设单位进行投资分析、风险控制，提出融资方案的建议；

(15) 各类工程的竣工结算审核；

(16) 竣工决算的编制与审核；

(17) 建设项目后评价；
(18) 建设单位委托的其他工作。

工程造价管理咨询可分为项目的全过程工程造价管理咨询和某一阶段或若干阶段的工程造价管理咨询。工程造价咨询企业承担全过程、某一阶段或若干阶段工程造价管理咨询业务，应签订书面工程造价咨询合同，依据规定的工作内容，在工程造价咨询合同中具体约定服务内容、范围、深度或参与程度。

2) 执业

(1) 咨询合同及其履行。工程造价咨询企业在承接各类建设项目工程造价咨询业务时，可以参照《建设工程造价咨询合同(示范文本)》与委托人签订书面工程造价咨询合同，工程造价咨询企业从事工程造价咨询业务，应当按照有关规定的要求出具工程造价成果文件，工程造价成果文件应当由工程造价咨询企业加盖有企业名称、资质等级证书编号的执业印章，并由执行咨询业务的注册造价工程师签字、加盖执业印章。

(2) 执业行为准则。工程造价咨询企业在执业活动中应遵循下列执业行为准则。

① 要执行国家的宏观经济政策和产业政策，遵守国家和地方的法律、法规及有关规定，维护国家和人民的利益。

② 接受工程造价咨询行业自律组织业务指导，自觉遵守本行业的规定和各项制度。

③ 按照工程造价咨询单位资质证书规定的资质等级和服务范围开展业务，只承担能够胜任的工作。

④ 要具有独立执业的能力和工作条件，竭诚为客户服务，以高质量的咨询成果和优良服务，获得客户的信任和好评。

⑤ 要按照公平、公正和诚信的原则开展业务，认真履行合同，依法独立自主开展经营活动，努力提高经济效益。

⑥ 靠质量、靠信誉参加市场竞争，杜绝无序和恶性竞争；不得利用与行政机关、社会团体以及其他经济组织的特殊关系搞业务垄断。

⑦ 要"以人为本"，鼓励员工更新知识，掌握先进的技术手段和业务知识，采取有效措施组织、督促员工接受继续教育。

⑧ 不得在解决经济纠纷的鉴证咨询业务中分别接受双方当事人的委托。

⑨ 不得阻挠委托人委托其他工程造价咨询单位参与咨询服务；共同提供服务的工程造价咨询单位之间应分工明确，密切协作，不得损害其他单位的利益和名誉。

⑩ 有义务保守客户的技术和商务秘密，客户事先允许和国家另有规定的除外。

3) 企业分支机构

工程造价咨询企业设立分支机构的，应当自领取分支机构营业执照之日起30日内，持下列材料到分支机构工商注册所在地省、自治区、直辖市人民政府建设主管部门备案：

(1) 分支机构营业执照复印件；
(2) 工程造价咨询企业资质证书复印件；
(3) 拟在分支机构执业的不少于3名注册造价工程师的注册证书复印件；
(4) 分支机构固定办公场所的租赁合同或产权证明。

省、自治区、直辖市人民政府建设主管部门应当在接受备案之日起20日内，报国务院建设主管部门备案。

分支机构从事工程造价咨询业务，应当由设立该分支机构的工程造价咨询企业负责承接工程造价咨询业务、订立工程造价咨询合同、出具工程造价成果文件。

分支机构不得以自己的名义承接工程造价咨询业务、订立工程造价咨询合同、出具工程造价成果文件。

4) 跨省区承接业务

工程造价咨询企业跨省、自治区、直辖市承接工程造价咨询业务的，应当自承接业务之日起30日内到建设工程所在地省、自治区、直辖市人民政府建设主管部门备案。

3. 工程造价咨询企业的法律责任

1) 资质申请或取得的违规责任

申请人隐瞒有关情况或者提供虚假材料申请工程造价咨询企业资质的，不予受理或者不予资质许可，并给予警告，申请人在一年内不得再次申请工程造价咨询企业资质。以欺骗、贿赂等不正当手段取得工程造价咨询企业资质的，由县级以上地方人民政府建设主管部门或者有关专业部门给予警告，并处1万元以上3万元以下的罚款，申请人3年内不得再次申请工程造价咨询企业资质。

2) 经营违规的责任

未取得工程造价咨询企业资质从事工程造价咨询活动的，出具的工程造价成果文件无效，由县级以上地方人民政府建设主管部门或者有关专业部门给予警告，责令限期改正，并处以1万元以上3万元以下的罚款。

工程造价咨询企业不及时办理资质证书变更手续的，由资质许可机关责令限期办理；逾期不办理的，可处以1万元以下的罚款。

有下列行为之一的，由县级以上地方人民政府建设主管部门或者有关专业部门给予警告，责令限期改正；逾期未改正的，可处以5000元以上2万元以下的罚款：

(1) 新设立的分支机构不备案的；

(2) 跨省、自治区、直辖市承接业务不备案的。

3) 其他违规责任

工程造价咨询企业有下列行为之一的，由县级以上地方人民政府建设主管部门或者有关专业部门给予警告，责令限期改正，并处以1万元以上3万元以下的罚款：

(1) 涂改、倒卖、出租、出借资质证书，或者以其他形式非法转让资质证书；

(2) 超越资质等级业务范围承接工程造价咨询业务；

(3) 同时接受招标人和投标人或两个以上投标人对同一工程项目的工程造价咨询业务；

(4) 以给予回扣、恶意压低收费等方式进行不正当竞争；

(5) 转包承接的工程造价咨询业务；

(6) 法律、法规禁止的其他行为。

1.4.3 建设工程造价专业人员资格管理

根据国家职业资格制度改革精神，2018年1月23日住房城乡建设部发布了《造价工程师职业资格制度规定(征求意见稿)》和《造价工程师职业资格考试实施办法(征求意见稿)》，对我国建设工程造价专业人员职业资格管理做出了新的规定。

1. 造价工程师职业资格制度规定

凡从事工程建设活动的建设、设计、施工、造价咨询等单位，必须在建设工程造价工作岗位配备造价工程师。造价工程师是指通过全国统一考试取得中华人民共和国造价工程师职业资格证书，并经注册后从事建设工程造价工作的专业人员，分为一级造价工程师和二级造价工程师。国家对造价工程师实行准入类职业资格制度，纳入国家职业资格目录。

1) 制度管理

(1) 造价工程师职业资格制度由住房城乡建设部、交通运输部、水利部、人力资源社会保障部共同制定，并按照职责分工负责造价工程师职业资格制度的实施与监督。各省、自治区、直辖市住房城乡建设、交通运输、水利、人力资源社会保障行政主管部门，按照职责分工负责本行政区域内造价工程师职业资格制度的实施与管理。

(2) 住房城乡建设部、交通运输部、水利部按照职责分工建立相应造价工程师注册管理信息平台。住房城乡建设部负责建立全国造价工程师注册管理信息库，促进造价工程师注册、执业和信用信息共享。

2) 考试管理

(1) 一级造价工程师职业资格实行全国统一大纲、统一命题、统一组织的考试制度。二级造价工程师职业资格实行全国统一大纲，各省、自治区、直辖市自主命题并组织实施的考试制度。

(2) 一级和二级造价工程师职业资格考试均设置基础科目和专业科目。住房城乡建设部组织拟定一级和二级造价工程师职业资格考试基础科目的考试大纲，组织一级造价工程师基础科目命审题工作，并提出考试合格标准建议。住房城乡建设部、交通运输部、水利部按照职责分别负责拟定一级和二级造价工程师职业资格考试专业科目的考试大纲，组织一级造价工程师专业科目命审题工作，并提出考试合格标准建议。

(3) 人力资源社会保障部负责审定一级和二级造价工程师职业资格考试科目和考试大纲，组织实施一级造价工程师职业资格考试考务工作，确定考试合格标准；会同住房城乡建设部、交通运输部、水利部对一级造价工程师职业资格考试工作进行指导、监督、检查。

(4) 省、自治区、直辖市住房城乡建设、交通运输、水利行政主管部门会同人力资源社会保障行政主管部门，按照全国统一的考试大纲和相关规定组织实施二级造价工程师职业资格考试；考试合格标准由人力资源社会保障行政主管部门确定。

3) 报考条件

(1) 一级造价工程师。凡遵守国家法律、法规，具有良好的政治业务素质和道德品行，从事工程造价工作且具备下列条件之一者，可以申请参加一级造价工程师职业资格考试：

① 取得工程造价专业大学专科学历(或高等职业教育)，从事工程造价业务工作满5年；取得土木建筑、水利、装备制造、交通运输、电子信息、财经商贸大类大学专科学历(或高等职业教育)，从事工程造价业务工作满6年。

② 取得通过专业评估(认证)的工程管理、工程造价专业大学本科学历或学位，从事工程造价业务工作满4年；取得工学、管理学、经济学门类大学本科学历或学位，从事工程造价业务工作满5年。

③ 取得工学、管理学、经济学门类硕士学位或者第二学士学位，从事工程造价业务工作满3年。

④ 取得工学、管理学、经济学门类博士学位，从事工程造价业务工作满1年。

⑤ 取得其他专业类(门类)相应学历或者学位的人员，从事工程造价业务工作年限相应增加1年。

(2) 二级造价工程师。凡遵守国家法律、法规，具有良好的政治业务素质和道德品行，从事工程造价工作且具备下列条件之一者，可以申请参加二级造价工程师职业资格考试：

① 取得工程造价专业大学专科学历(或高等职业教育)，从事工程造价业务工作满2年；取得土木建筑、水利、装备制造、交通运输、电子信息、财经商贸大类大学专科(或高等职业教育)学历，从事工程造价业务工作满3年。

② 取得工程管理、工程造价专业大学本科及以上学历或学位，从事工程造价业务工作满1年；取得工学、管理学、经济学门类大学本科及以上学历或学位，从事工程造价业务工作满2年。

③ 取得其他专业类(门类)相应学历或学位的人员，从事工程造价业务工作年限相应增加1年。

4) 证书发放

(1) 一级造价工程师职业资格考试合格者，由各省、自治区、直辖市人力资源社会保障行政主管部门，颁发由人力资源社会保障部统一印制，住房城乡建设部、交通运输部、水利部分别与人力资源社会保障部用印的《中华人民共和国造价工程师职业资格证书(一级)》。该证书在全国范围内有效。

(2) 二级造价工程师职业资格考试合格者，由各省、自治区、直辖市人力资源社会保障行政主管部门，颁发省级住房城乡建设、交通运输、水利行政主管部门分别与人力资源社会保障行政主管部门用印的《中华人民共和国造价工程师职业资格证书(二级)》。该证书原则上在所在行政区域内有效。

5) 注册管理

(1) 国家对造价工程师职业资格实行注册执业管理制度。取得造价工程师职业资格证书且从事工程造价相关工作的人员，经注册方可以注册造价工程师名义从事工程造价工作。

(2) 一级造价工程师职业资格注册的组织实施由住房城乡建设部、交通运输部、水利部分别负责。二级造价工程师职业资格注册的组织实施由省级住房城乡建设、交通运输、水利行政主管部门分别负责。住房城乡建设部、交通运输部、水利部按照职责分工，制定相应造价工程师职业资格注册管理办法并监督执行。

(3) 准予注册的，住房城乡建设部、交通运输部、水利部予以发放《中华人民共和国造价工程师注册证(一级)》(或电子证书)；省级住房城乡建设、交通运输、水利行政主管部门予以发放《中华人民共和国造价工程师注册证(二级)》(或电子证书)。

(4) 注册造价工程师执业时应持注册证书和执业印章。注册证书、执业印章样式以及注册证书编号由住房城乡建设部会同交通运输部、水利部统一制定。住房城乡建设部、交通运输部、水利部及省级住房城乡建设、交通运输、水利行政主管部门按职责分工分别负责注册证书的制作和发放；执业印章由注册造价工程师按照统一规定自行制作。

6) 执业管理

(1) 注册造价工程师在工作中，必须遵纪守法，恪守职业道德和从业规范，诚信执业，并主动接受有关主管部门的监督检查和行业自律。

(2) 住房城乡建设部、交通运输部、水利部应共同建立健全注册造价工程师诚信体系，制定相关规章制度或从业标准规范，并指导监督信用评价工作。

(3) 注册造价工程师不得同时受聘于两个或两个以上单位执业，不得允许他人以本人名义执业，严禁"证书挂靠"，出租出借注册证书的，由发证机构撤销其注册证书，不再予以重新注册；构成犯罪的，依法追究刑事责任。

(4) 注册造价工程师职业资格的国际互认和国际交流，以及与港澳台地区注册造价工程师(或工料测量师)的互认，由人力资源社会保障部、住房城乡建设部负责实施。

(5) 一级注册造价工程师的执业范围包括建设项目全过程工程造价管理与咨询等，具体工作内容：

① 项目建议书、可行性研究投资估算与审核，项目评价造价分析；

② 建设工程设计、施工招投标工程计量与计价；

③ 建设工程合同价款，结算价款、竣工决算价款的编制与管理；

④ 建设工程审计、仲裁、诉讼、保险中的造价鉴定，工程造价纠纷调解；

⑤ 建设工程计价依据、造价指标的编制与管理；

⑥ 与工程造价管理有关的其他事项。

(6) 二级注册造价工程师的执业范围协助一级注册造价工程师开展相关工作，并可独立开展的具体工作内容：

① 建设工程工料分析、计划、组织与成本管理，施工图预算、设计概算编制；

② 建设工程量清单、招标控制价、投标报价编制；

③ 建设工程合同价款、结算和竣工决算价款的编制。

(7) 注册造价工程师应在其规定业务范围内的工作成果上签章。对外的工程造价咨询成果文件应由一级造价工程师审核并加盖印章。

(8) 取得造价工程师注册证书的人员，应当按照国家专业技术人员继续教育的有关规定接受继续教育，更新专业知识，提高业务水平。

7) 附则

(1) 规定发布之前取得的全国建设工程造价员资格证书、公路水运工程造价人员资格证书以及水利工程造价工程师资格证书，效用不变。

(2) 专业技术人员取得一级造价工程师、二级造价工程师职业资格，可认定其具备工程师、助理工程师职称，并可作为申报高一级职称的条件。

(3) 规定自发布之日起施行。原人事部、原建设部发布的《造价工程师职业资格制度暂行规定》(人发[1996]77号)同时废止。根据该暂行规定取得的造价工程师执业资格证书与本规定中一级造价工程师职业资格证书效用等同。

2. 造价工程师职业资格考试实施办法

(1) 住房城乡建设部、交通运输部、水利部、人力资源社会保障部共同委托人力资源社会保障部人事考试中心承担一级造价工程师职业资格考试的具体考务工作。住房城乡建设部、交通运输部、水利部可分别委托具备相应能力的单位承担一级造价工程师职业资格考试的命审题等具体工作。各省、自治区、直辖市住房城乡建设、交通运输、水利和人力资源社会保障行政主管部门共同负责本地区一级造价工程师职业资格考试组织工作，具体职责分工由各地协商确定。

(2) 二级造价工程师职业资格考试由各省级住房城乡建设、交通运输、水利行政主管部门会同人力资源社会保障行政主管部门组织实施。

(3) 一级造价工程师职业资格考试设《建设工程造价管理》、《建设工程计价》、《建设工程技术与计量》和《建设工程造价案例分析》4个科目。其中《建设工程造价管理》和《建设工程计价》为基础科目，《建设工程技术与计量》和《建设工程造价案例分析》为专业科目。

二级造价工程师职业资格考试设《建设工程造价管理基础知识》和《建设工程计量与计价实务》2个科目。其中《建设工程造价管理基础知识》为基础科目，《建设工程计量与计价实务》为专业科目。

(4) 造价工程师职业资格考试专业科目分为土木建筑工程、交通运输工程、水利工程和安装工程4个专业类别。其中，土木建筑工程、安装工程专业由住房城乡建设部负责；交通运输工程专业由交通运输部负责；水利工程专业由水利部负责。考生在报名时可根据实际工作需要选择其一。

(5) 一级造价工程师职业资格考试分4个半天进行。《建设工程造价管理》、《建设工程技术与计量》、《建设工程计价》科目的考试时间均为2.5小时，《建设工程造价案例分析》科目的考试时间为4小时。二级造价工程师职业资格考试分2个半天。《建设工程造价管理基础知识》科目的考试时间为2.5小时，《建设工程计量与计价实务》为3小时。

(6) 一级造价工程师职业资格考试成绩实行4年为一个周期的滚动管理办法，在连续的4个考试年度内通过全部考试科目，方可取得一级造价工程师职业资格证书。二级造价工程师职业资格考试成绩实行2年为一个周期的滚动管理办法，参加全部2个科目考试的人员必须在连续的2个考试年度内通过全部科目，方可取得二级造价工程师职业资格证书。

(7) 已取得造价工程师一种专业职业资格证书的人员，可报名参加其他专业科目考试。考试合格后，核发人力资源社会保障部门统一印制的相应专业考试合格证明。该证明作为注册时增加执业专业类别的依据。

(8) 通过专业评估(认证)的工程管理、工程造价专业大学本科毕业生，且取得学士学位的，参加二级造价工程师考试时，可免试《建设工程造价管理基础知识》科目，只参加《建设工程计量与计价实务》科目。申请免考部分科目的人员在报名时应提供相应材料。

(9) 符合造价工程师职业资格考试报名条件的报考人员，按规定携带相关证件和材料到指定地点进行报名资格审查。报名时，各地人力资源社会保障部门会同相关行业主管部门对报名人员的资格条件进行审核。审核合格后，核发准考证。参加考试人员凭准考证和有效证件在指定的日期、时间和地点参加考试。中央和国务院各部门及所属单位、中央管理企业的人员按属地原则报名参加考试。

(10) 考点原则上设在直辖市和省会城市的大、中专院校或者高考定点学校。一级造价工程师职业资格考试每年一次。二级造价工程师职业资格考试每年不少于一次，具体考试日期由各地确定。

(11) 坚持考试与培训分开的原则。凡参与考试工作(包括命题、审题与组织管理等)的人员，不得参加考试，也不得参加或者举办与考试内容相关的培训工作。应考人员参加培训坚持自愿原则。

(12) 考试实施机构及其工作人员，应当严格执行国家人事考试工作人员纪律规定和考试工作的各项规章制度，遵守考试工作纪律，切实做好从考试试题的命制到使用等各环节的安全保密工作，严防泄密。

(13) 对违反考试工作纪律和有关规定的人员，按照国家专业技术人员资格考试违纪违规行为处理规定处理。

单元小结

本单元首先讲述了工程建设的概念、建设项目的含义、分类、组成和建设程序；对工程投资进行了分析，对工程造价的含义及其特点进行了详细的介绍；接着对工程造价管理的含义、内容及目前工程造价管理理论进行了分析；对工程造价计价进行了介绍，对工程造价控制的含义、原则和控制的重点和关键环节进行了分析；最后介绍了建设工程造价管理组织、工程造价咨询企业与专业人员资格管理制度。通过本单元的学习，对工程造价管理的学习内容应有总体的了解。

综合案例

【综合应用案例】

某市为推动全民健身运动的开展，提高城市水平，根据市财政状况，拟投资在市中心建设一处体育文化活动中心，经过充分讨论与酝酿，市委市府扩大会议已经通过建设意向，但对于具体的建设规模、建设投资等细节尚未确定，决定通过公开招标方式选择一家咨询公司来进行项目的可行性研究，进行项目全过程工程造价咨询管理。

招标文件中规定参与投标的工程咨询企业必须具有甲级资质，具有良好的信誉。某省一工程造价咨询有限公司符合招标要求，高度重视此项工作，抽调专门人员组成工作小组，其中该公司技术负责人任组长，抽调总公司在该市的分支机构负责人同时熟悉该市情况的一级注册造价师张某和李某等7人组成，同时抽调毕业两年的具有二级注册造价师资格的孙某为助理，开展工作。经过详细调查论证，工作小组制作了投标文件并进行了投标，最终取得了该项目的咨询业务。总公司与市政府筹建办签订了工程造价咨询合同。

在随后的工作中，总公司将该项目委托该市的分支机构进行全过程工程造价咨询服务，该市分支机构在与原工作小组的基础上稍作调整，组成项目工作组开展全过程工程造价咨询服务，最终工程竣工决算时，该项目没有超出投资估算，圆满完成了全过程工程造价咨询工作。

【问题】

(1) 该项目按投资管理形式应属于什么投资项目？根据建设过程中各项工作必须遵循的先后次序，该项目可由哪九个环节组成？

(2) 该项目投资组成应包括哪些内容？在咨询公司所做的可行性研究报告中体现投资的主要成果是什么？

(3) 甲级工程造价咨询企业应具备的资质条件有哪些？政府对这类企业在承揽业务范围、出具成果文件、跨地区承揽业务方面是如何管理的？

(4) 助理孙某已取得二级注册造价师资格，对于二级注册造价师的报考条件有哪些？取得二级注册造价师资格证书后是否需要注册？若孙某想参加一级注册造价师考试，须具备什么条件？

(5) 该公司的技术负责人须具备什么条件？

【案例解析】

问题(1)：

该项目属政府投资项目，根据建设过程中各项工作必须遵循的先后顺序，该项目可有提出项目建议书、进行可行性研究、编制设计任务书、编制设计文件、工程招投标签订施工合同、进行施工准备、全面施工、竣工验收交付使用、工程项目后评价9个环节组成。

问题(2)：

该项目属非生产性建设项目，投资组成应包括建筑工程费、安装工程费、设备及工器具购置费、工程建设其他费用、预备费、建设期利息。在咨询公司所做的可行性研究报告中体现投资的主要成果是投资估算。

问题(3)：

甲级工程造价咨询企业应具备的资质条件有(略)：见课题1.4相关内容。

政府对这类企业在承揽业务范围的管理是(略)：见课题1.4相关内容。

政府对这类企业在出具成果文件的管理是：工程造价咨询企业在承接各类建设项目工程造价咨询业务时，可以参照《建设工程造价咨询合同(示范文本)》与委托人签订书面工程造价咨询合同，工程造价咨询企业从事工程造价咨询业务，应当按照有关规定的要求出具工程造价成果文件，工程造价成果文件应当由工程造价咨询企业加盖有企业名称、资质等级证书编号的执业印章，并由执行咨询业务的注册造价工程师签字、加盖执业印章。

政府对这类企业在跨地区承揽业务方面的管理是：工程造价咨询企业设立分支机构的，应当自领取分支机构营业执照之日起30日内，持下列材料到分支机构工商注册所在地省、自治区、直辖市人民政府建设主管部门备案。

问题(4)：

二级注册造价师的报考条件(略)：见课题1.4相关内容。

取得的二级注册造价师资格证书后需要注册。

一级注册造价师的报考条件(略)：见课题1.4相关内容。

问题(5)：

该公司的技术负责人须已取得造价工程师注册证书，并具有工程或工程经济类高级专业技术职称，且从事工程造价专业工作15年以上。

注册造价工程师享有下列权利(略)：见课题1.4相关内容。

注册造价工程师应当履行下列义务(略)：见课题1.4相关内容。

单元 1　工程造价管理基础知识

技能训练题

一、单选题

1. 工程造价的第一种含义是从投资者或业主的角度定义的，按照该定义，工程造价是指(　　)。
   A. 建设项目总投资　　　　　　B. 建设项目固定资产投资
   C. 建设工程其他投资　　　　　D. 建筑安装工程投资

2. 控制工程造价最有效的手段是(　　)。
   A. 精打细算　　　　　　　　　B. 技术与经济相结合
   C. 强化设计　　　　　　　　　D. 推行招投标制

3. 在项目的可行性研究阶段，应编制(　　)。
   A. 投资估算　　B. 总概算　　C. 施工图预算　　D. 修正概算

4. 工程造价的含义之一，可以理解为工程造价是指(　　)。
   A. 工程价值　　B. 工程价格　　C. 工程成本　　D. 建安工程价格

5. 注册造价工程师应在其规定业务范围内的工作成果上签章。对外的工程造价咨询成果文件应由(　　)审核并加盖印章。
   A. 一级造价工程师　　　　　　B. 二级造价工程师
   C. 造价工程师　　　　　　　　D. 注册造价工程师

二、多选题

1. 工程造价的特点是(　　)。
   A. 大额性　　　B. 单个性　　　C. 多次性
   D. 层次性　　　E. 兼容性

2. 工程造价管理的含义包括(　　)。
   A. 建设工程投资费用管理　　　B. 工程价格管理
   C. 工程价值管理　　　　　　　D. 工程造价依据管理
   E. 工程造价专业队伍建设的管理

3. 关于乙级工程造价咨询企业的业务承担，以下说法正确的是(　　)。
   A. 只能在本省、自治区、直辖市承担业务
   B. 可以从事工程造价 5000 元以下的各类工程建设项目
   C. 不受行政区域限制
   D. 任意规模建设项目
   E. 在其资质等级许可的范围内承接工程咨询活动

4. 一级注册造价工程师的执业范围包括建设项目全过程工程造价管理与咨询等，具体工作内容包括(　　)。
   A. 项目建议书、可行性研究投资估算与审核，项目评价造价分析
   B. 建设工程设计、施工招投标工程计量与计价
   C. 建设工程合同价款，结算价款、竣工决算价款的编制与管理

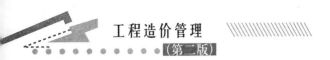

  D．建设工程审计、仲裁、诉讼、保险中的造价鉴定，工程造价纠纷调解

  E．建设工程计价依据、造价指标的编制与管理保证职业活动成果的质量

5．二级注册造价工程师的执业范围协助一级注册造价工程师开展相关工作，并可独立开展的具体工作内容包括(　　)。

  A．建设工程工料分析、计划、组织与成本管理，施工图预算、设计概算编制

  B．建设工程量清单、招标控制价、投标报价编制

  C．建设工程合同价款、结算和竣工决算价款的编制

  D．与工程造价管理有关的其他事项

  E．建设工程审计、仲裁、诉讼、保险中的造价鉴定，工程造价纠纷调解

三、简答题

1．工程造价及工程造价管理的含义是什么？

2．工程造价控制的原则是什么？

3．试述全生命周期造价管理方法、全过程工程造价管理方法、全面造价管理方法本质区别。

四、实训操作题

教师组织学生利用业余时间实地参观一个工程造价咨询企业，了解该工程造价咨询企业的企业资质、业务范围、企业人员组成、企业所采用的造价软件、企业文化、企业经营管理模式等方面的情况，回校后，通过查阅资料，撰写小论文"工程造价管理之我见"(字数不少于2000字)。

单元 2

工程造价构成

教学目标

通过本单元的学习,掌握我国现行工程建设项目总投资的各组成部分、建筑安装工程费用的构成与计算方法、设备及工器具购置费的计算、工程建设其他费用的构成内容,以及预备费、建设期利息的计算;了解世界银行建设项目费用构成。

本单元知识架构

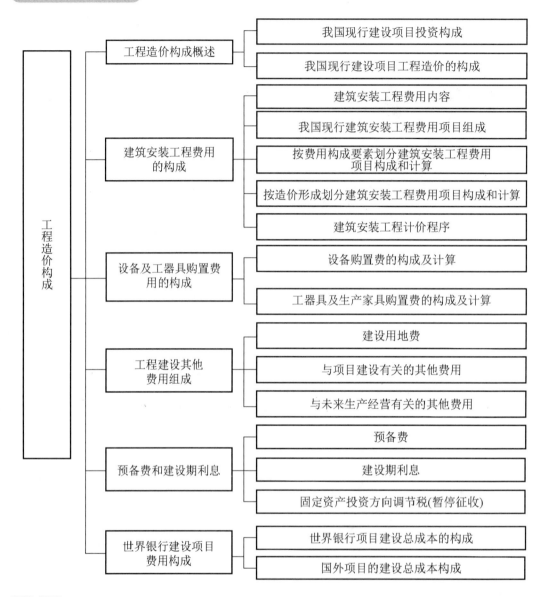

引 例

商品的价值分为两部分：一是过去劳动创造的价值，即已消耗的生产资料的价值，也叫转移价值，通常用 C 表示；二是活劳动创造的价值，即新创造的价值，包括劳动者为自己劳动所创造的价值 V 和劳动者为社会劳动所创造的价值 M。

价格既然是以价值为基础，就应当是价值三个组成部分的全面货币表现，故其构成也可分为三部分：物质消耗支出——转移价值的货币表现；劳动报酬(工资)支出——劳动者为自己劳动所创造价值的货币表现，通常也用 C、V 和 M 来表示它与价值相适应的三个组成部分。$C+V$ 构成产品的成本，是商品价值主要部分的货币表现；M 则表现为价格中所含的利润和税金。

和一般工业产品价格的构成不同，工程造价的构成具有某些特殊性，这是由工程建设的特点和工程建设内部生产关系的特殊性所决定的，其主要表现如下。

(1) 在一般情况下,工业产品必须通过产品的流通过程才能进入消费领域,因而价格中一般包含商品在流通过程中支出的各种费用,即包括纯粹流通费用和生产性流通费用。建设工程则不然,它竣工后一般不在空间上发生物理运动,可直接移交用户,立即进入生产消费或生活消费,因而价格中不包含商品使用价值运动引起的生产性流通费用,即因生产过程在流通领域内继续进行而支付的商品包装费、运输费、保管费等。

(2) 建设工程和一般工业产品的不同之处:一方面,它必须固定在一个地方,和土地连成一片,因而价格中还包含与建设工程连成一片的土地价格;另一方面,由于施工人员和施工机械要围绕建设工程流动,因而有的建设工程价格中还包含由于需要施工企业在远离基地的地方施工、人员材料转移到新的工地所增加的费用。

(3) 一般工业产品的生产者是指生产厂家,建设工程的生产者则是指由参加该项目筹划、建设的勘探设计单位、建筑安装企业、建设单位(包含工程承包公司、开发公司、咨询公司)等组成的总体劳动者。因此,工程造价中包含的劳动报酬和盈利均是指包括建设单位在内的总体劳动者的劳动报酬和盈利。

因此理论上的建设工程造价基本构成可用图2.1表示。

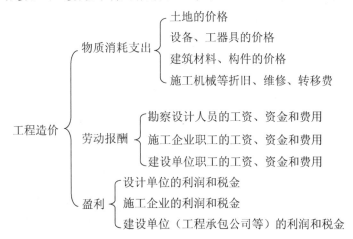

图2.1 理论上的建设工程造价基本构成

本单元将在上述理论的基础上详细介绍我国目前工程造价的构成。

课题2.1 工程造价构成概述

2.1.1 我国现行建设项目投资构成

1. **建设项目总投资**

建设项目总投资是指为完成工程项目建设并达到使用要求或生产条件,在建设期内预计或实际投入的全部费用的总和(图2.2)。

2. **建设项目总投资的构成**

建设项目按投资作用分为生产性项目和非生产性项目。生产性建设项目总投资包括固定资产投资(包括建设投资和建设期利息)和流动资产投资(流动资金);非生产性项目总投资只包括固定资产投资(包括建设投资和建设期利息)。其中,建设投资和建设期利息之和对应于固定资产投资。

2.1.2 我国现行建设项目工程造价的构成

建设项目的工程造价和固定资产投资在量上相等。工程造价中的主要构成部分是建设投资，建设投资是为完成工程项目建设，在建设期内投入且形成现金流出的全部费用。根据国家发展和改革委员会与原建设部发布的《关于印发建设项目经济评价方法与参数的通知》(发改投资[2006]1325号)的规定，建设投资包括工程费用、工程建设其他费用和预备费三部分。工程费用是指建设期内直接用于工程建造、设备购置及其安装的建设投资，可以分为建筑安装工程费和设备及工器具购置费；工程建设其他费用是指建设期发生的与土地使用权取得、整个工程项目建设以及未来生产经营有关的构成建设投资，但不包括在工程费用中的费用；预备费是指建设期内为各种不可预见因素的变化而预留的可能增加的费用，包括基本预备费和价差预备费。按照是否考虑资金的时间价值，建设投资可分为静态投资部分和动态投资部分，静态投资部分由建筑工程费、安装工程费、设备及工器具购置费、工程建设其他费用、预备费的基本预备费构成；动态投资部分由预备费的价差预备费、建设期利息和固定资产投资方向调节税构成。

上述建设项目总投资的构成仅适用于基本建设的新建和改扩建项目，在编制、评审和管理建设项目可行性研究投资估算和初步设计概算投资时，作为计价的依据；不适用于外商投资项目。在具体应用时，要根据项目的具体情况列支实际发生的费用，本项目没有发生的费用不得列支。

我国现行建设项目总投资的构成和工程造价的构成如图2.2所示。

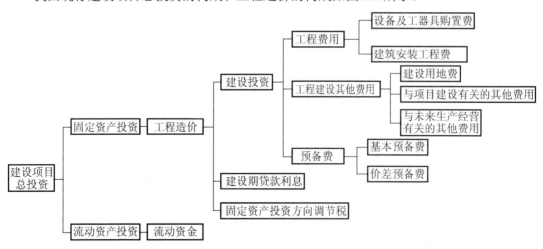

图2.2 我国现行建设项目总投资的构成和工程造价的构成

图2.2所列示的建设项目总投资主要是指在项目可行性研究阶段用于财务分析时的总投资构成，在"项目报批总投资"或"项目概算总投资"中只包括铺底流动资金，其金额为流动资金总额的30%。

根据财政部、国家税务总局、国家发展计划委员会财税字[1999]299号文件，自2000年1月1日起新发生的投资额，暂停征收固定资产投资方向调节税，但该税种并未取消。

应用案例 2-1

在某建设项目投资构成中,设备及工器具购置费为 2000 万元,建筑安装工程费为 1000 万元,工程建设其他费为 500 万元,基本预备费为 120 万元,涨价预备费为 80 万元,建设期贷款为 1800 万元,应计利息为 80 万元,流动资金 400 万元,则该项目的建设总投资为(　　),其中建设投资为(　　),静态投资部分为(　　),动态投资部分为(　　)。

【解】
建设项目总投资=2000+100+500+120+80+80+400=4180(万元)
建设投资=2000+100+500+120+80=3700(万元)
静态投资部分=200+100+500+120=3620(万元)
动态投资部分=80+80=160(万元)

课题 2.2　建筑安装工程费用的构成

2.2.1　建筑安装工程费用内容

建筑安装工程费是指为完成工程项目建造、生产性设备及配套工程安装所需要的费用,包括建筑工程费用和安装工程费用。

1. 建筑工程费用的内容

(1) 各类房屋建筑工程和列入房屋建筑工程预算的供水、供暖、卫生、通风、煤气等设备费用及其装饰、油饰工程的费用,列入建筑工程预算的各种管道、电力、电信的敷设工程的费用。

(2) 设备基础、支柱、工作台、烟囱、水塔、水池等建筑工程以及各种炉窑的砌筑工程和金属结构工程的费用。

(3) 为施工而进行的场地平整工程和水文地质勘察,原有建筑物和障碍物的拆除以及施工临时用水、电、气、路和完工后的场地清理、环境绿化、美化等工作的费用。

(4) 矿井开凿、井巷延伸、露天矿剥离,石油、天然气钻井,修建铁路、公路、桥梁、水库、堤坝、灌渠及防洪等工程的费用。

2. 安装工程费用的内容

(1) 生产、动力、起重、运输、传动和医疗、实验等各种需要安装的机械设备的装配费用,与设备相连的工作台、梯子、栏杆等装设工程费用,附属于被安装设备的管线敷设工程费用,以及被安装设备的绝缘、防腐、保温、油漆等工作的材料费和安装费。

(2) 为测定安装工程质量,对单台设备进行单机试运转、对系统设备进行系统联动无负荷试运转工作的调试费。

2.2.2　我国现行建筑安装工程费用项目组成

根据住房城乡建设部、财政部《关于印发〈建筑安装工程费用项目组成〉的通知》(建标[2013]44 号)文件的规定,建筑安装工程费用项目按费用构成要素组成划分为人工费、材料费、施工机具使用费、企业管理费、利润、规费和税金(图 2.3)。为指导工程造价专业人员计算建筑安装工程造价，将建筑安装工程费用按工程造价形成顺序划分为分部分项工程费、措施项目费、其他项目费、规费和税金(图2.4)。

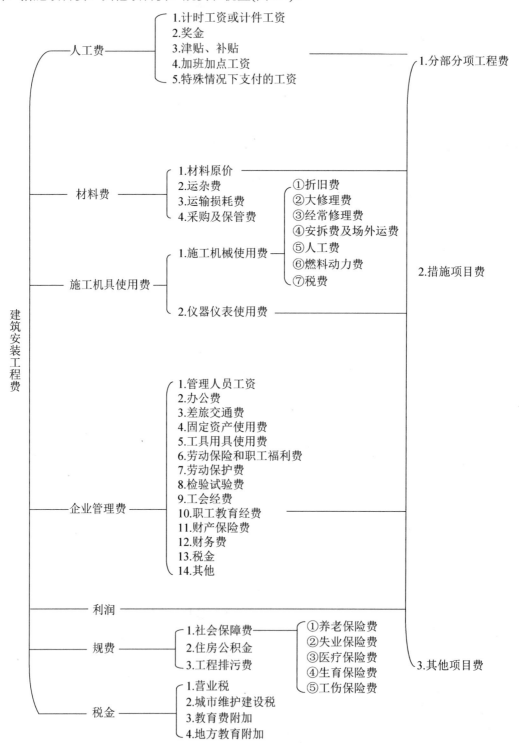

图 2.3　建筑安装工程费用项目组成(按费用构成要素划分)

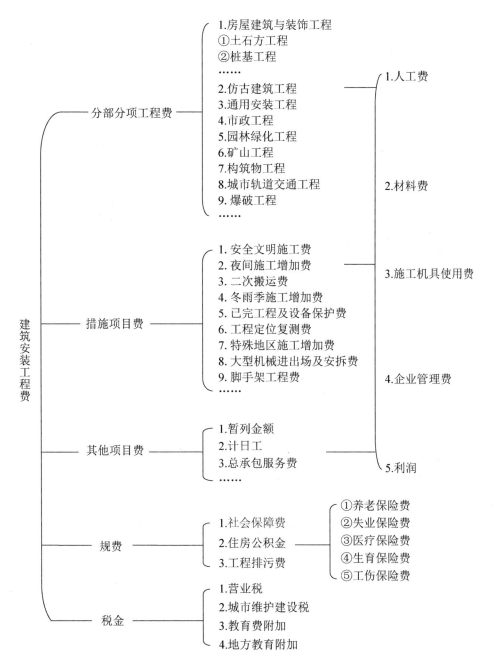

图 2.4 建筑安装工程费用项目组成(按造价形成划分)

2.2.3 按费用构成要素划分建筑安装工程费用项目构成和计算

建筑安装工程费按照费用构成要素划分为：人工费、材料费(包含工程设备，下同)、施工机具使用费、企业管理费、利润、规费和税金。其中人工费、材料费、施工机具使用费、企业管理费和利润包含在分部分项工程费、措施项目费、其他项目费中。

1. 人工费

人工费是指按工资总额构成规定，支付给从事建筑安装工程施工的生产工人和附属生产单位工人的各项费用。

1) 人工费包括的内容

(1) 计时工资或计件工资。是指按计时工资标准和工作时间或对已做工作按计件单价支付给个人的劳动报酬。

(2) 奖金。是指对超额劳动和增收节支支付给个人的劳动报酬,如节约奖、劳动竞赛奖等。

(3) 津贴补贴。是指为了补偿职工特殊或额外的劳动消耗和因其他特殊原因支付给个人的津贴,以及为了保证职工工资水平不受物价影响支付给个人的物价补贴,如流动施工津贴、特殊地区施工津贴、高温(寒)作业临时津贴、高空津贴等。

(4) 加班加点工资。是指按规定支付的在法定节假日工作的加班工资和在法定日工作时间外延时工作的加点工资。

(5) 特殊情况下支付的工资。是指根据国家法律、法规和政策规定,因病、工伤、产假、计划生育假、婚丧假、事假、探亲假、定期休假、停工学习、执行国家或社会义务等原因按计时工资标准或计时工资标准的一定比例支付的工资。

2) 人工费的计算

计算人工费的基本要素有两个,即人工工日消耗量和人工日工资单价。

(1) 人工工日消耗量。是指在正常施工生产条件下,生产建筑安装产品(分部分项工程或结构构件)必须消耗的某种技术等级的人工工日数量。它由分项工程所综合的各个工序定额包括的基本用工、其他用工两部分组成。

(2) 人工日工资单价。是指施工企业平均技术熟练程度的生产工人在每工作日(国家法定工作时间内)按规定从事施工作业应得的日工资总额。

(3) 人工费的基本计算公式为:

$$人工费=\sum(工日消耗量 \times 日工资单价) \quad (2.1)$$

2. 材料费

材料费是指工程施工过程中耗费的原材料、辅助材料、构配件、零件、半成品或成品、工程设备的费用。

1) 材料费包括的内容

(1) 材料原价。是指材料、工程设备的出厂价格或商家供应价格。

(2) 运杂费。是指材料、工程设备自来源地运至工地仓库或指定堆放地点所发生的全部费用。

(3) 运输损耗费。是指材料在运输装卸过程中不可避免的损耗。

(4) 采购及保管费。是指为组织采购、供应和保管材料、工程设备(工程设备是指构成或计划构成永久工程一部分的机电设备、金属结构设备、仪器装置及其他类似的设备和装置)的过程中所需要的各项费用。包括采购费、仓储费、工地保管费、仓储损耗。

2) 材料费的计算

计算材料费的基本要素是材料消耗量和材料单价。

(1) 材料消耗量。是指在合理使用材料的条件下,生产建筑安装产品(分部分项工程或结构构件)必须消耗的一定品种、规格的原材料、辅助材料、构配件、零件、半成品或成品等的数量。它包括材料净用量和不可避免的损耗量。

(2) 材料单价。是指建筑材料从其来源地运到施工工地仓库直至出库形成的综合平均单价。

(3) 材料费的基本计算公式为：

$$材料费=\sum(材料消耗量×材料单价) \quad (2.2)$$

$$材料单价=\{(材料原价+运杂费)×[1+运输损耗率(\%)]\}×[1+采购保管费率(\%)] \quad (2.3)$$

(4) 工程设备费的基本计算公式为：

$$工程设备费=\sum(工程设备量×工程设备单价) \quad (2.4)$$

$$工程设备单价=(设备原价+运杂费)×[1+采购保管费率(\%)] \quad (2.5)$$

3. 施工机具使用费

施工机具使用费是指工程施工作业所发生的施工机械、仪器仪表使用费或其租赁费。

1) 施工机械使用费

施工机械使用费是指施工机械作业发生的使用费或租赁费。构成施工机械使用费的基本要素是施工机械台班耗用量和施工机械台班单价。

(1) 施工机械台班单价应由下列7项费用组成。

① 折旧费。指施工机械在规定的使用年限内，陆续收回其原值的费用。

② 大修理费。指施工机械按规定的大修理间隔台班进行必要的大修理，以恢复其正常功能所需的费用。

③ 经常修理费。指施工机械除大修理以外的各级保养和临时故障排除所需的费用。包括为保障机械正常运转所需替换设备与随机配备工具附具的摊销和维护费用，机械运转中日常保养所需润滑与擦拭的材料费用及机械停滞期间的维护和保养费用等。

④ 安拆费及场外运费。安拆费指施工机械(大型机械除外)在现场进行安装与拆卸所需的人工、材料、机械和试运转费用以及机械辅助设施的折旧、搭设、拆除等费用；场外运费指施工机械整体或分体自停放地点运至施工现场或由一施工地点运至另一施工地点的运输、装卸、辅助材料及架线等费用。

⑤ 人工费。指机上司机(司炉)和其他操作人员的人工费。

⑥ 燃料动力费。指施工机械在运转作业中所消耗的各种燃料及水、电等。

⑦ 税费。指施工机械按照国家规定应缴纳的车船使用税、保险费及年检费等。

(2) 施工机械使用费的基本计算公式是：

$$施工机械使用费=\sum(施工机械台班消耗量×机械台班单价) \quad (2.6)$$

$$机械台班单价=台班折旧费+台班大修费+台班经常修理费+台班安拆费及场外运费+$$
$$台班人工费+台班燃料动力费+台班车船税费 \quad (2.7)$$

2) 仪器仪表使用费

仪器仪表使用费是指工程施工所需使用的仪器仪表的摊销及维修费用。仪器仪表使用费的基本计算公式是：

$$仪器仪表使用费=工程使用的仪器仪表摊销费+维修费 \quad (2.8)$$

4. 企业管理费

企业管理费是指建筑安装企业组织施工生产和经营管理所需的费用。

1) 企业管理费包括的内容

(1) 管理人员工资。是指按规定支付给管理人员的计时工资、奖金、津贴补贴、加班加点工资及特殊情况下支付的工资等。

(2) 办公费。是指企业管理办公用的文具、纸张、账表、印刷、邮电、书报、办公软件、现场监控、会议、水电、烧水和集体取暖降温(包括现场临时宿舍取暖降温)等费用。

(3) 差旅交通费。是指职工因公出差、调动工作的差旅费、住勤补助费,市内交通费和误餐补助费,职工探亲路费,劳动力招募费,职工退休、退职一次性路费,工伤人员就医路费,工地转移费以及管理部门使用的交通工具的油料、燃料等费用。

(4) 固定资产使用费。是指管理和试验部门及附属生产单位使用的属于固定资产的房屋、设备、仪器等的折旧、大修、维修或租赁费。

(5) 工具用具使用费。是指企业施工生产和管理使用的不属于固定资产的工具、器具、家具、交通工具和检验、试验、测绘、消防用具等的购置、维修和摊销费。

(6) 劳动保险和职工福利费。是指由企业支付的职工退职金、按规定支付给离休干部的经费、集体福利费、夏季防暑降温费、冬季取暖补贴、上下班交通补贴等。

(7) 劳动保护费。是指企业按规定发放的劳动保护用品的支出,如工作服、手套、防暑降温饮料以及在有碍身体健康的环境中施工的保健费用等。

(8) 检验试验费。是指施工企业按照有关标准规定,对建筑以及材料、构件和建筑安装物进行一般鉴定、检查所发生的费用,包括自设试验室进行试验所耗用的材料等费用。不包括新结构、新材料的试验费,对构件做破坏性试验及其他特殊要求检验、试验的费用和建设单位委托检测机构进行检测的费用,对此类检测发生的费用,由建设单位在工程建设其他费用中列支。但对施工企业提供的具有合格证明的材料进行检测不合格的,该检测费用由施工企业支付。

(9) 工会经费。是指企业按《工会法》规定的全部职工工资总额比例计提的工会经费。

(10) 职工教育经费。是指按职工工资总额的规定比例计提,企业为职工进行专业技术和职业技能培训,专业技术人员继续教育、职工职业技能鉴定、职业资格认定以及根据需要对职工进行各类文化教育所发生的费用。

(11) 财产保险费。是指施工管理用财产、车辆等的保险费用。

(12) 财务费。是指企业为施工生产筹集资金或提供预付款担保、履约担保、职工工资支付担保等所发生的各种费用。

(13) 税金。是指企业按规定缴纳的房产税、车船使用税、土地使用税、印花税等。

(14) 其他。包括技术转让费、技术开发费、投标费、业务招待费、绿化费、广告费、公证费、法律顾问费、审计费、咨询费、保险费等。

2) 企业管理费的计算

企业管理费一般采用取费基数乘以费率的方法计算,取费基数有3种,分别是以分部分项工程费为计算基础、以人工费和机械费合计为计算基础、以人工费为计算基础。企业管理费费率计算方法如下。

(1) 以分部分项工程费为计算基础。

$$企业管理费费率(\%)=\frac{生产工人年平均管理费}{年有效施工天数 \times 人工单价} \times 人工费占分部分项工程费比例(\%)$$

(2.9)

(2) 以人工费和机械费合计为计算基础。

$$企业管理费费率(\%)=\frac{生产工人年平均管理费}{年有效施工天数\times(人工单价+每一工日机械使用费)}\times100\% \quad (2.10)$$

(3) 以人工费为计算基础。

$$企业管理费费率(\%)=\frac{生产工人年平均管理费}{年有效施工天数\times 人工单价} \quad (2.11)$$

工程造价管理机构在确定计价定额中企业管理费时，应以定额人工费或(定额人工费+定额机械费)作为计算基数，其费率根据历年工程造价积累的资料，辅以调查数据确定，列入分部分项工程和措施项目中。

5. 利润

利润是指施工企业完成所承包工程获得的盈利，由施工企业根据企业自身需求并结合建筑市场实际自主确定。工程造价管理机构在确定计价定额中利润时，应以定额人工费或(定额人工费+定额机械费)作为计算基数，其费率根据历年工程造价积累的资料，并结合建筑市场实际确定，以单位(单项)工程测算，利润在税前建筑安装工程费的比重可按不低于5%且不高于7%的费率计算。利润应列入分部分项工程和措施项目中。

6. 规费

规费是指按国家法律、法规规定，由省级政府和省级有关权力部门规定必须缴纳或计取的费用，包括社会保障费、住房公积金和工程排污费。

1) 社会保障费

① 养老保险费。是指企业按照规定标准为职工缴纳的基本养老保险费。

② 失业保险费。是指企业按照规定标准为职工缴纳的失业保险费。

③ 医疗保险费。是指企业按照规定标准为职工缴纳的基本医疗保险费。

④ 生育保险费。是指企业按照规定标准为职工缴纳的生育保险费。

⑤ 工伤保险费。是指企业按照规定标准为职工缴纳的工伤保险费。

社会保障费应以定额人工费为计算基础，根据工程所在地省、自治区、直辖市或行业建设主管部门规定费率计算。

$$社会保障费=\sum(工程定额人工费\times 社会保险费率) \quad (2.12)$$

式中：社会保障费率可以每万元发承包价的生产工人人工费和管理人员工资含量与工程所在地规定的缴纳标准综合分析取定。

2) 住房公积金

住房公积金是指企业按规定标准为职工缴纳的住房公积金。住房公积金应以定额人工费为计算基础，根据工程所在地省、自治区、直辖市或行业建设主管部门规定费率计算。

$$住房公积金=\sum(工程定额人工费\times 住房公积金费率) \quad (2.13)$$

式中：住房公积金费率可以每万元发承包价的生产工人人工费和管理人员工资含量与工程所在地规定的缴纳标准综合分析取定。

3) 工程排污费

工程排污费是指按规定缴纳的施工现场工程排污费。工程排污费等其他应列而未列入的规费应按工程所在地环境保护等部门规定的标准缴纳，按实计取列入。

7. 税金

税金是指国家税法规定的应计入建筑安装工程造价内的营业税、城市维护建设税、教育费附加以及地方教育附加。

1) 营业税

营业税是按计税营业额乘以营业税税率确定。其中建筑安装企业营业税税率为3%，其营业税计算公式为：

$$应纳营业税 = 计税营业额 \times 3\% \tag{2.14}$$

计税营业额是含税营业额，指从事建筑、安装、修缮、装饰及其他工程作业收取的全部收入，包括建筑、修缮、装饰工程所用原材料及其他物资和动力的价款。当安装的设备的价值作为安装工程产值时，也包括所安装设备的价款。但建筑安装工程总承包人将工程分包或转包给他人的，其营业额中不包括付给分包或转包方的价款。营业税的纳税地点为应税劳务的发生地。

2) 城市维护建设税

城市维护建设税是指为筹集城市维护和建设资金，稳定和扩大城市、乡镇维护建设的资金来源，而对有经营收入的单位和个人征收的一种税。

城市维护建设税是按应纳营业税额乘以适用税率确定，计算公式为：

$$应纳税额 = 应纳营业税额 \times 适用税率 \tag{2.15}$$

城市维护建设税的纳税地点在市区的，其适用税率为营业税的7%；所在地为县镇的，其适用税率为营业税的5%，所在地为农村的，其适用税率为营业税的1%。城市维护建设税的纳税地点与营业税纳税地点相同。

3) 教育费附加

教育费附加是按应纳营业税额乘以3%确定，计算公式为：

$$应纳税额 = 应纳营业税额 \times 3\% \tag{2.16}$$

建筑安装企业的教育费附加要与其营业税同时缴纳。即使办有职工子弟学校的建筑安装企业，也应当先缴纳教育费附加，教育部门可根据企业的办学情况，酌情返还给办学单位，作为对办学经费的补助。

4) 地方教育附加

地方教育附加通常是按应纳营业税额乘以2%确定，各地方有不同规定的，应遵循其规定，其计算公式为：

$$应纳税额 = 应纳营业税额 \times 2\% \tag{2.17}$$

地方教育附加应专项用于发展教育事业，不得从地方教育附加中提取或列支征收或代征手续费。

5) 税金的综合计算

在工程造价的计算过程中，上述税金通常一并计算。由于营业税的计税依据是含税营业额，城市维护建设税、教育费附加和地方教育费附加的计税依据是应纳营业税额，而在计算税金时，往往已知条件是税前造价，即人工费、材料费、施工机具使用费、企业管理费、利润、规费之和。因此，税金的计算往往需要将税前造价先转化为含税营业额，再按相应的公式计算缴纳税金。含税营业额的计算公式为：

含税营业税=(人工费+材料费+施工机具使用费+企业管理费+利润+规费)/

(1-营业税率-营业税率×城市维护建设税率-营业税率×

教育费附加率-营业税率地方教育附加率) (2.18)

为了简化计算,可以直接将三种税合并为一个综合税率,按下式计算应纳税额:

$$应纳税额=税前造价×综合税率(\%) \tag{2.19}$$

综合税率的计算因纳税地点所在地的不同而不同。

(1) 纳税地点在市区的企业。

$$综合税率(\%)=\frac{1}{1-3\%-(3\%\times 7\%)-(3\%\times 7\%)-(3\%\times 2\%)}-1 \tag{2.20}$$

(2) 纳税地点在县城、镇的企业。

$$综合税率(\%)=\frac{1}{1-3\%-(3\%\times 5\%)-(3\%\times 3\%)-(3\%\times 2\%)}-1 \tag{2.21}$$

(3) 纳税地点不在市区、县城、镇的企业。

$$综合税率(\%)=\frac{1}{1-3\%-(3\%\times 1\%)-(3\%\times 3\%)-(3\%\times 2\%)}-1 \tag{2.22}$$

(4) 实行营业税改增值税的,按纳税地点现行税率计算。

2.2.4 按造价形成划分建筑安装工程费用项目构成和计算

建筑安装工程费按照工程造价形成由分部分项工程费、措施项目费、其他项目费、规费、税金组成,分部分项工程费、措施项目费、其他项目费包含人工费、材料费、施工机具使用费、企业管理费和利润。

1. 分部分项工程费

分部分项工程费是指各专业工程的分部分项工程应予列支的各项费用。

1) 专业工程

专业工程是指按现行国家计量规范划分的房屋建筑与装饰工程、仿古建筑工程、通用安装工程、市政工程、园林绿化工程、矿山工程、构筑物工程、城市轨道交通工程、爆破工程等各类工程。

2) 分部分项工程

分部分项工程指按现行国家计量规范对各专业工程划分的项目,如房屋建筑与装饰工程划分的土石方工程、地基处理与桩基工程、砌筑工程、钢筋及钢筋混凝土工程等。

各类专业工程的分部分项工程划分见现行国家或行业计量规范。

3) 分部分项工程费

分部分项工程费通常用分部分项工程量乘以综合单价进行计算,计算公式是:

$$分部分项工程费=\sum(分部分项工程量×综合单价) \tag{2.23}$$

式中:综合单价包括人工费、材料费、施工机具使用费、企业管理费和利润,以及一定范围的风险费用(下同)。

2. 措施项目费

措施项目费是指为完成建设工程施工,发生于该工程施工前和施工过程中的技术、生活、安全、环境保护等方面的费用。

1) 措施项目费的构成

措施项目及其包含的内容应遵循各类专业工程的现行国家或行业计量规范。以《房屋建筑与装饰工程工程量计算规范》(GB 50854—2013)中的规定为例,措施项目费可以归纳为以下几项。

(1) 安全文明施工费。是指工程施工期间按照国家现行的环境保护、建筑施工安全、施工现场环境与卫生标准和有关规定,购置和更新施工安全防护用具及设施、改善安全生产条件和作业环境所需要的费用。它通常由环境保护费、文明施工费、安全施工费、临时设施费组成。

① 环境保护费。是指施工现场为达到环保部门要求所需要的各项费用。

② 文明施工费。是指施工现场文明施工所需要的各项费用。

③ 安全施工费。是指施工现场安全施工所需要的各项费用。

④ 临时设施费。是指施工企业为进行建设工程施工所必须搭设的生活和生产用的临时建筑物、构筑物和其他临时设施费用。它包括临时设施的搭设、维修、拆除、清理费或摊销费等。各项安全文明施工费的主要内容见表2-1。

表2-1 安全文明施工措施费的主要内容

项目名称	工作内容及包含范围
环境保护	现场施工机械设备降低噪声、防扰民措施费用
	水泥和其他易飞扬细颗粒建筑材料密闭存放或采取覆盖措施等费用
	工程防扬尘洒水费用
	土石方、建渣外运车辆防护措施费用
	现场污染源的控制、生活垃圾清理外运、场地排水排污措施费用
	其他环境保护措施费用
文明施工	"五牌一图"费用
	现场围挡的墙面美化(包括内外粉刷、刷白、标语等)、压顶装饰费用
	现场厕所便槽刷白、贴面砖,水泥砂浆地面或地砖用,建筑物内临时便溺设施费用
	其他施工现场临时设施的装饰装修、美化措施费用
	现场生活卫生设施费用
	符合卫生要求的饮水设备、淋浴、消毒等设施费用
	生活用洁净燃料费用
	防煤气中毒、防蚊虫叮咬等措施费用
	施工现场操作场地的硬化费用
	现场绿化费用、治安综合治理费用
	现场配备医药保健器材、物品费用和急救人员培训费用
	现场工人的防暑降温、电风扇、空调等设备及用电费用
	其他文明施工措施费用
安全施工	安全资料、特殊作业专项方案的编制,安全施工标志的购置及安全宣传费用
	"三宝"(安全帽、安全带、安全网)、"四口"(楼梯口、电梯井口、通道口、预留洞口)、"五临边"(阳台围边、楼板围边、屋面围边、槽坑围边、卸料平台两侧)、水平防护架、垂直防护架、外架封闭等防护费用

续表

项目名称	工作内容及包含范围
安全施工	施工安全用电的费用，包括配电箱三级配电、两级保护装置要求、外电保护措施费用
	起重机、塔吊等起重设备(含井架、门架)及外用电梯的安全防护措施(含警示标志)及卸料平台的临边防护、层间安全门、防护棚等设施费用
	建筑工地起重机械的检验检测费用
	施工机具防护棚及其围栏的安全保护设施费用
	施工安全防护通道费用
	工人的安全防护用品、用具购置费用
	消防设施与消防器材的配置费用
	电气保护、安全照明设施费
	其他安全防护措施费用
临时设施	施工现场采用彩色、定型钢板、砖、混凝土砌块等围挡的安砌、维修、拆除费用
	施工现场临时建筑物、构筑物的搭设、维修、拆除，如临时宿舍、办公室、食堂、厨房、厕所、诊疗所、临时文化福利用房、临时仓库、加工场、搅拌台、临时简易水塔、水池等费用
	施工现场临时设施的搭设、维修、拆除，如临时供水管道、临时供电管线、小型临时设施等费用
	施工现场规定范围内临时简易道路铺设，临时排水沟、排水设施安砌、维修、拆除费用
	其他临时设施费搭设、维修、拆除费用

(2) 夜间施工增加费。是指因夜间施工所发生的夜班补助费、夜间施工降效、夜间施工照明设备摊销及照明用电等费用。其内容由以下各项组成。

① 夜间固定照明灯具和临时可移动照明灯具的设置、拆除费用。

② 夜间施工时，施工现场交通标志、安全标牌、警示灯的设置、移动、拆除费用。

③ 夜间照明设备摊销及照明用电、施工人员夜班补助、夜间施工劳动效率降低等费用。

(3) 非夜间施工照明费。是指为保证工程施工正常进行，在地下室等特殊施工部位施工时所采用的照明设备的安拆、维护及照明用电等费用。

(4) 二次搬运费。是指由于施工场地条件限制而发生的材料、成品、半成品等一次运输不能达到堆放地点，必须进行二次或多次搬运的费用。

(5) 冬雨季施工增加费。是指在冬季或雨季施工需增加的临时设施、防滑、排除雨雪，人工及施工机械效率降低等费用。内容由以下各项组成。

① 冬雨(风)季施工时增加的临时设施(防寒保温、防雨、防风设施)的搭设、拆除费用。

② 冬雨(风)季施工时，对砌体、混凝土等采用的特殊加温、保温和养护措施费用。

③ 冬雨(风)季施工时，施工现场的防滑处理、对影响施工的雨雪的清除费用。

④ 冬雨(风)季施工时增加的临时设施、施工人员的劳动保护用品、冬雨(风)季施工劳动效率降低等费用。

(6) 地上、地下设施、建筑物的临时保护设施费。是指在工程施工过程中，对已建成的地上、地下设施和建筑物进行的遮盖、封闭、隔离等必要保护措施所发生的费用。

(7) 已完工程及设备保护费。是指竣工验收前，对已完工程及设备采取的覆盖、包裹、

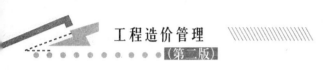

封闭、隔离等必要保护措施所发生的费用。

(8) 脚手架费。是指施工需要的各种脚手架搭、拆、运输费用以及脚手架购置费的摊销(或租赁)费用。通常包括以下内容。

① 施工时可能发生的场内、场外材料搬运费用。

② 搭、拆脚手架、斜道、上料平台费用。

③ 安全网的铺设费用。

④ 拆除脚手架后材料的堆放费用。

(9) 混凝土模板及支架(撑)费。是指混凝土施工过程中需要的各种钢模板、木模板、支架等的支拆、运输费用及模板、支架的摊销(或租赁)费用。内容由以下各项组成。

① 混凝土施工过程中需要的各种模板制作费用。

② 模板安装、拆除、整理堆放及场内外运输费用。

③ 清理模板黏结物及模内杂物、刷隔离剂等费用。

(10) 垂直运输费。是指现场所用材料、机具从地面运至相应高度以及职工人员上下工作面等所发生的运输费用。内容由以下各项组成。

① 垂直运输机械的固定装置、基础制作、安装费。

② 行走式垂直运输机械轨道的铺设、拆除、摊销费。

(11) 超高施工增加费。当单层建筑物檐口高度超过 20m，多层建筑物超过 6 层时，可计算超高施工增加费。内容由以下各项组成。

① 建筑物超高引起的人工工效降低以及由于人工工效降低引起的机械降效费。

② 高层施工用水加压水泵的安装、拆除及工作台班费。

③ 通信联络设备的使用及摊销费。

(12) 大型机械设备进出场及安拆费。是指机械整体或分体自停放场地运至施工现场或由一个施工地点运至另一个施工地点，所发生的机械进出场运输及转移费用，以及机械在施工现场进行安装、拆卸所需的人工费、材料费、机械费、试运转费和安装所需的辅助设施的费用。内容由安拆费和进出场费组成。

① 安拆费包括施工机械、设备在现场进行安装拆卸所需人工、材料、机械和试运转费用，以及机械辅助设施的折旧、搭设、拆除等费用。

② 进出场费包括施工机械、设备整体或分体自停放地点运至施工现场或由一施工地点运至另一施工地点所发生的运输、装卸、辅助材料等费用。

(13) 施工排水、降水费。是指将施工期间有碍施工作业和影响工程质量的水排到施工场地以外，以及防止在地下水位较高的地区开挖深基坑出现基坑浸水，地基承载力下降，在动水压力作用下还可能引起流砂、管涌和边坡失稳等现象而必须采取有效的降水和排水措施费用。该项费用由成井和排水、降水两个独立的费用项目组成。

(14) 其他。根据项目的专业特点或所在地区不同，可能会出现其他的措施项目。如工程定位复测费和特殊地区施工增加费等。

2) 措施项目费的计算

按照有关专业计量规范规定，措施项目分为应予计量的措施项目和不宜计量的措施项目两类。

(1) 国家计量规范规定应予计量的措施项目，其计算公式为：

$$措施项目费=\sum(措施项目工程量×综合单价) \quad (2.24)$$

(2) 国家计量规范规定不宜计量的措施项目计算方法如下。

① 安全文明施工费。

$$安全文明施工费=计算基数×安全文明施工费费率(\%) \quad (2.25)$$

计算基数应为定额基价(定额分部分项工程费+定额中可以计量的措施项目费)、定额人工费或(定额人工费+定额机械费),其费率由工程造价管理机构根据各专业工程的特点综合确定。

② 夜间施工增加费。

$$夜间施工增加费=计算基数×夜间施工增加费费率(\%) \quad (2.26)$$

③ 二次搬运费。

$$二次搬运费=计算基数×二次搬运费费率(\%) \quad (2.27)$$

④ 冬雨季施工增加费。

$$冬雨季施工增加费=计算基数×冬雨季施工增加费费率(\%) \quad (2.28)$$

⑤ 已完工程及设备保护费。

$$已完工程及设备保护费=计算基数×已完工程及设备保护费费率(\%) \quad (2.29)$$

上述②~⑤项措施项目的计费基数应为定额人工费或(定额人工费+定额机械费),其费率由工程造价管理机构根据各专业工程特点和调查资料综合分析后确定。

3. 其他项目费

1) 暂列金额

暂列金额是指建设单位在工程量清单中暂定并包括在工程合同价款中的一笔款项。用于施工合同签订时尚未确定或者不可预见的所需材料、工程设备、服务的采购,施工中可能发生的工程变更、合同约定调整因素出现时的工程价款调整以及发生的索赔、现场签证确认等的费用。

暂列金额由建设单位根据工程特点,按有关计价规定估算,施工过程中由建设单位掌握使用、扣除合同价款调整后如有余额,归建设单位。

2) 计日工

计日工是指在施工过程中,施工企业完成建设单位提出的施工图纸以外的零星项目或工作所需的费用。

计日工由建设单位和施工企业按施工过程中的签证计价。

3) 总承包服务费

总承包服务费是指总承包人为配合、协调建设单位进行的专业工程发包,对建设单位自行采购的材料、工程设备等进行保管,以及施工现场管理、竣工资料汇总整理等服务所需的费用。

总承包服务费由建设单位在招标控制价中根据总包服务范围和有关计价规定编制,施工企业投标时自主报价,施工过程中按签约合同价执行。

4. 规费

定义同建筑安装工程费用项目组成(按费用构成要素划分)。

5. 税金

定义同建筑安装工程费用项目组成(按费用构成要素划分)。

建设单位和施工企业均应按照省、自治区、直辖市或行业建设主管部门发布标准计算规费和税金,不得作为竞争性费用。

2.2.5 建筑安装工程计价程序

构成建筑工程各项费用要素计取的先后顺序,称为造价计价程序。根据住房和城乡建设部、财政部《关于印发〈建筑安装工程费用项目组成〉的通知》(建标[2013]44号)文件的规定,采用工程量清单计价时,建筑安装工程计价程序有以下三种情况。

1. 建设单位工程招标控制价计价程序

建设单位工程招标控制价计价程序见表2-2。

表2-2 建设单位工程招标控制价计价程序

工程名称: 　　　　　　　　　　　　　　　　　　　　　标段:

序号	内容	计算方法	金额/元
1	分部分项工程费	按计价规定计算	
1.1			
1.2			
1.3			
1.4			
1.5			
2	措施项目费	按计价规定计算	
2.1	其中:安全文明施工费	按规定标准计算	
3	其他项目费		
3.1	其中:暂列金额	按计价规定估算	
3.2	其中:专业工程暂估价	按计价规定估算	
3.3	其中:计日工	按计价规定估算	
3.4	其中:总承包服务费	按计价规定估算	
4	规费	按规定标准计算	
5	税金(扣除不列入计税范围的工程设备金额)	(1+2+3+4)×规定税率	
招标控制价合计=1+2+3+4+5			

2. 施工企业工程投标报价计价程序

施工企业工程投标报价计价程序见表2-3。

表2-3　施工企业工程投标报价计价程序

工程名称：　　　　　　　　　　　　　　　　　　　　　　　　　　标段：

序号	内　　容	计算方法	金额/元
1	分部分项工程费	自主报价	
1.1			
1.2			
1.3			
1.4			
1.5			
2	措施项目费	自主报价	
2.1	其中：安全文明施工费	按规定标准计算	
3	其他项目费		
3.1	其中：暂列金额	按招标文件提供金额计列	
3.2	其中：专业工程暂估价	按招标文件提供金额计列	
3.3	其中：计日工	自主报价	
3.4	其中：总承包服务费	自主报价	
4	规费	按规定标准计算	
5	税金(扣除不列入计税范围的工程设备金额)	(1+2+3+4)×规定税率	
	投标报价合计=1+2+3+4+5		

3. 竣工结算计价程序

竣工结算计价程序见表2-4。

表2-4　竣工结算计价程序

工程名称：　　　　　　　　　　　　　　　　　　　　　　　　　　标段：

序号	汇　总　内　容	计　算　方　法	金额/元
1	分部分项工程费	按合同约定计算	
1.1			
1.2			

续表

序号	汇总内容	计算方法	金额/元
1.3			
1.4			
1.5			
2	措施项目	按合同约定计算	
2.1	其中：安全文明施工费	按规定标准计算	
3	其他项目		
3.1	其中：专业工程结算价	按合同约定计算	
3.2	其中：计日工	按计日工签证计算	
3.3	其中：总承包服务费	按合同约定计算	
3.4	索赔与现场签证	按发承包双方确认数额计算	
4	规费	按规定标准计算	
5	税金(扣除不列入计税范围的工程设备金额)	(1+2+3+4)×规定税率	
	竣工结算总价合计=1+2+3+4+5		

应用案例 2-2

某工程项目业主拟采用工程量清单计价方式公开招标确定承包人，请你协助编制该工程项目的招标控制价。清单项目及费用包括：分项工程费用 200 万元；相应专业措施费用 16 万元，安全文明施工措施费 6 万元；计日工费用 3 万元，暂列金额 12 万元，特种门窗工程(专业分包)暂估价 30 万元，总承包服务费为专业分包工程费用的 5%；规费和税金综合税率为 7%，计算基础为分项工程费加措施费加其他项目费。

【解】

该工程项目的招标控制价为：

$$(200+16+6+3+12+30+30\times 5\%)\times(1+7\%)=287.295(万元)$$

课题 2.3 设备及工器具购置费用的构成

设备及工器具购置费用由设备购置费用和工具、器具及生产家具购置费用组成。

2.3.1 设备购置费的构成及计算

设备购置费是指为建设工程购置或自制的达到固定资产标准的设备、工具、器具的费用。

设备购置费包括设备原价和设备运杂费,基本计算公式如下:

$$设备购置费=设备原价+设备运杂费 \tag{2.30}$$

式中:设备原价是指国产设备或进口设备的原价;设备运杂费是指设备原价之外的关于设备采购、运输、途中包装及仓库保管等方面支出费用的总和。

1. 国产设备的原价及计算

国产设备原价一般指的是设备制造厂的交货价,或订货合同价。它一般根据生产厂家或供应商的询价、报价、合同价确定,或采用一定的方法计算确定。国产设备原价分为国产标准设备原价和国产非标准设备原价。

1) 国产标准设备原价

国产标准设备是指按照主管部门颁布的标准图纸和技术要求,由设备生产厂批量生产的符合国家质量检验标准的设备。国产标准设备原价一般指的是设备制造厂的交货价,即出厂价。国产设备原价有两种,即带有备件的原件和不带有备件的原件,在计算时,一般采用带有备件的原价。

2) 国产非标准设备原价

非标准设备是指国家尚无定型标准,各设备生产厂不可能在工艺过程中采用批量生产,只能按一次订货,并根据具体的设备图纸制造的设备。非标准设备原价有多种不同的计算方法,如成本计算估价法、系列设备插入估价法、分部组合估价法、定额估价法等。

按成本估算法国产非标准设备的原价组成及计算方法见表2-5。

表2-5 国产非标准设备的原价组成及计算方法

构 成	计 算 公 式	注 意 事 项
材料费	材料净重×(1+加工损耗系数)×每吨材料综合价	
加工费	设备总重量(t)×设备每吨加工费	
辅助材料费	设备总重量(t)×辅助材料费指标	
专用工具费	(材料费+加工费+辅助材料费)×专用工具费率	
废品损失费	(材料费+加工费+辅助材料费+专用工具费)×废品损失费率	
外购配套件费	相应的购买价格加上运杂费计算	
包装费	(材料费+加工费+辅助材料费+专用工具费+废品损失费+外购配套件费)×包装费率	计算包装费时把外购配件费用加上
利润	(材料费+加工费+辅助材料费+专用工具费+废品损失费)×利润率	计算利润时不包括外购配件费用,但包括包装费
税金	增值税=当期销项税额-进项税额 销售额×适用增值税率=当期销项税额	主要指增值税
非标准设备设计费	按国家规定的设计费收费标准计算	

单台非标准设备原价={[(材料费+加工费+辅助材料费)×(1+专用工具费率)×(1+废品损失费率)+外购配套件费]×(1+包装费率)-外购配套件费}×(1+利润率)+销项税额+非标准设备设计费+外购配套件费 (2.31)

应用案例 2-3

某企业采购一台国产非标准设备,制造厂生产该台非标准设备所用材料费 20 万元,加工费 2 万元,辅助材料费 4000 元,专用工具费 3000 元,废品损失费率 10%,外购配套件费 5 万元,包装费率 2%,利润率 2%,材料采购过程中发生增值税进项税额 1.8 万元,增值税税率 17%,非标准设备设计费 2 万元,该国产设备包装费为(　　)万元。

A. 0.4994　　　　B. 0.5344　　　　C. 0.5994　　　　D. 0.6414

答案:C

【解】

该题直接用非标准设备包装费的计算公式计算:

$$非标准设备包装费 = [(20+2+0.4+0.3)\times(1+10\%)+5]\times 2\% = 0.5994 (万元)$$

2. 进口设备的原价及计算

1) 进口设备的原价

进口设备的原价即进口设备的抵岸价,是指抵达买方边境港口或边境车站,且交完关税以后的价格。抵岸价通常是由进口设备到岸价(CIF)和进口从属费构成。进口设备的到岸价,即抵达买方边境港口或边境车站的价格。在国际贸易中,交易双方所使用的交货类别不同,则交易价格的构成内容也有所差异。进口从属费用包括银行财务费、外贸手续费、进口关税、消费税、进口环节增值税等,进口车辆的还需缴纳车辆购置税。

$$\begin{aligned}进口设备的原价 &= 进口设备抵岸价 = 进口设备到岸价(CIF)+进口从属费\\ &= 货价+国际运费+运输保险费+银行财务费+\\ &\quad 外贸手续费+进口关税+增值税+消费税+\\ &\quad 海关监管手续费+车辆购置附加费\end{aligned} \quad (2.32)$$

2) 进口设备的交易价格

在国际贸易中,较为广泛使用的交易价格术语有 FOB、CFR 和 CIF,具体见表 2-6。

表 2-6　进口设备的交易价格

交易价格术语(英)	交易价格术语(中)	交货方式及风险划分	卖方的基本义务	买方的基本义务
FOB(Free on Board)	装运港船上交货价,也称离岸价格	指当货物在指定的装运港越过船舷,卖方即完成交货义务。风险转移,以在指定的装运港货物越过船舷时为分界点。费用划分与风险转移的分界点相一致	1. 办理出口清关手续,自负风险和费用,领取出口许可证及其他官方文件; 2. 在约定的日期或期限内,合同规定的装运港,按港口惯常的方式,把货物装上买方指定的船只,并及时通知买方; 3. 承担货物在装运港越过船舷之前的一切费用和风险; 4. 向买方提供商业发票和证明货物已交至船上的装运单据或具有同等效力的电子单证	1. 负责租船订舱,按时派船到合同约定的装运港接运货物,支付运费,并将船期、船名及装船地点及时通知卖方; 2. 负担货物在装运港越过船舷后的各种费用以及货物灭失或损坏的一切风险; 3. 负责获取进口许可证或其他官方文件,以及办理货物入境手续; 4. 受领卖方提供的各种单证,按合同规定支付货款

续表

交易价格术语(英)	交易价格术语(中)	交货方式及风险划分	卖方的基本义务	买方的基本义务
CFR(Cost and Freight)	成本加运费，或称之为运费在内价	指在装运港货物越过船舷卖方即完成交货，卖方必须支付将货物运至指定的目的港所需的运费和费用。但不承担交货后货物灭失或损坏的风险，以及由于各种事件造成的任何额外费用，风险和费用由卖方转移到买方。与FOB价格相比，CFR的费用划分与风险转移的分界点是不一致的	1. 提供合同规定的货物，负责订立运输合同，并租船订舱，在合同规定的装运港和规定的期限内，将货物装上船并及时通知买方，支付运至目的港的运费； 2. 负责办理出口清关手续，提供出口许可证或其他官方批准的文件； 3. 承担货物在装运港越过船舷之前的一切费用和风险； 4. 按合同规定提供正式有效的运输单据、发票或具有同等效力的电子单证	1. 承担货物在装运港越过船舷以后的一切风险及运输途中因遭遇风险所引起的额外费用； 2. 在合同规定的目的港受领货物，办理进口清关手续，交纳进口税； 3. 受领卖方提供的各种约定的单证，并按合同规定支付货款
CIF(Cost Insurance and Freight)	成本加保险费、运费，习惯上称到岸价格		卖方除负有与CFR相同的义务外，还应办理货物在运输途中最低险别的海运保险，并应支付保险费。如买方需要更高的保险险别，则需要与卖方明确地达成协议，或者自行作出额外的保险安排	除保险这项义务之外，买方的义务与CFR相同

3) 进口设备到岸价的构成及计算

进口设备到岸价的计算公式如下：

$$\text{进口设备到岸价(CIF)} = \text{离岸价格(FOB)} + \text{国际运费} + \text{运输保险费}$$
$$= \text{运费在内价(CFR)} + \text{运输保险费} \tag{2.33}$$

(1) 货价。一般指装运港船上交货价(FOB)。设备货价分为原币货价和人民币货价，原币货价一律折算为美元表示，人民币货价按原币货价乘以外汇市场美元兑换人民币汇率中间价确定。进口设备货价按有关生产厂商询价、报价、订货合同价计算。

(2) 国际运费。即从装运港(站)到达我国目的港(站)的运费。我国进口设备大部分采用海洋运输，小部分采用铁路运输，个别采用航空运输。进口设备国际运费计算公式为：

$$\text{国际运费(海、陆、空)} = \text{原币货价(FOB)} \times \text{运费率} \tag{2.34}$$

$$\text{国际运费(海、陆、空)} = \text{单位运价} \times \text{运量} \tag{2.35}$$

其中，运费率或单位运价参照有关部门或进出口公司的规定执行。

(3) 运输保险费。对外贸易货物运输保险是由保险人(保险公司)与被保险人(出口人或进口人)订立保险契约，在被保险人交付议定的保险费后，保险人根据保险契约的规定对货物在运输过程中发生的承保责任范围内的损失给予经济上的补偿。这是一种财产保险，其计算公式为：

$$\text{运输保险费} = [\text{原币货价(FOB)} + \text{国际运费}] \div (1 - \text{保险费率}) \times \text{保险费率} \tag{2.36}$$

其中,保险费率按保险公司规定的进口货物保险费率计算。

4) 进口从属费的构成及计算

进口从属费的计算公式如下:

进口从属费=银行财务费+外贸手续费+关税+消费税+进口环节增值税+车辆购置税

(2.37)

(1) 银行财务费。一般是指在国际贸易结算中,中国银行为进出口商提供金融结算服务所收取的费用,其计算公式为:

银行财务费=离岸价格(FOB)×人民币外汇汇率×银行财务费率 (2.38)

(2) 外贸手续费。指按规定的外贸手续费率计取的费用,外贸手续费率一般取 1.5%,其计算公式为:

外贸手续费=到岸价格(CIF)×人民币外汇汇率×外贸手续费率 (2.39)

(3) 关税。关税是由海关对进出国境或关境的货物和物品征收的一种税,其计算公式为:

关税=到岸价格(CIF)×人民币外汇汇率×进口关税率 (2.40)

到岸价格作为关税的计征基数时,通常又可称为关税完税价格。进口关税税率分为优惠和普通两种,普通税率适用于与我国未订有关税互惠条款的贸易条约或协定的国家与地区的进口设备,当进口货物来自我国签订有关税互惠条款的贸易条约或协定的国家时,按优惠税率征收。进口关税税率按中华人民共和国海关总署发布的进口关税税率计算。

(4) 消费税。对部分进口设备(如轿车、摩托车等)征收,其一般计算公式为:

应纳消费税额=[到岸价格(CIF)×人民币外汇汇率+关税]÷(1-消费税税率)×消费税税率

(2.41)

其中,消费税税率根据规定的税率计算。

(5) 进口环节增值税。增值税是我国政府对从事进口贸易的单位和个人,在进口商品报关进口后征收的税种。我国增值税条例规定,进口应纳税产品均按组成计税价格和增值税税率直接计算应纳税额,计算公式为:

进口环节增值税额=组成计税价格×增值税率 (2.42)

组成计税价格=到岸价格(CIF)+关税+消费税 (2.43)

增值税税率根据规定的税率计算。

(6) 车辆购置税。进口车辆需缴进口车辆购置税,计算公式为:

进口车辆购置附加费=[到岸价格(CIF)+关税+消费税]×进口车辆购置附加费率 (2.44)

应用案例 2-4

某地区拟建一工业项目,购置进口设备时,进口设备 FOB 价为 2500 万元(人民币),到岸价(货价、海运费、运输保险费)为 3020 万元(人民币),进口设备国内运杂费为 100 万元,其中银行财务费率为 0.5%,外贸手续费率为 1.5%,关税税率为 10%,增值税率为 17%,消费税、海关监管手续费、车辆购置附加费均为 0,试计算进口设备购置费。

【解】

进口设备购置费计算见表 2-7。

表 2-7 进口设备购置费计算表

序号	项目	费率	计算式	金额/万元
1	到岸价格			3020.00
2	银行财务费	0.5%	2500×0.5%	12.50
3	外贸手续费	1.5%	3020×1.5%	45.30
4	关税	10%	3020×10%	302
5	增值税	17%	(3020+302)×17%	564.74
6	设备国内运杂费			100
进口设备购置费			1+2+3+4+5+6	4044.54

3. 设备运杂费的组成及计算

1) 设备运杂费的组成

设备运杂费通常由下列各项组成。

(1) 运费和装卸费。国产设备是指由设备制造厂交货地点起至工地仓库(或施工组织设计指定的需要安装设备的堆放地点)止所发生的运费和装卸费。对于进口设备，则是指由我国到岸港口、边境车站起至工地仓库(或施工组织设计指定的需要安装设备的堆放地点)止所发生的运费和装卸费。

(2) 包装费。在设备出厂价格中没有包含的，为运输而进行的包装支出的各种费用。

(3) 供销部门的手续费。按有关部门规定的统一费率计算。

(4) 采购与仓库保管费。指采购、验收、保管和收发设备所发生的各种费用，包括设备采购、保管和管理人员的工资、工资附加费、办公费、差旅交通费，设备供应部门办公和仓库所占固定资产使用费、工具用具使用费、劳动保护费、检验试验费等。这些费用可按主管部门规定的采购与保管费率计算。

2) 设备运杂费的计算

设备运杂费按设备原价乘以设备运杂费率计算，其计算公式为：

$$设备运杂费=设备原价×设备运杂费率 \qquad (2.45)$$

其中设备运杂费率按各部门及省、市的规定计取。

2.3.2 工器具及生产家具购置费的构成及计算

工器具及生产家具购置费是指新建项目或扩建项目初步设计规定的，保证初期正常生产所必须购置的不够固定资产标准的设备、仪器、工卡模具、器具、生产家具和备品备件等的购置费用，其一般计算公式为：

$$工器具及生产家具购置费=设备购置费×定额费率 \qquad (2.46)$$

课题 2.4 工程建设其他费用组成

工程建设其他费用，是指建设单位从工程筹建起到工程竣工验收交付使用止的整个建设期间，除建筑安装工程费用和设备及工器具购置费用以外的，为保证工程建设顺利完成和交付使用后能够正常发挥效用而发生的各项费用的总和，如图 2.5 所示。

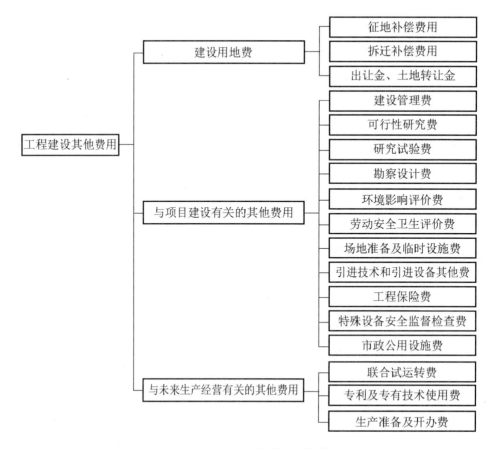

图 2.5 工程建设其他费用构成

2.4.1 建设用地费

任何一个建设项目都固定于一定地点与地面相连接，必须占用一定量的土地，也就必然要发生为获得建设用地而支付的费用，这就是建设用地费。它是指为获得工程项目建设土地的使用权而在建设期内发生的各项费用，包括通过划拨方式取得土地使用权而支付的土地征用及迁移补偿费，或者通过土地使用权出让方式取得土地使用权而支付的土地使用权出让金。

1. 建设用地取得的基本方式

建设用地的取得，实质是依法获取国有土地的使用权。根据《中华人民共和国城市房地产管理法》规定，获取国有土地使用权的基本方式有两种：一是出让方式，二是划拨方式。建设土地取得的其他方式还包括租赁和转让方式。

(1) 通过出让方式获取国有土地使用权。国有土地使用权出让，是指国家将国有土地使用权在一定年限内出让给土地使用者，由土地使用者向国家支付土地使用权出让金的行为。土地使用权出让最高年限按下列用途确定。

① 居住用地 70 年。

② 工业用地 50 年。

③ 教育、科技、文化、卫生、体育用地 50 年。

④ 商业、旅游、娱乐用地 40 年。

⑤ 综合或者其他用地 50 年。

通过出让方式获取国有土地使用权又可以分成两种具体方式：一是通过招标、拍卖、挂牌等竞争出让方式获取国有土地使用权；二是通过协议出让方式获取国有土地使用权。

① 通过竞争出让方式获取国有土地使用权。具体的竞争方式又包括三种，即投标、竞拍和挂牌。按照国家相关规定，工业(包括仓储用地，但不包括采矿用地)、商业、旅游、娱乐和商品住宅等各类经营性用地，必须以招标、拍卖或者挂牌方式出让；上述规定以外用途的土地的供地计划公布后，同一宗地有两个以上意向用地者的，也应当采用招标、拍卖或者挂牌方式出让。

② 通过协议出让方式获取国有土地使用权。按照国家相关规定，出让国有土地使用权，除依照法律、法规和规章的规定应当采用招标、拍卖或者挂牌方式外，其余方可采取协议方式。以协议方式出让国有土地使用权的出让金不得低于按国家规定所确定的最低价。协议出让底价不得低于拟出让地块所在区域的协议出让最低价。

(2) 通过划拨方式获取国有土地使用权。国有土地使用权划拨，是指县级以上人民政府依法批准，在土地使用者缴纳补偿、安置等费用后将该幅土地交付其使用，或者将土地使用权无偿交付给土地使用者使用的行为。国家对划拨用地有着严格的规定，下列建设用地，经县级以上人民政府依法批准，可以以划拨方式取得。

① 国家机关用地和军事用地。

② 城市基础设施用地和公益事业用地。

③ 国家重点扶持的能源、交通、水利等基础设施用地。

④ 法律、行政法规规定的其他用地。

依法以划拨方式取得土地使用权的，除法律、行政法规另有规定外，没有使用期限的限制。因企业改制、土地使用权转让或者改变土地用途等不再符合《划拨用地目录》(中华人民共和国国土资源部令第 9 号)的，应当实行有偿使用。

2. 建设用地取得的费用

建设用地如通过行政划拨方式取得，则须承担征地补偿费用或对原用地单位或个人的拆迁补偿费用；若通过市场机制取得，则不但须承担以上费用，还须向土地所有者支付有偿使用费，即土地使用权出让金。

(1) 征地补偿费用。建设征用土地费用由以下几个部分构成。

① 土地补偿费。土地补偿费是对农村集体经济组织因土地被征用而造成的经济损失的一种补偿。征用耕地的补偿费，为该耕地被征前 3 年平均年产值的 6~10 倍。征用其他土地的补偿费标准，由省、自治区、直辖市参照征用耕地的补偿费标准规定。土地补偿费归农村集体经济组织所有。

② 青苗补偿费和地上附着物补偿费。青苗补偿费是因征地时对其正在生长的农作物造成损害而做出的一种赔偿。在农村实行承包责任制后，农民自行承包土地的青苗补偿费应付给其本人，属于集体种植的青苗补偿费可纳入当年集体收益。凡在协商征地方案后抢种的农作物、树木等，一律不予补偿。地上附着物是指房屋、水井、树木、桥梁、公路、水利设施、林木等地面建筑物、构筑物、附着物等。视协商征地方案前地上附着物价值与折

旧情况确定,应根据"拆什么,补什么;拆多少,补多少,不低于原来水平"的原则确定。如附着物产权属个人,则该项补助费付给个人。地上附着物的补偿标准,由省、自治区、直辖市规定。

③ 安置补助费。安置补助费应支付给被征地单位和安置劳动力的单位,作为劳动力安置与培训的支出,以及作为不能就业人员的生活补助。征收耕地的安置补助费,按照需要安置的农业人口数计算。需要安置的农业人口数,按照被征收的耕地数量除以征地前被征收单位平均每人占有耕地的数量计算。每一个需要安置的农业人口的安置补助费标准,为该耕地被征收前3年平均年产值的4~6倍。但是,每公顷被征收耕地的安置补助费,最高不得超过被征收前3年平均年产值的15倍。土地补偿费和安置补助费,尚不能使需要安置的农民保持原有生活水平的,经省、自治区、直辖市人民政府批准,可以增加安置补助费。但是,土地补偿费和安置补助费的总和不得超过土地被征收前3年平均年产值的30倍。

④ 新菜地开发建设基金。新菜地开发建设基金指征用城市郊区商品菜地时支付的费用。这项费用交给地方财政,作为开发建设新菜地的投资。菜地是指城市郊区为供应城市居民蔬菜,连续3年以上常年种菜或者养殖鱼、虾等的商品菜地和精养鱼塘。一年只种一茬或因调整茬口安排种植蔬菜的,均不作为需要收取开发基金的菜地。征用尚未开发的规划菜地,不缴纳新菜地开发建设基金。在蔬菜产销放开后,能够满足供应,不再需要开发新菜地的城市,不收取新菜地开发基金。

⑤ 耕地占用税。耕地占用税是对占用耕地建房或者从事其他非农业建设的单位和个人征收的一种税收,目的是合理利用土地资源、节约用地,保护农用耕地。耕地占用税征收范围,不仅包括占用耕地,还包括占用鱼塘、园地、菜地及其农业用地建房或者从事其他非农业建设。均按实际占用的面积和规定的税额一次性征收。其中,耕地是指用于种植农作物的土地。占用前3年曾用于种植农作物的土地也视为耕地。

⑥ 土地管理费。土地管理费主要作为征地工作中所发生的办公、会议、培训、宣传、差旅、借用人员工资等必要的费用。土地管理费的收取标准,一般是在土地补偿费、青苗费、地面附着物补偿费、安置补助费四项费用之和的基础上提取2%~4%。如果是征地包干,还应在四项费用之和后再加上粮食价差、副食补贴、不可预见费等费用,在此基础上提取2%~4%作为土地管理费。

(2) 拆迁补偿费用。在城市规划区内国有土地上实施房屋拆迁,拆迁人应当对被拆迁人给予补偿、安置。

① 拆迁补偿。拆迁补偿的方式可以实行货币补偿,也可以实行房屋产权调换。

货币补偿的金额,根据被拆迁房屋的区位、用途、建筑面积等因素,以房地产市场评估价格确定。具体办法由省、自治区、直辖市人民政府制定。

实行房屋产权调换的,拆迁人与被拆迁人按照计算得到的被拆迁房屋的补偿金额和所调换房屋的价格,结清产权调换的差价。

② 搬迁、安置补助费。拆迁人应当对被拆迁人或者房屋承租人支付搬迁补助费,对于在规定的搬迁期限届满前搬迁的,拆迁人可以付给提前搬家奖励费;在过渡期限内,被拆迁人或者房屋承租人自行安排住处的,拆迁人应当支付临时安置补助费;被拆迁人或者房屋承租人使用拆迁人提供的周转房的,拆迁人不支付临时安置补助费。

搬迁补助费和临时安置补助费的标准,由省、自治区、直辖市人民政府规定。有些地区规定，拆除非住宅房屋，造成停产、停业引起经济损失的。拆迁人可以根据被拆除房屋的区位和使用性质，按照一定标准给予一次性停产停业综合补助费。

(3) 土地使用权出让金、土地转让金。土地使用权出让金为用地单位向国家支付的土地所有权收益，出让金标准一般参考城市基准地价并结合其他因素制定。基准地价由市土地管理局会同市物价局，市国有资产管理局、市房地产管理局等部门综合平衡后报市级人民政府审定通过，它以城市土地综合定级为基础，用某一地价或地价幅度表示某一类别用地在某一土地级别范围的地价，以此作为土地使用权出让价格的基础。

在有偿出让和转让土地时，政府对地价不作统一规定，但坚持以下原则：即地价对目前的投资环境不产生大的影响；地价与当地的社会经济承受能力相适应；地价要考虑已投入的土地开发费用、土地市场供求关系、土地用途、所在区类、容积率和使用年限等。有偿出让和转让使用权，要向土地受让者征收契税；转让土地如有增值，要向转让者征收土地增值税；土地使用者每年应按规定的标准缴纳土地使用费。土地使用权出让或转让，应先由地价评估机构进行价格评估后，再签订土地使用权出让和转让合同。

2.4.2 与项目建设有关的其他费用

1. 建设管理费

建设管理费是指建设单位为组织完成工程项目建设。在建设期内发生的各类管理性费用。

1) 建设管理费的内容

(1) 建设单位管理费，是指建设单位发生的管理性质的开支，包括工作人员工资、工资性补贴、施工现场津贴、职工福利费、住房基金、基本养老保险费、基本医疗保险费、失业保险费、工伤保险费、办公费、差旅交通费、劳动保护费、工具用具使用费、固定资产使用费、必要的办公及生活用品购置费。必要的通信设备及交通工具购置费、零星固定资产购置费、招募生产工人费、技术图书资料费、业务招待费、设计审查费、工程招标费、合同契约公证费、法律顾问费、咨询费、完工清理费、竣工验收费、印花税和其他管理性质开支。

(2) 工程监理费，是指建设单位委托工程监理单位实施工程监理的费用。此项费用应按国家发展与改革委员会与原建设部联合发布的《建设工程监理与相关服务收费管理规定》(发改价格[2007]670号)计算。依法必须实行监理的建设工程施工阶段的监理收费实行政府指导价；其他建设工程施工阶段的监理收费和其他阶段的监理与相关服务收费实行市场调节价。

2) 建设单位管理费的计算

建设单位管理费按照工程费用之和(包括设备工器具购置费和建筑安装工程费用)乘以建设单位管理费费率计算。

建设单位管理费费率按照建设项目的不同性质、不同规模确定。有的建设项目按照建设工期和规定的金额计算建设单位管理费。如采用监理，建设单位部分管理工作量转移至监理单位。监理费应根据委托的监理工作范围和监理深度在监理合同中商定或按当地或所属行业部门有关规定计算；如建设单位采用工程总承包方式，其总包管理费由建设单位与总包单位根据总包工作范围在合同中商定，从建设管理费中支出。

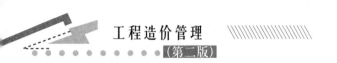

2. 可行性研究费

可行性研究费是指在工程项目投资决策阶段，依据调研报告对有关建设方案、技术方案或生产经营方案进行的技术经济论证，以及编制、评审可行性研究报告所需的费用。此项费用应依据前期研究委托合同计列，或参照《国家计委关于印发〈建设项目前期工作咨询收费暂行规定〉的通知》(计价格[1999]1283号)的规定计算。

3. 研究试验费

研究试验费是指为建设项目提供或验证设计数据、资料等进行必要的研究试验及按照相关规定在建设过程中必须进行试验、验证所需的费用，包括自行或委托其他部门研究试验所需人工费、材料费、试验设备及仪器使用费等。这项费用按照设计单位根据本工程项目的需要提出的研究试验内容和要求计算。在计算时要注意不应包括以下项目。

(1) 应由科技三项费用(即新产品试制费、中间试验费和重要科学研究补助费)开支的项目。

(2) 应在建筑安装费用中列支的施工企业对建筑材料、构件和建筑物进行一般鉴定、检查所发生的费用及技术革新的研究试验费。

(3) 应由勘察设计费或工程费用中开支的项目。

4. 勘察设计费

勘察设计费是指对工程项目进行工程水文地质勘察、工程设计所发生的费用，包括工程勘察费、初步设计费(基础设计费)、施工图设计费(详细设计费)、设计模型制作费。此项费用应按原国家计委、原建设部《关于发布〈工程勘察设计收费管理规定〉的通知》(计价格[2002]10号)的规定计算。

5. 环境影响评价费

环境影响评价费是指按照《中华人民共和国环境保护法》《中华人民共和国环境影响评价法》等规定，在工程项目投资决策过程中，对其进行环境污染或影响评价所需的费用，包括编制环境影响报告书(含大纲)、环境影响报告表，以及对环境影响报告书(含大纲)、环境影响报告表进行评估等所需的费用。此项费用可参照《关于规范环境影响咨询收费有关问题的通知》(计价格[2002]125号)的规定计算。

6. 劳动安全卫生评价费

劳动安全卫生评价费是指按照劳动部《建设项目(工程)劳动安全卫生预评价管理办法》的规定，在工程项目投资决策过程中，为编制劳动安全卫生评价报告所需的费用，包括编制建设项目劳动安全卫生预评价大纲和劳动安全卫生预评价报告书，以及为编制上述文件所进行的工程分析和环境现状调查等所需的费用。必须进行劳动安全卫生预评价的项目包括以下几类。

(1) 属于国家(发展)计划委员会、国家建设委员会(已变更)、财政部《关于基本建设项目和大中型划分标准的规定》中规定的大中型建设项目。

(2) 属于《建筑设计防火规范》(GB 50016—2006)中规定的火灾危险性生产类别为甲类的建设项目。

(3) 属于劳动部颁布的《爆炸危险场所安全规定》中规定的爆炸危险场所等级为特别

危险场所和高度危险场所的建设项目。

(4) 大量生产或使用《职业性接触毒物危害程度分级》(GBZ 230—2010)规定的Ⅰ级、Ⅱ级危害程度的职业性接触毒物的建设项目。

(5) 大量生产或使用石棉粉料或含有10%以上的游离二氧化硅粉料的建设项目。

(6) 其他由劳动行政部门确认的危险、危害因素大的建设项目。

7. 场地准备及临时设施费

1) 场地准备及临时设施费的内容

(1) 建设项目场地准备费是指为使工程项目的建设场地达到开工条件，由建设单位组织进行的场地平整等准备工作而发生的费用。

(2) 建设单位临时设施费是指建设单位为满足工程项目建设、生活、办公的需要，用于临时设施建设、维修、租赁、使用所发生或摊销的费用。

2) 场地准备及临时设施费的计算

(1) 场地准备及临时设施应尽量与永久性工程统一考虑。建设场地的大型土石方工程应进入工程费用中的总图运输费用中。

(2) 新建项目的场地准备和临时设施费应根据实际工程量估算，或按工程费用的比例计算。改扩建项目一般只计拆除清理费。

(3) 发生拆除清理费时可按新建同类工程造价或主材费、设备费的比例计算。凡可回收材料的拆除工程采用以料抵工方式冲抵拆除清理费。

(4) 此项费用不包括已列入建筑安装工程费用中的施工单位临时设施费用。

8. 引进技术和引进设备其他费

引进技术和引进设备其他费是指引进技术和设备发生的但未计入设备购置费中的费用。

(1) 引进项目图纸资料翻译复制费、备品备件测绘费。可根据引进项目的具体情况计列或按引进货价(FOB)的比例估列；引进项目发生备品备件测绘费时按具体情况估列。

(2) 出国人员费用，包括买方人员出国设计联络、出国考察、联合设计、监造、培训等所发生的差旅费、生活费等。依据合同或协议规定的出国人次、期限以及相应的费用标准计算。生活费按照财政部、外交部规定的现行标准计算，差旅费按中国民航公布票价计算。

(3) 来华人员费用，包括卖方来华工程技术人员的现场办公费用、往返现场交通费用、接待费用等，依据引进合同或协议有关条款及来华技术人员派遣计划进行计算。来华人员接待费用可按每人次费用指标计算。引进合同价款中已包括的费用内容不得重复计算。

(4) 银行担保及承诺费，指引进项目由国内外金融机构出面承担风险和责任担保所发生的费用，以及支付贷款机构的承诺费用。应按担保或承诺协议计取，投资估算和概算编制时可以担保金额或承诺金额为基数乘以费率计算。

9. 工程保险费

工程保险费是指为转移工程项目建设的意外风险，在建设期内对建筑工程、安装工程、机械设备和人身安全进行投保而发生的费用，包括建筑安装工程一切险、引进设备财产保险和人身意外伤害险等。

根据不同的工程类别，分别以其建筑、安装工程费乘以建筑、安装工程保险费率计算。民用建筑(住宅楼、综合性大楼、商场、旅馆、医院、学校)占建筑工程费的 2‰～4‰；其他建筑(工业厂房、仓库、道路、码头、水坝、隧道、桥梁、管道等)占建筑工程费的3‰~6‰；安装工程(农业、工业、机械、电子、电器、纺织、矿山、石油、化学及钢铁工业、钢结构桥梁)占建筑工程费的3‰~6‰。

10. 特殊设备安全监督检验费

特殊设备安全监督检验费是指安全监察部门对在施工现场组装的锅炉及压力容器、压力管道、消防设备、燃气设备、电梯等特殊设备和设施实施安全检验收取的费用。此项费用按照建设项目所在省(市、自治区)安全监察部门的规定标准计算。无具体规定的，在编制投资估算和概算时可按受检设备现场安装费的比例估算。

11. 市政公用设施费

市政公用设施费是指使用市政公用设施的工程项目，按照项目所在地省级人民政府有关规定建设或缴纳的市政公用设施建设配套费用，以及绿化工程补偿费用。此项费用按工程所在地人民政府规定标准计列。

2.4.3 与未来生产经营有关的其他费用

1. 联合试运转费

联合试运转费是指新建或新增加生产能力的工程项目，在交付生产前按照设计文件规定的工程质量标准和技术要求，对整个生产线或装置进行负荷联合试运转所发生的费用净支出(试运转支出大于收入的差额部分费用)。试运转支出包括试运转所需原材料、燃料及动力消耗、低值易耗品、其他物料消耗、工具用具使用费、机械使用费、保险金、施工单位参加试运转人员工资以及专家指导费等；试运转收入包括试运转期间的产品销售收入和其他收入。联合试运转费不包括应由设备安装工程费用开支的调试及试车费用，以及在试运转中暴露出来的因施工原因或设备缺陷等发生的处理费用。

2. 专利及专有技术使用费

1) 专利及专有技术使用费的主要内容
(1) 国外设计及技术资料费、引进有效专利、专有技术使用费和技术保密费。
(2) 国内有效专利、专有技术使用费。
(3) 商标权、商誉和特许经营权费等。

2) 专利及专有技术使用费的计算
在专利及专有技术使用费计算时应注意以下问题。
(1) 按专利使用许可协议和专有技术使用合同的规定计列。
(2) 专有技术的界定应以省、部级鉴定标准为依据。
(3) 项目投资中只计算需在建设期支付的专利及专有技术使用费。协议或合同规定在生产期支付的使用费应在生产成本中核算。
(4) 一次性支付的商标权、商誉及特许经营权费按协议或合同规定计列。协议或合同规定在生产期支付的商标权或特许经营权费应在生产成本中核算。
(5) 为项目配套的专用设施投资，包括专用铁路线、专用公路、专用通信设施、送变电站、地下管道、专用码头等，如由项目建设单位负责投资但产权不归属本单位的，应作无形资产处理。

3. 生产准备及开办费

1) 生产准备及开办费的内容

在建设期内，建设单位为保证项目正常生产前发生的人员培训费、提前进厂费以及投产使用必备的办公、生活家具用具及工器具等的购置费用，包括以下几种。

(1) 人员培训费及提前进厂费，包括自行组织培训或委托其他单位培训的人员工资、工资性补贴、职工福利费、差旅交通费、劳动保护费、学习资料费等。

(2) 为保证初期正常生产(或营业、使用)所必需的生产办公、生活家具用具购置费。

(3) 为保证初期正常生产(或营业、使用)所必需的第一套不够固定资产标准的生产工具、器具、用具购置费，不包括备品备件费。

2) 生产准备及开办费的计算

(1) 新建项目按设计定员为基数计算，改、扩建项目按新增设计定员为基数计算。

(2) 可采用综合的生产准备费指标进行计算，也可以按费用内容的分类指标计算。

课题 2.5 预备费和建设期利息

2.5.1 预备费

按我国现行规定，预备费包括基本预备费和涨价预备费。

1. 基本预备费

基本预备费是指针对项目实施过程中可能发生难以预料的支出而事先预留的费用，又称工程建设不可预见费，主要指设计变更及施工过程中可能增加工程量的费用。

1) 基本预备费的内容

(1) 在批准的初步设计范围内，技术设计、施工图设计及施工过程中所增加的工程费用；设计变更、工程变更、材料代用、局部地基处理等增加的费用。

(2) 一般自然灾害造成的损失和预防自然灾害所采取的措施费用，实行工程保险的工程项目，该费用应适当降低。

(3) 竣工验收时为鉴定工程质量对隐蔽工程进行必要的挖掘和修复费用。

(4) 超规超限设备运输增加的费用。

2) 基本预备费的计算

基本预备费是以各工程建设费和工程建设其他费用之和为计取基础，乘以基本预备费费率进行计算。

$$基本预备费=(工程建设费+工程建设其他费用)\times 基本预备费费率 \qquad (2.47)$$

本预备费费率的取值应执行国家及部门的有关规定。

2. 涨价预备费

1) 涨价预备费的内容

涨价预备费是指在建设期内利率、汇率或价格等因素的变化而预留的可能增加的费用，又称价格变动不可预见费。涨价预备费内容包括：人工、设备、材料、施工机械的价差费，建筑安装工程费及工程建设其他费用调整，利率、汇率调整等增加的费用。

2) 涨价预备费的计算方法

一般根据国家规定的投资综合价格指数，按估算年份价格水平的投资额为基数，采用复利方法计算。其计算公式为：

$$PF = \sum_{t=1}^{n} I_t \left[(1+f)^m (1+f)^{0.5} (1+f)^{t-1} - 1 \right] \quad (2.48)$$

式中：PF——涨价预备费；

n——建设期年份数；

I_t——建设期中第 t 年的投资计划额(I_t =设备及工器具购置费+建筑安装工程费+工程建设其他费用+基本预备费)；

f——年均投资价格上涨率；

m——建设前期年限(从编制估算到开工建设)，年。

应用案例 2-5

某建设项目建安工程费 5000 万元，设备购置费 3000 万元，工程建设其他费用 2000 万元，已知基本预备费率 5%，项目建设前期年限为 1 年，建设期为 3 年，各年投资计划额为：第一年完成投资 20%，第二年 60%，第三年 20%。平均投资价格上涨率为 6%，求建设项目建设期间涨价预备费。

【解】

基本预备费为 =(5000+3000+2000)×5% = 500(万元)

静态投资 =5000+3000+2000+500=10500(万元)

建设期第一年完成投资 =10500×20%=2100(万元)

第一年涨价预备费为：

$$PF_1 = I_1 \left[(1+f)(1+f)^{0.5} - 1 \right] = 191.81(万元)$$

第二年完成投资 =10500×60%=6300(万元)

第二年涨价预备费为：

$$PF_2 = I_2 \left[(1+f)(1+f)^{0.5}(1+f) - 1 \right] = 987.95(万元)$$

第三年完成投资 =10500×20%=2100(万元)

第三年涨价预备费为：

$$PF_3 = I_3 \left[(1+f)(1+f)^{0.5}(1+f)^2 - 1 \right] = 475.07(万元)$$

建设期的涨价预备费为：

PF=191.81+987.95+475.07=1654.83(万元)

2.5.2 建设期利息

建设期利息主要是指在建设期内发生的为工程项目筹措资金的融资费用及债务资金的利息。

当贷款在年初一次性贷出且利率固定时，建设期利息按下式计算：

$$I = P(1+i)^n - P \quad (2.49)$$

式中：P——一次性贷款数额；

i——年利率；

n——计息期；

I——贷款利息。

当总贷款是分年均衡发放时,建设期利息的计算可按当年借款在年中支用考虑,即当年贷款按半年计息,上年贷款按全年计息。计算公式为:

$$q_j = \left(P_{j-1} + \frac{1}{2}A_j\right) \cdot i \tag{2.50}$$

式中: q_j——建设期第 j 年应计利息;

P_{j-1}——建设期第($j-1$)年年末贷款累计金额与利息累计金额之和;

A_j——建设期第 j 年贷款金额;

i——年利率。

应用案例 2-6

某建设项目,建设期为 3 年,分年均衡贷款,第一年贷款 8000 万元,第二年 18000 万元,第三年 4000 万元,年利率为 6%,建设期内利息只计息不支付,求建设项目建设期利息。

【解】

在建设期,各年利息计算如下:

$$q_1 = \left(\frac{1}{2}A_1\right) \cdot i = \frac{1}{2} \times 8000 \times 6\% = 240(万元)$$

$$q_2 = \left(P_1 + \frac{1}{2}A_2\right) \cdot i = (8000 + 240 + \frac{1}{2} \times 18000) \times 6\% = 1034.4(万元)$$

$$q_3 = \left(P_2 + \frac{1}{2}A_3\right) \cdot i = (8000 + 240 + 18000 + 1034.4 + \frac{1}{2} \times 4000) \times 6\% = 1756.5(万元)$$

所以建设期利息为:

$q_1 + q_2 + q_3 = 240 + 1034.4 + 1756.5 = 3030.9$(万元)

2.5.3 固定资产投资方向调节税(暂停征收)

固定资产投资方向调节税是指为了贯彻国家产业政策,控制投资规模,引导投资方向,调整投资结构,加强重点建设,促进国民经济持续、稳定、健康、协调发展,对在我国境内进行固定资产投资的单位和个人征收的税种。

目前,为了贯彻国家宏观调控政策,扩大内需,鼓励投资,根据国务院的决定,对《中华人民共和国固定资产投资方向调节税暂行条例》规定的纳税人,其固定资产投资应税项目自 2000 年 1 月 1 日起新发生的投资额,暂停征收固定资产投资方向调节税。但是该税种并没有取消。

考虑到以上的情况,本书对固定资产投资方向调节税不做详细的介绍。

课题 2.6 世界银行建设项目费用构成

2.6.1 世界银行项目建设总成本的构成

1945 年 12 月 27 日宣布正式成立的国际复兴开发银行现通称"世界银行"。它从 1946

年6月25日开始营业，1947年11月5日成为联合国专门机构之一，通过向成员国提供用作生产性投资的长期贷款，为不能得到私人资本的成员国的生产建设筹集资金，以帮助成员国建立回复和发展经济的基础，发展到目前为止，世界银行已经成为世界上最大的政府间金融机构之一。

为了便于对贷款项目的监督和管理，1978年，世界银行与国际咨询工程师联合会共同对项目的总建设成本作了统一规定，其主要内容如下。

1. 项目直接建设成本

(1) 土地征购费。

(2) 场外设施费用，如道路、码头、桥梁、机场、输电线路等设施费用。

(3) 场地费用，指用于场地准备、厂区道路、铁路、围栏、场内设施等的建设费用。

(4) 工艺设备费，指主要设备、辅助设备及零配件的购置费用，包括海运包装费用、交货离岸价，但不包括税金。

(5) 设备安装费，指设备供应商的监理费用，本国劳务及工资费用，辅助材料、施工设备、施工消耗品、工具用具费以及安装承包商的管理费和利润等。

(6) 管道系统费，指与系统的材料及劳务相关的全部费用。

(7) 电气设备费，指主要设备、辅助设备及零配件的购置费用，包括海运包装费用、交货离岸价，但不包括税金。

(8) 电气设备安装费，指设备供应商的监理费用，本国劳务及工资费用，辅助材料、电缆、管道和工具费用，以及营造承包商的管理费和利润。

(9) 仪器仪表费，指所有自动仪表、控制板、配线和辅助材料的费用，以及供应商的监理费用、外国或本国劳务及工资费用、承包商的管理费和利润。

(10) 机械的绝缘和油漆费，指与机械及管道的绝缘和油漆相关的全部费用。

(11) 工艺建筑费，指原材料、劳务费，以及与基础、建筑结构、屋顶、内外装修、公共设施有关的全部费用。

(12) 服务性建筑费用，指原材料、劳务费，以及与基础、建筑结构、屋顶、内外装饰、公共设施有关的全部费用。

(13) 工厂普通公共设施费，包括材料和劳务费，以及与供水、燃料供应、通风、蒸汽发生及分配、下水道、污物处理等公共设施有关的费用。

(14) 车辆费，指工艺操作必需的机动设备零件费用，包括海运包装费用及交货港的离岸价，但不包括税金。

(15) 其他当地费用，指那些不能归类于以上任何一个项目，不能计入项目间接成本，但在建设期间又是必不可少的当地费用，如临时设备、临时公共设施及场地的维持费，营地设施及其管理，建筑保险费和债券，杂项开支等费用。

2. 项目间接建设成本

(1) 项目管理费，主要包括以下几项内容。

① 总部人员工资和福利费，以及用于初步和详细工程设计、采购、时间和成本控制、行政和其他一般管理的费用。

② 施工管理现场人员的工资和福利，以及用于施工现场监督、质量保证、现场采购、

时间及成本控制、行政及其他施工管理机构的费用。

③ 零星杂项费用，如返工、旅行、生活津贴、业务支出等。

④ 各种酬金。

(2) 开工试车费，指工厂投料试车必需的劳务和材料费用(不包含项目完工后的试车和运转费用，这项费用属于项目直接建设成本)。

(3) 业主的行政性费用，指业主的项目管理人员费用及支出(其中有些必须排除在外的费用要在"估算基础"中详细说明)。

(4) 生产前费用，指前期研究、勘测、建矿、采矿等费用(其中有些必须排除在外的费用要在"估算基础"中详细说明)。

(5) 运费和保险费，指海运、国内运输、许可证及佣金、海洋保险、综合保险等费用。

(6) 地方税，指地方关税、地方税及对特殊项目征收的税金。

3. 应急费

应急费包括未明确项目的准备金和不可预见准备金两部分。

(1) 未明确项目的准备金。此项准备金用于在估算时不可能明确的潜在项目，包括那些在成本估算时因为缺乏完整、准确和详细的资料而不能完全预见和不能注明的项目，但是这些项目是必须完成的，或它们的费用是必定要发生的，在每一个组成部分中均单独以一定的百分比确定，并作为估算的一个项目单独列出。此项准备金不是为了支付工作范围以外可能增加的项目，不是用于应付天灾、非正常经济情况以及罢工等情况，也不是用来补偿估算的任何误差，而是用来支付那些几乎可以肯定要发生的费用。因此，它是估算不可缺少的一个组成部分。

(2) 不可预见准备金。此项准备金是在未明确项目准备金之外，用于估算达到了一定的完整性并符合技术标准的基础上，由于物质、社会和经济的变化，导致估算增加的情况。此种情况可能发生，也可能不发生。因此，不可预见准备金只是一种储备，也可能不动用。

4. 建设成本上升费用

通常，估算中使用的工资率、材料和设备价格基础的截止日期就是"估算日期"。由于工程在建设过程中价格可能会有上涨，因此，必须对基础的已知成本基础进行调整，以补偿直至工程结束时的未知价格增长。

工程的各个主要组成部分(国内劳务和相关成本、本国材料、本国设备、外国设备、项目管理机构)的细目划分决定以后，便可以确定每一个主要组成部分的增长率。这个增长率是一项判断因素，它以已发表的国内和国际成本指数、公司记录等为依据，并与实际供应商进行核对，然后根据确定的增长率和从工程进度表中获得每项活动的中点值，计算出每项主要组成部分的成本上升值。

2.6.2 国外项目的建设总成本构成

项目的建设总成本构成，由于各个国家的计算方法不同，分类方法不同，以及法律、法规的不同，所以没有统一的模式。下面介绍英国的工程建设费和工程费用的构成。

1. 英国工程建设费(建设总成本)的构成

在英国，一个工程项目的工程建设费(相当于工程造价)从业主角度由以下项目组成。

(1) 土地购置费或租赁费。

(2) 场地清除及专场准备费。

(3) 工程费。

(4) 永久设备购置费。

(5) 设计费。

(6) 财务费，如贷款利息等。

(7) 法定费用，如支付地方政府的费用、税收等。

(8) 其他，如广告费等。

2. 工程费的构成

(1) 直接费。即直接构成分部分项工程的人工及其相关费用，机械设备费，材料、货物及其一切相关费用。直接费还包括材料搬运和损耗附加费、机械搁置费、临时工程的安装和拆除以及一些不构成永久性构筑物的材料消耗等附加费。

(2) 现场费。主要包括驻现场职员的交通、福利和现场办公费用，保险费以及保函费用等。现场费约占直接费的 15%～25%。

(3) 管理费。指现场管理费和公司总部管理费。现场管理费一般是指为工程施工提供必要的现场管理及设备而开支的各项费用。主要包括现场办公人员、现场办公所需各种临时设施及办公所需的费用。总部管理费用也可称为开办费或筹建费，其内容包括开展经营业务所需的全部费用，与现场管理费相似，但它并不直接与任何单个施工项目有关，也不局限于某个具体工程项目。它主要包括资本利息、贷款利息、总部办公人员的薪水及办公费用、各种手续等。管理费的估算主要取决于一个承包商的年营业额、承接项目的类型、员工的工作效率及管理费的组成等因素。

(4) 风险费和利润。根据不同项目的特点及合同的类型，要适当地考虑加入一笔风险金或增大风险费的费率。

单元小结

本单元全面叙述了我国现行建设项目投资构成和工程造价的主要构成内容，主要有建筑安装工程费、设备及工器具购置费、工程建设其他费用和预备费、建设期利息。

设备购置费是指为工程建设项目的购置或自制达到固定资产标准的设备、工器具及家具的费用。设备购置费由设备原价和设备运杂费组成。设备原价指国产标准设备、国产非标准设备、进口设备的原价。设备运杂费指除设备原价之外的关于设备采购、运输、途中包装及仓库保管等方面支出的费用。工器具及生产家具购置费是指新建项目或扩建项目初步设计规定所必须购置的符合固定资产标准的设备、仪器工具、生产家具和备品备件等的费用。

建筑安装工程费包括建筑工程费和安装工程费。建筑工程费是指各类房屋建筑、一般建筑安装工程、室内外装饰装修、各类设备基础、室外构筑物、道路、绿化、铁路专用线、码头、围护等工程费。安装工程费包括专业设备安装工程费和管线安装工程费。建筑安装工程费用项目按费用构成要素组成划分为人工费、材料费、施工机具使用费、企业管理费、利润、规费和税金。建筑安装工程费按工程造价形成顺序划分为分部分项工程费、措施项目费、其他项目费、规费和税金。

工程建设其他费用是指从工程筹建起到工程竣工验收交付使用止的整个建设期间，除建筑安装工程费和设备及工器具购置费以外的，为保证工程建设顺利完成和交付使用后能够正常发挥效用而发生的各项费用。工程建设其他费用由建设用地费、与项目建设有关的其他费用、与未来生产经营有关的其他费用三部分构成。

预备费、建设期利息都是工程造价的重要组成部分。预备费又包括基本预备费和涨价预备费。

综合案例

【综合应用案例】

有一个单机容量为 $30×10^4 kW·h$ 的火力发电厂工程项目，业主与施工单位签订了施工合同。在施工过程中，施工单位向业主的常驻工地代表提出下列费用应由建设单位支付。

(1) 职工教育经费：因该工程项目的电机等是采用国外进口的设备，在安装前，需要对安装操作的人员进行培训，培训经费为 2 万元。

(2) 研究试验费：本工程项目要对铁路专用线的一座跨公路预应力拱桥的模型进行破坏性试验，需费用 9 万元；改进混凝土泵送工艺试验费 3 万元，合计 12 万元。

(3) 临时设施费：为该工程项目的施工搭建的民工临时用房 15 间，费用为 3 万元；为业主搭建的临时办公室 4 间，费用为 1 万元，合计 4 万元。

(4) 雨季施工组织设计，部分项目安排在雨季施工，由于采取防雨措施，增加费用 2 万元。

【问题】

试分析以上各项费用业主是否应支付？为什么？如果应支付，那么支付多少？

【案例解析】

(1) 职工教育经费不应支付，该费用已包含在合同价中(或该费用已计入建筑安装工程费用中的企业管理费)。

(2) 模型破坏性试验费用应支付，该费用未包含在合同价中[或该费用属建设单位应支付的研究试验费(或建设单位的费用)]，应支付 9 万元。混凝土泵送工艺改进试验费不应支付，该费用已包含在合同价中(或该费用已计入建筑安装工程费中的企业管理费)。

(3) 为民工搭建的用房费用不应支付，该费用已包含在合同价中(或该费用已计入建筑安装工程费中的措施费)。为业主搭建的用房费用应支付，该费用未包含在合同价中(或该费用属建设单位应支付的临建费)，应支付 1 万元。

(4) 雨季措施增加费不应支付，属施工单位责任(或该费用已计入建筑安装工程费中的措施费)。

业主共计支付施工单位费用=9+1=10(万元)

技能训练题

一、单选题

1. 根据我国现行建设项目投资构成，建设投资中没有包括的费用是(   )。

A. 工程费用　　　　　　　　B. 工程建设其他费用
C. 建设期利息　　　　　　　D. 预备费

2. 进口设备的离岸价是指(　　)。
   A. CIF　　　B. FOB　　　C. CFR　　　D. FOS

3. 根据我国现行建筑安装工程费用项目组成，检验试验费列入(　　)。
   A. 材料费　　　B. 措施费　　　C. 规费　　　D. 企业管理费

4. 根据我国现行建筑安装工程费用项目组成，大型机械进出场及安拆费列入(　　)。
   A. 总承包服务费　　　　　　B. 措施费
   C. 规费　　　　　　　　　　D. 安全文明施工费

5. 某新建项目建设期为3年，共向银行贷款1300万元，第一年贷款300万元，第二年贷款600万元，第三年贷款400万元，年贷款利率为6%，计算建设期利息为(　　)万元。
   A. 76.80　　　B. 106.80　　　C. 366.30　　　D. 114.27

二、多选题

1. 根据我国现行建筑安装工程费用项目组成，规费包括(　　)。
   A. 工程排污费　　　　　　　B. 工程定额测定费
   C. 文明施工费　　　　　　　D. 住房公积金
   E. 社会保险费

2. 根据我国现行建筑安装工程费用项目组成，税金包括(　　)。
   A. 营业税　　　　　　　　　B. 城市维护建设税
   C. 教育费附加　　　　　　　D. 地方教育附加
   E. 印花税

3. 根据我国现行建筑安装工程费用项目组成，下列各项中属于企业管理费的是(　　)。
   A. 住房公积金　　　　　　　B. 社会保险费
   C. 生产工人劳动保护费　　　D. 财务费
   E. 工会经费

4. 按我国现行投资构成，下列费用属于工程建设其他费用的是(　　)。
   A. 建设管理费　　　　　　　D. 生产准备费
   B. 办公和生活家具购置费　　C. 工程保险费
   E. 联合试运转费

5. 下列属于引进技术和引进设备其他费的有(　　)。
   A. 引进项目图纸资料翻译复制费　　B. 出国人员费用
   C. 联合试运转费　　　　　　D. 来华人员费用
   E. 生产准备及开办费

三、简答题

1. 我国现行建设项目投资构成包括哪些内容？
2. 我国现行建设项目工程造价的构成包括哪些内容？
3. 建筑安装工程费用项目按费用构成要素组成和按工程造价形成顺序划分分别包括哪些内容？

四、案例分析题

1. 某项目进口一批工艺设备，其银行财务费为 4.25 万元，外贸手续费为 18.9 万元，关税税率为 20%，增值税税率为 17%，抵岸价为 1792.19 万元。该批设备无消费税、海关监管手续费，则该批进口设备的到岸价格(CIF)为多少？

2. 某建设项目建安工程费 8000 万元，设备购置费为 4000 万元，工程建设其他费用 2800 万元，已知基本预备费率为 5%，项目建设前期年限为 1 年，建设期为 2 年，第 1 年完成投资 40%，平均价格上涨率为 4%，则建设期涨价预备费为多少？

单元 3

工程造价计价模式

教学目标

通过本单元的学习，掌握工程造价计价的基本原理，了解我国现行工程造价计价的依据，掌握定额计价模式及工程量清单计价模式的基本原理和编制程序，理解定额计价和清单计价的异同。

单元 3　工程造价计价模式

本单元知识架构

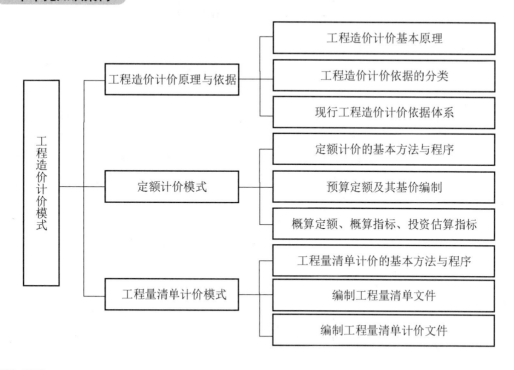

引　例

　　1991年前，我国沿袭苏联建筑工程定额计价模式，工程建筑项目实行"量价合一、固定取费"的政府指令性计价模式。这种模式是按照预算定额规定的分部分项工程逐项计算工程量，套用建筑工程预算定额单价确定直接费，然后按照规定的取费标准计算其他直接费、现场经费、间接费、利润、税金，加上材料价差和适当的不可预见费，经汇总即成为工程预算价，作为标底和报价。建筑工程预算定额在计划经济时期一直作为工程发包和承包计价的主要依据，发挥了重要作用。1992年，原建设部提出"控制量，指导价，竞争费"的改革措施，在我国实现市场经济初期起到了积极作用。但仍难改变工程预算定额国家指令性的状态，不能准确反映各企业的实际消耗量。2000年原建设部先后在广东、吉林、天津等地率先实施工程量清单计价，并进行了3年试点。2003年2月17日，《建设工程工程量清单计价规范》(2003年版)发布，在全国实施工程量清单计价模式，开始了由定额计价模式向清单计价模式的过渡。这是我国在工程量计价模式上的一次革命，是我国深化工程造价管理的重要措施。2008年7月9日，《建设工程工程量清单计价规范》(2008年版)发布，总结和解决了2003年版规范实施以来的经验和问题，增加了如何采用清单计价模式进行造价管理的具体内容，提出"加强市场监督"的思路，以强化清单计价的执行。为进一步规范建设工程造价计价行为，统一建设工程计价文件的编制原则和计价方法，总结2008年版清单计价规范的实践经验，住房和城乡建设部于2012年12月25日发布了《建设工程工程量清单计价规范》(GB 50050—2013)，自2013年7月1日起实施。

　　本单元中，我们将学习现行工程造价计价的依据，以及定额计价模式和清单计价模式。

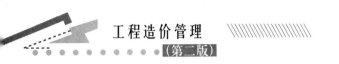

课题 3.1 工程造价计价原理与依据

3.1.1 工程造价计价基本原理

工程计价是指按照规定的程序、方法和依据,对工程造价及其构成内容进行估计或确定的行为。

建设项目是兼具单件性与多样性的集合体。每一个建设项目的建设都需要按业主的特定需要进行单独设计、单独施工,不能批量生产和按整个项目确定价格,只能采用特殊的计价程序和计价方法,即将整个项目进行分解,划分为可以按有关技术经济参数测算价格的基本构造单元(如定额项目、清单项目),这样就可以计算出基本构造单元的费用。一般来说,分解结构层次越多,基本子项也越细,计算也更精确。

任何一个建设项目都可以分解为一个或几个单项工程,任何一个单项工程都是由一个或几个单位工程所组成。作为单位工程的各类建筑工程和安装工程仍然是一个比较复杂的综合实体,还需要进一步分解。单位工程可以按照结构部位、路段长度及施工特点或施工任务分解为分部工程。分解成分部工程后,从工程计价的角度,还需要把分部工程按照不同的施工方法、材料、工序及路段长度等,加以更为细致的分解,划分为更为简单细小的部分,即分项工程。分解到分项工程后还可以根据需要进一步划分或组合为定额项目或清单项目,这样就可以得到基本构造单元了。

工程造价计价的主要思路就是将建设项目细分至最基本的构造单元,找到适当的计量单位及当时当地的单价,就可以采取一定的计价方法,进行分部组合汇总,计算出相应工程的造价。工程计价的基本原理就在于项目的分解与组合。因此,工程计价的基本原理可以用公式的形式表达如下:

$$\text{分部分项工程费} = \sum[\text{基本构造单元工程量}(\text{定额项目或清单项目}) \times \text{相应单价}] \quad (3.1)$$

从式(3.1)可以看出,工程造价的计价可分为工程计量和工程计价两个环节。

1. 工程计量

工程计量工作包括工程项目的划分和工程量的计算。

(1) 单位工程基本构造单元的确定,即划分工程项目。编制工程概(预)算时,主要是按工程定额进行项目的划分;编制工程量清单时主要是按照工程量清单计量规范规定的清单项目进行划分。

(2) 工程量的计算就是按照工程项目的划分和工程量计算规则,就施工图设计文件和施工组织设计对分项工程实物量进行计算。工程实物量是计价的基础,不同的计价依据有不同的计算规则规定。目前,工程量计算规则包括以下两大类。

① 各类工程定额规定的计算规则。
② 各专业工程计量规范附录中规定的计算规则。

2. 工程计价

工程计价包括工程单价的确定和总价的计算。

(1) 工程单价是指完成单位工程基本构造单元的工程量所需要的基本费用。工程单价包括工料单价和综合单价。

① 工料单价也称直接工程费单价，包括人工、材料、机械台班费用，是各种人工消耗量、各种材料消耗量、各类机械台班消耗量与其相应单价的乘积，用下式表示：

$$工料单价=\sum(人材机消耗量 \times 人材机单价) \tag{3.2}$$

② 综合单价包括人工费、材料费、机械台班费，还包括企业管理费、利润和风险因素。综合单价根据国家、地区、行业定额或企业定额消耗量和相应生产要素的市场价格来确定。

(2) 工程总价是指经过规定的程序或办法逐级汇总形成的相应工程造价。

根据采用单价的不同，总价的计算程序也有所不同。

① 采用工料单价时，在工料单价确定后，乘以相应定额项目工程量并汇总，得出相应的工程直接工程费，再按照相应的取费程序计算其他各项费用，汇总后形成相应的工程造价。一般把人工费、材料费和施工机具使用费之和称为直接工程费，直接工程费与措施费之和称为直接费，企业管理费和规费之和称为间接费，这样工程造价就由直接费、间接费、利润和税金组成。

② 采用综合单价时，在综合单价确定后，乘以相应的项目工程量，经汇总即可得出分部分项工程费，再按相应的办法计取措施项目费、其他项目费、规费项目费、税金项目费，各项目费汇总后得出相应的工程造价。

3.1.2 工程造价计价依据的分类

所谓工程造价计价依据，在广义上是指从事建设工程造价管理所需各类基础资料的总称；而在狭义上则是特指用于计算和确定工程造价的各类基础资料的总称。

1. 按用途分类

工程造价的计价依据按用途分类，概括起来可以分为7大类18小类。

1) 第一类，规范工程计价的依据

(1) 国家标准《建设工程工程量清单计价规范》《建筑工程建筑面积计算规范》。

(2) 行业协会推荐性标准，如中国建设工程造价管理协会发布的《建设项目全过程造价咨询规程》《建设项目投资估算编审规程》《建设项目设计概算编审规程》《建设项目招标控制价编审规程》《建设项目施工图预算编审规程》《建设项目工程结算编审规程》等。

2) 第二类，计算设备数量和工程量的依据

(1) 可行性研究资料。

(2) 初步设计、扩大初步设计、施工图设计图纸和资料。

(3) 工程变更及施工现场签证。

3) 第三类，计算分部分项工程人工、材料、机械台班消耗量及费用的依据

(1) 概算指标、概算定额、预算定额。

(2) 人工单价。

(3) 材料预算单价。

(4) 机械台班单价。

(5) 工程造价信息。

4) 第四类，计算建筑安装工程费用的依据

(1) 间接费定额。

(2) 价格指数。

5) 第五类，计算设备费的依据

设备价格、运杂费率等。

6) 第六类，计算工程建设其他费用的依据

(1) 用地指标。

(2) 各项工程建设其他费用定额等。

7) 第七类，和计算造价相关的法规和政策

(1) 包含在工程造价内的税种、税率。

(2) 与产业政策、能源政策、环境政策、技术政策和土地等资源利用政策有关的取费标准。

(3) 利率和汇率。

(4) 其他计价依据。

2. 按使用对象分类

(1) 第一类，规范建设单位(业主)计价行为的依据：可行性研究资料、用地指标、工程建设其他费用定额等。

(2) 第二类，规范建设单位(业主)和承包商双方计价行为的依据：包括国家标准《建筑工程工程量清单计价规范》《建筑工程建筑面积计算规范》及中国建设工程造价管理协会发布的全过程造价咨询、投资估算、设计概算、工程结算、施工图预算等规程；初步设计、扩大初步设计、施工图设计图纸和资料；工程变更及施工现场签证；概算指标、概算定额、预算定额；人工单价；材料预算单价；机械台班单价；工程造价信息；间接费定额；设备价格、运杂费率等；包含在工程造价内的税种、税率；利率和汇率；其他计价依据。

3.1.3 现行工程造价计价依据体系

按照我国工程造价计价依据的编制和管理权限的规定，目前我国已经形成了由国家、各省、直辖市、自治区和行业部门的法律法规、部门规章、相关政策文件，以及标准、定额等相互支持、互为补充的工程造价计价依据体系(表3-1)。

表3-1 现行工程造价计价依据体系一览表

序号	分类	计价依据名称	内容	批准文号	执行时间
1	规范类	建设工程工程量清单计价规范	建设工程	住建部公告第1567号	2013年7月
		房屋建筑与装饰工程计量规范	建筑、装饰工程	住建部公告第1568号	2013年7月
		仿古建筑工程工程量计量规范	建筑工程	住建部公告第1571号	2013年7月
		通用安装工程工程量计量规范	安装工程	住建部公告第1569号	2013年7月
		市政工程计量规范	市政工程	住建部公告第1576号	2013年7月
		园林绿化工程计量规范	园林绿化工程	住建部公告第1575号	2013年7月
		矿山工程计量规范	矿山工程	住建部公告第1570号	2013年7月
		构筑物工程计量规范	构筑物工程	住建部公告第1572号	2013年7月
		城市轨道交通工程计量规范	交通工程	住建部公告第1573号	2013年7月
		爆破工程计量规范	爆破工程	住建部公告第1574号	2013年7月
		建筑工程建筑面积计算规范	建筑工程	住建部公告第269号	2014年7月

续表

序号	分类	计价依据名称	内　　容	批准文号	执行时间
2	中介协规程	建设项目全过程造价咨询规程	通用	CECA/GC 4—2009	2009年8月
		建设项目投资估算编审规程	通用	CECA/GC 1—2007	2007年4月
		建设项目设计概算编审规程	通用	CECA/GC 2—2007	2007年4月
		建设项目工程结算编审规程	通用	CECA/GC 3—2007	2007年8月
		建设项目施工图预算编审规程	通用	CECA/GC 5—2010	2010年3月
		建设工程招标控制价编审规程	通用	CECA/GC 6—2011	2011年10月
		建设工程造价咨询成果文件质量标准	通用	CECA/GC 7—2012	2012年6月
		建设工程造价鉴定规程	通用	CECA/GC 8—2012	2012年12月
		建设工程竣工决算编制规程	通用	CECA/GC 9—2013	2013年5月
3	定额类	全国统一建筑工程基础定额	建筑工程	建标[1995]736号	1995年12月
		全国统一安装工程基础定额	安装工程	原建设部公告第431号	2006年9月
		全国统一建筑装饰装修工程消耗量定额	装饰工程	建标[2001]271号	2002年1月
		全国统一安装工程预算定额	安装工程	建标[2000]60号	2000年3月
		全国统一市政工程预算定额	市政工程	建标[1999]221号	1999年10月
		全国统一施工机械台班费用编制规则	通用	建标[2001]196号	2001年9月
		全国统一建筑安装工程工期定额	建筑安装工程	建标[2000]38号	2000年2月
		建设工程劳动定额	建筑工程、装饰工程、安装工程、市政工程和园林绿化工程	人社部发[2009]10号	2009年3月
		各省、直辖市、自治区颁发的计价依据	如《山东省建筑工程消耗量定额》		2003年4月
		各行业部门颁发的计价依据	如《公路工程施工定额》(2009版)		2009年7月
4	相关的法律法规、政策类	中华人民共和国合同法	通用	中华人民共和国主席令第15号	1999年10月
		中华人民共和国价格法	通用	中华人民共和国主席令第92号	1998年5月
		中华人民共和国建筑法(2011年修正)	通用	中华人民共和国主席令第46号	2011年7月
		中华人民共和国招标投标法	通用	中华人民共和国主席令第21号	2000年1月
		中华人民共和国招标投标法实施条例	通用	国务院令第613号	2012年2月

续表

序号	分类	计价依据名称	内容	批准文号	执行时间
5	相关的法律法规、政策类	最高人民法院关于审理建设工程施工合同纠纷案件适用法律问题的解释	通用	法释[2004]14号	2005年1月
		建筑工程施工发包与承包计价管理办法	通用	住建部第16号	2014年2月
		房屋建筑和市政基础设施工程施工招标投标管理办法	通用	原建设部令第89号	2001年6月
		各省、直辖市、自治区颁发的相关地方法规、规章			
		建筑安装工程费用项目组成	通用	建标[2013]44号	2013年7月
		建设工程施工合同(示范文本)	通用	GF—2013—0201	2013年7月
		建设工程价款结算暂行办法	通用	财建[2004]369号	2004年10月
		各省、直辖市、自治区建设主管部门发布的相关计价文件			

课题3.2 定额计价模式

工程造价的计价模式是指根据计价依据计算工程造价的程序和方法。我国工程造价的计价模式分为两种：一种是传统的定额计价模式；另一种是现行的与国际惯例一致的工程量清单计价模式。

3.2.1 定额计价的基本方法与程序

定额计价模式就是按预算定额或概算定额规定的分部分项子目，逐项计算工程量，套用预算定额或概算定额单价(或单位估价表)确定直接工程费，然后按规定的取费标准确定措施费、间接费、利润和税金，加上材料调差系数和不可预见费，经汇总后即形成工程预算或概算价值。从目前我国的发展状况来看，这种计价模式主要用于项目建设前期各阶段对于建设投资的预测与估计，在工程建设交易阶段，作为建设产品价格形成的辅助方法。

定额计价模式是很长时间以来我国采用的一种计价模式，实际上是国家通过颁布统一的计价定额或指标，对建筑产品价格进行的有计划的管理。定额计价的基本方法与程序可用图3.1来表示。

从定额计价的基本方法与程序可以看出，编制建设工程造价最基本的过程有两个，即工程量计算和工程计价。对于工程量计算，不同的计价标准(定额)有不同的计算规则，这里不再详述；对于计价所采用的定额单价(直接工程费单价)对应于不同的计价标准(定额)，其综合程度不同。

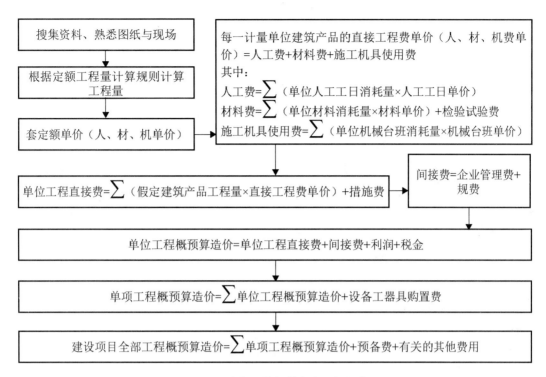

图 3.1 定额计价的基本方法与程序

3.2.2 预算定额及其基价编制

工程定额是完成规定计量单位的合格建筑安装产品所消耗资源的数量标准。工程定额是一个综合概念，是建设工程造价计价和管理中各类定额的总称，包括许多种类的定额。工程计价定额是指工程定额中直接用于工程计价的定额或指标，包括预算定额、概算定额、概算指标和估价指标等。工程计价定额主要用来在建设项目的不同阶段作为确定和计算工程造价的依据。

1. 预算定额的概念

预算定额，是指在正常的施工条件下，完成一定计量单位合格分项工程或结构构件所需消耗的人工、材料和施工机械台班数量及其相应的费用标准。预算定额是工程建设中一项重要的技术经济文件，是编制施工图预算的主要依据，是确定和控制工程造价的基础。

2. 预算定额手册的组成内容

预算定额主要包括文字说明、分项定额消耗量指标和附录三部分。

1) 定额文字说明

文字说明包括总说明、建筑面积计算规则、分部说明和分节说明。

(1) 总说明。

① 编制预算定额各项依据。

② 预算定额的使用范围。

③ 预算定额的使用规定及说明。

(2) 建筑面积计算规则。

(3) 分部说明。
① 分部工程包括的子目内容。
② 有关系数的使用说明。
③ 工程量计算规则。
④ 特殊问题处理方法的说明。
(4) 分节说明。主要包括本节定额的工程内容说明。

2) 分项定额消耗量指标

各分项定额的消耗量指标是预算定额最基本的内容,主要用定额项目表来体现,在项目表中,工程内容一般按编制时包括的综合分项内容填写;人工消耗量指标可按工种分别填写工日数;材料消耗量指标应列出主要材料名称、单位和实物消耗量;施工机具使用量指标应列出主要施工机具的名称和台班数。

在定额项目表中,对分项工程的人工、材料和机械台班消耗量列上单价(基期价格),从而形成量价合一的预算定额。各分部分项工程人工、材料、机械单价所汇总的价称为基价,在具体应用中,按工程所在地的市场价格进行价差调整,体现量、价分离的原则,即定额量、市场价原则。

3) 附录

附录的主要用途是对预算定额的分析、换算和补充。

示例一:将人工、材料、机械台班的耗用量及预算价值、人材机单价放在一起的预算定额表(表3-2)。

表 3-2 建筑工程预算定额(摘录)

项 目		单位	单价/元	8-16	9-53
				C10 混凝土基础垫层	1:2 水泥砂浆基础防潮层
				$1m^3$	$1m^2$
基价		元		159.73	7.09
其中	人工费	元		35.80	1.66
	材料费	元		117.36	5.38
	机械费	元		6.57	0.05
人工	综合用工	工日	20.00	1.79	0.083
材料	1:2 水泥砂浆	m^3	221.60		0.0207
	C10 混凝土	m^3	116.20	1.01	
	防水粉	kg	1.20		0.664
机械	400L 混凝土搅拌机	台班	55.24	0.101	
	平板式振动器	台班	12.52	0.079	
	200L 砂浆搅拌机	台班	15.38		0.0035

示例二:将人工、材料、机械台班的耗用量及预算价值、人材机单价分开的预算定额表(表3-3)和估价表(表3-4)。

表 3-3 实砌砖墙(消耗量定额)

工作内容：(1) 调匀砂浆、铺砂浆、运砖。
　　　　(2) 砌砖包括窗台虎头砖、腰线、门窗套；安放木砖、铁件等。　　　　　单位：10m³

定额编号			3-1-6	3-1-7	3-1-8	3-1-9	3-1-10
项　目			单面清水砖墙(墙厚 mm)				
			115	180	240	365	490 及以外
名　称		单位	数　量				
人工	综合工日	工日	20.80	20.54	18.05	17.05	16.39
材料	混合砂浆 M2.5	m³	1.9500	2.1350	2.2500	2.4000	2.4500
	混合砂浆 M5.0	m³	(1.9500)	(2.1350)	(2.2500)	(2.4000)	(2.4500)
	机制红砖 240×115×53	千块	5.6411	5.5101	5.3140	5.3500	5.3100
	水	m³	1.1300	1.1000	1.0600	1.0700	1.0600
机械	灰浆搅拌机	台班	0.244	0.267	0.281	0.298	0.306

表 3-4 与表 3-3 对应的单位估价表(价目表)

定额编号	项目名称	单位	省定额价/元			
			基价	人工费	材料费	机械费
3-1-6	M2.5 混合砂浆单面清水砖墙 115	10m³	1959.70	582.40	1362.98	14.32
	M5.0 混合砂浆单面清水砖墙 115	10m³	1970.54	582.40	1373.82	14.32
3-1-7	M2.5 混合砂浆单面清水砖墙 180	10m³	1949.33	575.12	1358.54	15.67
	M5.0 混合砂浆单面清水砖墙 180	10m³	1961.20	575.12	1370.41	15.67
3-1-8	M2.5 混合砂浆单面清水砖墙 240	10m³	1854.65	505.40	1332.76	16.49
	M5.0 混合砂浆单面清水砖墙 240	10m³	1867.16	505.40	1345.27	16.49
3-1-9	M2.5 混合砂浆单面清水砖墙 365	10m³	1852.61	477.40	1357.72	17.49
	M5.0 混合砂浆单面清水砖墙 365	10m³	1865.95	477.40	1371.06	17.49
3-1-10	M2.5 混合砂浆单面清水砖墙≥490	10m³	1832.47	458.92	1355.59	17.96
	M5.0 混合砂浆单面清水砖墙≥490	10m³	1846.09	458.92	1369.21	17.96

3. 预算定额各消耗量的确定

1) 预算定额计量单位的确定

预算定额计量单位的选择，与预算定额的准确性、简明适用性及预算工作的繁简有着密切的关系。

确定预算定额计量单位，首先，应考虑该单位能否反映单位产品的工、料消耗量，保证预算定额的准确性；其次，要有利于减少定额项目，保证定额的综合性；最后，要有利于简化工程量计算和整个预算定额的编制工作，保证预算定额编制的准确性和及时性。

由于各分项工程的形体不同，预算定额的计量单位应根据上述原则和要求，按照分项工程的形体特征和变化规律来确定。凡物体的长、宽、高三个度量都在变化时，应采用"m³"为计量单位。当物体有一固定的厚度，而它的长和宽两个度量所决定的面积不固定时，宜采用"m²"为计量单位。如果物体截面形状大小固定，但长度不固定时，应以"延长米"

为计量单位。有的分部分项工程体积、面积相同，但质量和价格差异很大(如金属结构的制作、运输、安装等)，应当以质量单位"kg"或"t"计算。有的分项工程还可以按"个""组""座""套"等自然计量单位计算。

预算定额单位确定以后，在预算定额项目表中，常采用所取单位的10倍、100倍等倍数的计量单位来编制预算定额。

2) 预算定额中人、材、机消耗量的确定

根据劳动定额、材料消耗定额、机械台班定额来确定消耗量指标。

(1) 人工消耗指标的确定。预算定额中的人工消耗指标是指完成该分项工程必须消耗的各种用工，包括基本用工、材料超运距用工、辅助用工和人工幅度差。

① 基本用工。基本用工指完成该分项工程的主要用工。

② 材料超运距用工。预算定额中的材料、半成品的平均运距要比劳动定额的平均运距远，因此超过劳动定额运距的材料要计算超运距用工。

③ 辅助用工。辅助用工指施工现场发生的加工材料等的用工，如筛沙子、淋石灰膏的用工。

④ 人工幅度差。人工幅度差主要指正常施工条件下，劳动定额中没有包含的用工因素，如各工种交叉作业配合工作的停歇时间，工程质量检查和工程隐蔽、验收等所占的时间。

(2) 材料消耗指标的确定。预算定额的材料用量需要综合计算。

(3) 机械台班消耗指标的确定。预算定额的机械台班消耗指标的计量单位是台班。按现行规定，每个工作台班按机械工作8小时计算。

预算定额中的机械台班消耗指标应按全国统一劳动定额中各种机械施工项目所规定的台班产量进行计算。

预算定额中以使用机械为主的项目(如机械挖土、空心板吊装)，其工人组织和台班产量应按劳动定额中的机械施工项目综合而成。此外，还要相应增加机械幅度差。

预算定额项目中的施工机械是配合工人班组工作的，所以施工机械要按工人小组配置使用。例如，砌墙是按工人小组配置塔式起重机、卷扬机、砂浆搅拌机等。配合工人小组施工的机械不增加机械幅度差。

4. 人工、材料、机械台班单价及定额基价

预算定额人工、材料、机械台班消耗量确定后，就需要确定人工、材料、机械台班单价。

1) 人工单价

人工单价是指施工企业平均技术熟练程度的生产工人在每工作日(国家法定工作时间内)按规定从事施工作业应得的日工资总额。合理确定人工工日单价是正确计算人工费和工程造价的前提和基础。

(1) 人工日工资单价组成内容。

人工单价由计时工资或计件工作、奖金、津贴补贴以及特殊情况下支付的工资组成。

① 计时工资或计件工资。是指按计时工资标准和工作时间或对已做工作按计件单价支付给个人的劳动报酬。

② 奖金。是指对超额劳动和增收节支支付给个人的劳动报酬，如节约奖、劳动竞赛奖等。

③ 津贴补贴。是指为了补偿职工特殊或额外的劳动消耗和因其他原因支付给个人的津贴，以及为了保证职工工资水平不受物价影响支付给个人的物价补贴。

④ 特殊情况下支付的工资。是指根据国家法律、法规和政策规定，因病、工伤、产假、计划生育假、婚丧假、事假、探亲假、定期休假、停工学习、执行国家和社会义务等原因按计时工资标准或计时工资标准的一定比例支付的工资。

(2) 人工日工资单价确定方法。

① 年平均每月法定工作日。由于人工日工资单价是每一个法定工作日的工资总额，因此需要对平均每月法定工作日进行计算。其计算公式如下：

$$年平均每月法定工作日 = \frac{全年日历日 - 法定假日}{12} \tag{3.3}$$

式(3.3)中，法定节日指双休日和法定节日。

② 日工资单价的计算。确定了年平均每月法定工作日后，将上述工资总额进行分摊，即形成了人工日工资单价。其计算公式如下：

$$日工资单价 = 生产工人平均月工资(计时、计件) + 平均月(资金 + 津贴补贴 + \\ 加班加点工资 + 特殊情况下支付的工资)/年平均每月法定工作日 \tag{3.4}$$

③ 日工资单价的管理。虽然施工企业投标报价时可以自主确定人工费。但由于人工日工资单价在我国具有一定的政策性，因此工程造价管理确定日工资单价应通过市场调查，根据工程项目的技术要求，参考实物工程量人工单价综合分析确定、发布的最低日工资单价不得低于工程所在人力资源和社会保障部门发布的最低工资标准：普工 1.3 倍、一般技工 2 倍、高级技工 3 倍。

2) 材料单价

(1) 材料单价的概念及其组成。

材料单价是指建筑材料从其来源地运到施工工地仓库，直至出库形成的综合平均单价。材料单价由下列费用组成：材料原价(或供应价格)、材料运杂费、运输损耗费、采购及保管费。

(2) 材料单价中各项费用的确定。

① 材料原价(或供应价格)。材料原价是指材料、工程设备的出厂价格或商家供应价格。

在确定材料原价时，如同一种材料因来源地、供应单位或生产厂家不同有几种价格时，要根据不同来源地的供应数量比例，采取加权平均的方法计算其材料的原价。

② 运杂费。运杂费是指材料、工程设备自来源地运至工地仓库或指定堆放地点所发生的全部费用。

③ 运输损耗费。运输损耗费是指材料在运输和装卸过程中不可避免的损耗。一般通过损耗率来规定损耗指标。

$$材料运输损耗费 = (材料原价 + 材料运杂费) \times 运输损耗率 \tag{3.5}$$

④ 采购及保管费。材料采购及保管费是指为组织采购、供应、保管材料和工程设备的过程中所需要的各项费用，包括采购费、仓储费、工地保管费、仓储损耗。

$$材料采购及保管费 = (材料原价 + 运杂费 + 运输损耗费) \times 采购及保管费率 \tag{3.6}$$

上述费用的计算可以综合成一个计算式：

$$材料单价 = [(材料原价 + 运杂费) \times (1 + 运输损耗率)] \times (1 + 采购及保管费率) \tag{3.7}$$

由于我国幅员广大,建筑材料的产地与使用地点的距离,各地差异很大,同时采购、保管、运输方式也不尽相同,因此材料单价原则上按地区范围编制。

应用案例 3-1

已知某工地钢材由甲、乙方供货,甲、乙方的原价分别为 3830 元/t、3810 元/t,甲、乙方的运杂费分别为 31.5 元/t、33.5 元/t,甲、乙方的供应量分别为 400t、800t,甲、乙方材料的运输损耗率分别为 1.4%、1.5%,采购及保管费率为 2.5%。则该工地钢材的材料单价为多少?

【解】

$$加权平均原价 = \frac{400 \times 3830 + 800 \times 3810}{400 + 800} = 3816.667(元/t)$$

$$加权平均运杂费 = \frac{400 \times 31.5 + 800 \times 33.5}{400 + 800} = 32.833(元/t)$$

来源一的运输损耗费 $= (3830 + 31.5) \times 1.4\% = 54.061(元/t)$

来源二的运输损耗费 $= (3810 + 33.5) \times 1.5\% = 57.653(元/t)$

$$加权平均运输损耗费 = \frac{54.061 \times 400 + 57.653 \times 800}{400 + 800} = 56.456(元/t)$$

钢材单价 $= (3816.667 + 32.833 + 56.456) \times (1 + 2.5\%) = 3907.367(元/t)$

3) 施工机械台班单价

(1) 施工机械台班单价的概念。

施工机械台班单价也称为施工机械台班使用费,它是指单位工作台班中为使机械正常运转所分摊和支出的各项费用。

(2) 施工机械台班单价的组成。

施工机械台班单价按有关规定由七项费用组成,这些费用按其性质分为第一类费用和第二类费用。

① 第一类费用。第一类费用也称不变费用,是指属于分摊性质的费用,包括折旧费、大修理费、经常修理费、机械安拆费及场外运输费。

② 第二类费用。第二类费用也称可变费用,是指属于支出性质的费用,包括燃料动力费、人工费、其他费用(车船使用税、保险费及年检费)等。

(3) 第一类费用的计算。

① 折旧费。折旧费是指施工机械在规定的使用期限(即耐用总台班)内,陆续收回其原值及购置资金的费用。

$$台班折旧费 = \frac{机械价格 \times (1 - 残值率) \times 时间价值系数}{耐用总台班} \tag{3.8}$$

② 大修理费。大修理费是指施工机械按规定的大修理间隔台班进行必要的大修理费,以恢复其正常功能所需的费用。

$$台班大修理费 = \frac{一次大修理费 \times 寿命期内大修理次数}{耐用总台班} \tag{3.9}$$

③ 经常修理费。经常修理费是指施工机械除大修理以外的各种保养及临时故障排除所需的费用,包括为保障机械正常运转所需替换设备与随机配备工具附具的摊销及维护费

用, 机械运转及日常保养所需润滑与擦拭的材料费用及机械停置期间的维护保养费用等。

$$台班经常修理费 = \frac{\sum\left(\begin{array}{c}各级保养\\一次费用\end{array} \times \begin{array}{c}寿命期各级\\保养总次数\end{array}\right) + 临时故障排除费 + 替换设备和工具附具台班摊销费 + 例保辅料费}{耐用总台班}$$
(3.10)

④ 安拆费及场外运输费。安拆费是指施工机械在现场进行安装与拆卸所需的人工、材料、机械和试运转费用,以及机械辅助设施的折旧、搭设、拆除等费用。

场外运输费是指施工机械整体或分体自停放地点运至施工现场或由一施工地点运至另一施工地点的运输、装卸、辅助材料及架线费用。

$$台班安拆费及场外运输费 = \frac{一次安拆费及场外运输费 \times 年平均安拆次数}{年工作台班} \quad (3.11)$$

(4) 第二类费用的计算。

① 燃料动力费。燃料动力费是指施工机械在运转作业中所消耗的各种燃料及水、电费用等。

$$台班燃料动力费 = 台班燃料动力消耗 \times 相应单价 \quad (3.12)$$

② 人工费。人工费是指机上司机(司炉)和其他操作人员的人工费。

$$台班人工费 = 人工消耗量 \times [1 + (年度工作日 - 年工作台班) \div 年工作台班] \times 人工单价$$
(3.13)

③ 其他费用。其他费用是指按照国家规定应缴纳的车船使用税、保险费及年检费等。

应用案例 3-2

某载重汽车配司机 1 人,当年制度工作日为 250 天,年工作台班为 230 台班,人工日工资单价为 50 元。求该载重汽车的台班人工费为多少?

【解】

$$台班人工费 = 1 \times \left(1 + \frac{250 - 230}{230}\right) \times 50 = 54.35(元/台班)$$

4) 定额基价

预算定额基价就是预算定额分项工程或结构构件的单价,包括人工费、材料费和机械台班使用费,也称工料单价或直接工程费单价。

预算定额基价一般是通过编制单位估价表、地区单位估价表及设备安装价目表所确定的单价,用于编制施工图预算。在预算定额中列出的"预算价值"或"基价",应视作该定额编制时的工程单价。

预算定额基价的编制方法,简单说就是工、料、机的消耗量和工、料、机单价的结合过程。其中,人工费是由预算定额中每一分项工程用工数,乘以地区人工工日单价计算算出;材料费是由预算定额中每一分项工程的各种材料消耗量,乘以地区相应材料预算价格之和算出;机械费是由预算定额中每一分项工程的各种机械台班消耗量,乘以地区相应施工机械台班预算价格之和算出。

分项工程预算定额基价的计算公式:

$$\text{分项工程预算定额基价} = \text{人工费} + \text{材料费} + \text{机械使用费} \quad (3.14)$$

$$\text{人工费} = \sum(\text{现行预算定额中人工工日用量} \times \text{人工日工资单价}) \quad (3.15)$$

$$\text{材料费} = \sum(\text{现行预算定额中各种材料耗用量} \times \text{相应材料单价}) \quad (3.16)$$

$$\text{机械使用费} = \sum(\text{现行预算定额中机械台班用量} \times \text{机械台班单价}) \quad (3.17)$$

预算定额基价是根据现行定额和当地的价格水平编制的,具有相对的稳定性。但是为了适应市场价格的变动,在编制预算时,必须根据工程造价管理部门发布的调价文件对固定的工程预算单价进行修正。修正后的工程单价乘以根据图纸计算出来的工程量,就可以获得符合实际市场情况的工程的直接工程费。

定额基价是不完全价格,因为只包含了人工、材料、机械台班的费用。《建设工程工程量清单计价规范》(GB 50500—2013)中的综合单价也是不完全费用单价,这种单价虽然包括了人工费、材料费、机械台班费、管理费、利润等费用,但规费、税金等不可竞争的费用仍未被包含其中。目前,我国已有不少省、市编制了工程量清单项目的综合单价的基价,为发、承包双方组成工程量清单项目综合单价构建了平台,取得了成效。

5. 预算定额的使用方法

预算定额是编制施工图预算、确定和控制工程造价的主要依据,定额应用正确与否直接影响工程造价。为了熟练、正确运用预算定额编制施工图预算,首先要对预算定额的分部、节和项目的划分、总说明、建筑面积计算规则、分部工程说明和工程量计算规则等有正确的理解并熟记,对常用的分项工程定额项目表中各栏所包括的工作内容、计量单位等,有一个全面的了解,从而达到正确使用定额的要求。

在应用预算定额时,通常会遇到以下三种情况:定额的直接套用、定额的换算和定额的缺项补充。

1) 预算定额的直接套用

套用定额包括直接使用定额项目中的基价、人工费、材料费、机械费、各种材料用量及各种机械台班耗用量。

当施工图的设计要求与定额的项目内容完全一致时,可以直接套用预算定额。

在编制单位工程施工图预算的过程中,大多数分项工程可以直接套用预算定额。套用预算定额时应注意以下几点。

(1) 根据施工图、设计说明、标准图做法说明,选择预算定额项目。

(2) 应从工程内容、技术特征和施工方法上仔细核对,才能准确地确定与施工图相对应的预算定额项目。

(3) 施工图中分项工程的名称、内容和计量单位要与预算定额项目相一致。

需要注意的是,在定额的直接套用中,还应包括定额规定不允许调整的分项工程。也就是如果分项工程设计与定额内容不完全相同,但是定额规定不允许调整,则还应该直接套用定额,而不能对定额做任何的调整来适应分项工程设计。例如,某省定额砌筑工程说明第一条规定:"本分部石材和空心砌块、轻质砌块,是按常用规格编制的,规格不同时不做调整。"楼地面工程说明第一条中规定:"整体面层、块料面层的结合层及找平层的砂浆厚度不得换算。"因此，在定额的使用中，不应想当然地以分项工程设计来调整定额。定额是否允许调整，是以定额的规定为标准的。

2) 预算定额的换算

当分项工程的设计要求与定额的工作内容、材料规格、施工方法等条件不完全相符时，则不能直接套用定额，必须根据总说明、分部工程说明、附注等有关规定，在定额规定的范围内，用定额规定的方法加以换算。经过换算的子目定额编号应在尾部加一"换"字。

预算定额换算的基本思路是：根据选定的定额基价，按规定换入增加的费用，换出应扣除的费用。即：

$$\text{换算后的定额基价}=\text{原定额基价}+\text{换入的费用}-\text{换出的费用} \tag{3.18}$$

定额换算的类型主要有：乘系数的换算；砂浆、混凝土强度等级和配合比的换算；木门窗木材断面的换算和其他换算。

3) 预算定额的补充

在预算定额的应用中，除上述的两种定额的应用外，还会遇到预算定额的补充。当分项工程的设计要求与定额条件完全不相符时，或者由于设计采用新结构、新材料及新工艺时，预算定额中没有这类项目，也属于定额缺项时，就应编制补充定额。

补充定额的编制方法有以下几种。

(1) 定额代用法。定额代用法是利用性质相似、材料大致相同、施工方法又很接近的定额项目，并估算出适当的系数进行使用。采用此类方法编制补充定额一定要在施工实践中进行观察和测定，以便调整系数，保证定额的精确性，也为以后新编定额、补充定额项目做准备。

(2) 定额组合法。定额组合法就是尽量利用现行预算定额进行组合。因为一个新定额项目所包含的工艺与消耗往往是现有定额项目的变形与演变。新老定额之间有很多的联系，要从中发现这些联系，在补充制定新定额项目时，直接利用现行定额内容的一部分或全部，可以达到事半功倍的效果。

(3) 计算补充法。计算补充法就是按照定额编制的方法进行计算补充，是最精确的补充定额编制方法。材料用量按照图纸的构造做法及相应的计算公式计算，并加入规定的损耗率；人工及机械台班使用量可以按劳动定额、机械台班定额计算。

编制后的补充定额须经定额管理部门审核批准后执行。

3.2.3 概算定额、概算指标、投资估算指标

1. 概算定额

1) 概算定额的概念

概算定额，是在预算定额基础上，确定完成合格的单位扩大分项工程或单位扩大结构构件所需消耗的人工、材料和施工机械台班的数量标准及其费用标准。概算定额又称扩大结构定额。

概算定额是预算定额的综合与扩大。它将预算定额中有联系的若干个分项工程项目综合为一个概算定额项目。如砖基础概算定额项目，就是以砖基础为主，综合了平整场地、挖地槽、铺设垫层、砌砖基础、铺设防潮层、回填土及运土等预算定额中的分项工程项目。

概算定额与预算定额的相同之处在于，它们都是以建(构)筑物各个结构部分和分部分

项工程为单位表示的，内容也包括人工、材料和机械台班使用量定额三个基本部分，并列有基准价。概算定额表达的主要内容、表达的主要方式及基本使用方法都与预算定额相近。

概算定额与预算定额的不同之处，在于项目划分和综合扩大程度上的差异，同时，概算定额主要用于设计概算的编制。由于概算定额综合了若干分项工程的预算定额，因此使概算工程量计算和概算表的编制，都比编制施工图预算简化一些。

2) 概算定额的主要作用

(1) 概算定额是扩大初步设计阶段编制设计概算和技术设计阶段编制修正概算的依据。

(2) 概算定额是对设计项目进行技术经济分析和比较的基础资料之一。

(3) 概算定额是编制概算指标的依据。

(4) 概算定额是编制招标控制价和投标报价的依据。

3) 概算定额的编制依据

(1) 现行的预算定额。

(2) 选择的典型工程施工图和其他有关资料。

(3) 人工工资标准、材料预算价格和机械台班预算价格。

4) 概算定额的编制步骤

(1) 准备工作阶段。

该阶段的主要工作是确定编制机构和人员组成，进行调查研究，了解现行概算定额的执行情况和存在的问题，明确编制定额的项目。在此基础上，制定出编制方案和确定概算定额项目。

(2) 编制初稿阶段。

该阶段根据制定的编制方案和确定的定额项目，收集和整理各种数据，对各种资料进行深入细致的测算和分析，确定各项目的消耗指标，最后编制出定额初稿。

(3) 测算阶段。

该阶段要测算概算定额水平，内容包括两个方面：新编概算定额与原概算定额的水平测算，概算定额与预算定额的水平测算。

(4) 审查定稿阶段。

该阶段要组织有关部门讨论定额初稿，在听取合理意见的基础上进行修改。最后将修改稿报请上级主管部门审批。

2. 概算指标

1) 概算指标的概念及其作用

建筑安装工程概算指标通常是以单位工程为对象，以建筑面积、体积或成套设备装置的台或组为计量单位而规定的人工、材料、机械台班的消耗量标准和造价指标。

从上述概念中可以看出，建筑安装工程概算定额与概算指标的主要区别如下。

(1) 确定各种消耗量指标的对象不同。

概算定额是以单位扩大分项工程或单位扩大结构构件为对象，而概算指标则是以单位工程为对象。因此，概算指标比概算定额更加综合与扩大。

(2) 确定各种消耗量指标的依据不同。

概算定额以现行预算定额为基础，通过计算之后才综合确定出各种消耗量指标，而概算指标中各种消耗量指标的确定，则主要来自于各种预算或结算资料。

概算指标和概算定额、预算定额一样,都是与各个设计阶段相适应的多次性计价的产物,它主要用于投资估价、初步设计阶段,其作用主要有以下几方面。

① 概算指标可以作为编制投资估算的参考。
② 概算指标是初步设计阶段编制概算书、确定工程概算造价的依据。
③ 概算指标中的主要材料指标可以作为匡算主要材料用量的依据。
④ 概算指标是设计单位进行设计方案比较、设计技术经济分析的依据。
⑤ 概算指标是编制固定资产投资计划,确定投资额和主要材料计划的主要依据。

2) 概算指标的分类

概算指标可分为两大类,一类是建筑工程概算指标,另一类是设备及安装工程概算指标,如图3.2所示。

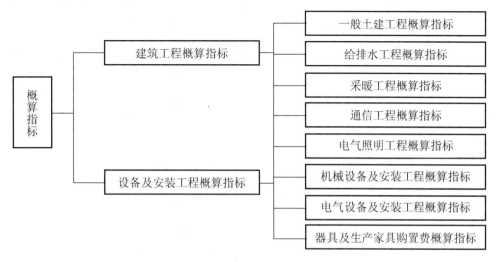

图 3.2 概算指标分类图

3) 概算指标的主要内容和形式

概算指标的内容和形式没有统一的格式,一般包括以下内容。

(1) 工程概况。包括建筑面积,建筑层数,建筑地点、时间,工程各部位的结构及做法等。
(2) 工程造价及费用组成。
(3) 每平方米建筑面积的工程量指标。
(4) 每平方米建筑面积的工料消耗指标。

4) 概算指标的编制依据

(1) 编制设计图纸和各类工程典型设计。
(2) 国家颁发的建筑标准、设计规范、施工规范等。
(3) 各类工程造价资料。
(4) 现行的概算定额和预算定额及补充定额。
(5) 人工工资标准、材料预算价格、机械台班预算价格及其他价格资料。

5) 概算指标的编制步骤

以房屋建筑工程为例,概算指标可按以下步骤进行编制。

(1) 首先成立编制小组，拟定工作方案，明确编制原则和方法，确定指标的内容及表现形式，确定基价所依据的人工工资单价、材料单价、机械台班单价。

(2) 收集整理编制指标所必需的标准设计、典型设计，以及有代表性的工程设计图纸、设计预算等资料，充分利用已经积累的有使用价值的工程造价资料。

(3) 编制阶段。主要是选定图纸，并根据图纸资料计算工程量和编制单位工程预算书，以及按编制方案确定的指标项目对人工及主要材料消耗指标，填写概算指标的表格。

(4) 最后经过核对审核、平衡分析、水平测算、审查定稿。

3. 投资估算指标

1) 投资估算指标及其作用

工程建设投资估算指标是建设项目建议书、可行性研究报告等前期工作阶段投资估算的依据，也可以作为编制固定资产长远规划投资额的参考。投资估算指标为完成项目建设的投资估算提供依据和手段，它在固定资产的形成过程中起着投资预测、投资控制、投资效益分析的作用，是合理确定项目投资的基础。投资估算指标中的主要材料消耗量也是一种扩大材料消耗量的指标，可以作为计算建设项目主要材料消耗量的基础。投资估算指标的正确控制对于提高投资估算的准确度，对建设项目合理评估、正确决策具有重要意义。

2) 投资估算指标的内容

投资估算指标是确定和控制建设项目全过程各项投资支出的技术经济指标，其范围涉及建设前期、建设实施期和竣工验收交付使用期等各个阶段的费用支出，内容因行业不同各异，一般分为建设项目综合指标、单项工程指标和单位工程指标三个层次。

(1) 建设项目综合指标。

指按规定应列入建设项目总投资的从立项筹建开始至竣工验收交付使用的全部投资额，包括单项工程投资、工程建设其他费用和预备费等。

建设项目综合指标一般以项目的综合生产能力单位投资表示，如"元/t""元/kW"；或以使用功能表示，如医院床位用"元/床"表示。

(2) 单项工程指标。

指按规定应列入能独立发挥生产能力或使用效益的单项工程内的全部投资额，包括建筑工程费、安装工程费、设备和工器具购置费、生产家具购置费和其他费用。

单项工程指标一般以单项工程生产能力单位投资，如"元/t"或其他单位表示。如变电站以"元/(kV·A)"表示；锅炉房以"元/蒸汽吨"表示；供水站以"元/m^3"表示；办公室、仓库、宿舍、住宅等房屋建筑工程则区别不同结构形式以"元/m^2"表示。

(3) 单位工程指标。

按规定应列入能独立设计、施工的工程项目费用，即建筑安装工程费用。

单位工程指标一般以如下方式表示：房屋区别不同结构形式以"元/m^2"表示；道路区别不同结构层、面层以"元/m^2"表示；水塔区别不同结构层、容积以"元/座"表示；管道区别不同材质、管径以"元/m"表示。

3) 投资估算指标的编制步骤

投资估算指标的编制工作，涉及建设项目的产品规模、产品方案、工艺流程、设备选型、工程设计和技术经济等各个方面。既要考虑到现阶段的技术状况，又要展望未来技术发展趋势和设计动向，从而可以指导以后建设项目的实践。编制一般分以下三个阶段进行。

(1) 收集、整理资料阶段。

收集已建成或正在建设的、符合现行技术政策和技术发展方向、有可能重复采用的、有代表性的工程设计施工图、标准设计以及相应的竣工决算或施工图预算资料等。将整理好后的数据资料按项目划分栏目加以归类,按照编制年度的现行定额、费用标准和价格,调整成编制年度的造价水平及相互比例。

(2) 平衡调整阶段。

由于调查收集的资料来源不同,虽然经过一定的分析整理,但难免会由于设计方案、建设条件和建设时间上的差异带来的某些影响,使数据失准或漏项等,因此必须对有关资料进行综合平衡调整。

(3) 测算审查阶段。

测算是将新编的指标和选定工程的概预算,在统一价格条件下进行比较,检验其"量差"的偏离程度是否在允许偏差的范围以内,如偏差过大,则要查找原因,进行修正,以保证指标的确切、实用。

课题 3.3 工程量清单计价模式

3.3.1 工程量清单计价的基本方法与程序

工程量清单计价是在统一的工程量计算规则的基础上,制定工程量清单项目设置规则,根据具体工程的施工图纸计算出各个清单项目的工程量,再根据各种渠道所获得的工程造价信息、经验数据和采用的施工组织计算得到工程造价。其计价原理可用图 3.3 表示。

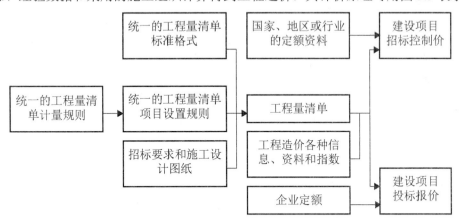

图 3.3 工程量清单计价模式的原理示意图

从工程量清单计价模式的原理示意图可以看出,其编制过程可以分为两个阶段:工程量清单的编制和利用工程量清单编制投标报价。工程量清单编制阶段要编制工程量清单和招标控制价,招标控制价是招标人根据国家或省、行业主管部门颁发的有关计价依据和办法,按设计施工图纸计算的,对招标工程限定的最高工程造价。投标报价是在业主提供的工程量清单的基础上,根据企业自身所掌握的各种信息和资料,结合企业定额计算出综合单价,然后再考虑各种措施费、规费和税进行编制得出的投标时所报的工程造价。其基本计算方法和程序如图 3.4 所示。

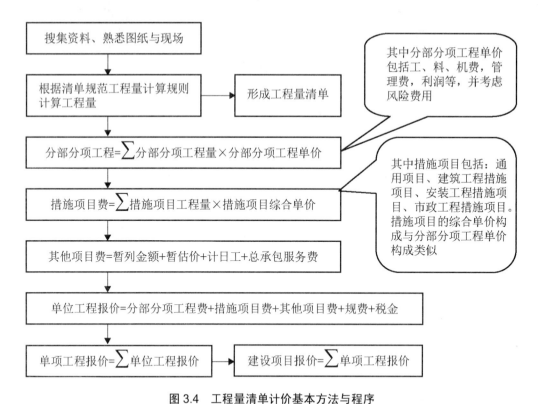

图 3.4 工程量清单计价基本方法与程序

从工程量清单计价的基本方法与程序可以看出,工程量清单计价重点是编制清单、综合单价的分析与计算、清单计价。

3.3.2 编制工程量清单文件

1. 工程量清单的概念

工程量清单是载明建设工程分部分项工程项目、措施项目、其他项目的名称和相应数量,以及规费和税金项目等内容的明细清单。其中由招标人根据国家标准、招标文件、设计文件,以及施工现场实际情况编制的工程量清单称为招标工程量清单。作为投标文件组成部分的已标明价格并经承包人确认的称为已标价工程量清单。招标工程量清单应由具有编制能力的招标人或受其委托,具有相应资质的工程造价咨询人或招标代理人编制。采用工程量清单方式招标,招标工程量清单必须作为招标文件的组成部分,其准确性和完整性由招标人负责。

编制工程量清单要依据《建设工程工程量清单计价规范》(GB 50500—2013)、《房屋建筑与装饰工程量计算规范》(GB 50854—2013)等九个专业工程计算规范进行。计价规范适用于建设工程发承包及其实施阶段的计价活动。使用国有资金投资的建设工程发承包,必须采用工程量清单计价;非国有资金投资的建设工程,宜采用工程量清单计价;不采用工程量清单计价的建设工程,应执行计价规范中除工程量清单等专门性规定外的其他规定。

招标工程量清单应以单位(项)工程为单位编制,由分部分项工程量清单、措施项目清单、其他项目清单、规费项目清单、税金项目清单组成。

2. 分部分项工程量清单

分部工程是单位工程的组成部分,是指按结构部位、路段长度及施工特点或施工任务将单位工程划分为若干分部的工程。分项工程是分部工程的组成部分,是指按不同施工方法、材料、工序及路段长度等将分部工程划分为若干个分项或项目的工程。

(1) 分部分项工程量清单必须载明项目编码、项目名称、项目特征描述、计量单位和工程量。分部分项工程量清单必须根据各专业工程计量规范规定的项目编码、项目名称、项目特征描述、计量单位和工程量计算规则进行编制,格式见表3-5。

表3-5 分部分项工程和单价措施项目清单与计价表

工程名称: 　　　　　　　　标段: 　　　　　　　　第 页 共 页

序号	项目编码	项目名称	项目特征描述	计量单位	工程量	金额		
						综合单价	合价	其中:暂估价

(2) 分部分项工程量清单的项目编码,以5级编码设置,用12位阿拉伯数字表示。一、二、三、四级编码为全国统一;第五级编码由工程量清单编制人区分工程的清单项目特征而分别编制。各级编码代表的含义如下。

① 第一级表示专业工程代码(分两位)。
② 第二级表示附录分类顺序码(分两位)。
③ 第三级表示分部工程顺序码(分两位)。
④ 第四级表示分项工程项目名称项目码(分三位)。
⑤ 第五级表示工程量清单项目名称顺序码(分三位)。

例如010401001,其中01表示房屋建筑与装饰工程,为专业工程代码;04表示砌筑工程,为附录分类顺序码;01表示砖砌体,为分部工程顺序码;001表示砖基础,为分项工程项目名称顺序码;后面接着根据砖基础的不同特征按001、002…继续编码。注意,同一招标工程的项目编码不得有重码。

(3) 分部分项工程量清单的项目名称应按各专业工程计量规范的项目名称结合拟建工程的实际确定。

(4) 分部分项工程量清单中所列工程量应按各专业工程计量规范中规定的工程量计算规则计算。

(5) 分部分项工程量清单的计量单位应按各专业工程计量规范中规定的计量单位确定。

(6) 分部分项工程量清单项目特征应按各专业工程计量规范中规定的项目特征,结合拟建工程项目的实际予以描述。

(7) 随着工程建设中新材料、新技术、新工艺的不断涌现,计量规范中所列的工程量清单项目不可能包含所有项目。在编制工程量清单时,当出现各专业工程计量规范中未包括的清单项目时,编制人应作补充。补充项目的编码由附录的顺序码与B和三位阿拉伯数字组成,并应从×B001起按顺序编制,同一招标工程的项目不得有重码。工程量清单中需附有补充项目的名称、项目特征、计量单位、工程量计算规则、工程内容。编制的补充报省级或行业工程造价管理机构备案。

3. 措施项目清单

措施项目是指为完成工程项目建设,发生于该工程施工准备和施工过程中的技术、生活、安全、环境保护等方面的项目。

措施项目清单应根据相关工程现行国家计算规范的规定编制,并根据拟建工程的实际情况列项。例如,《房屋建筑与装饰工程工程量计算规范》(GB 50854—2013)中规定的措施项目,包括脚手架工程、混凝土模板及支架(撑)、垂直运输、超高施工增加、大型机械设备进出场及安拆、施工排水、降水等,安全文明施工及其他措施项目。

措施项目费用的发生与使用时间、施工方法或者两个以上的工序有关。有些措施项目是可以计算工程量的,如脚手架工程、混凝土模板及支架(撑)、垂直运输、超高施工增加、大型机械设备进出场及安拆、施工排水、降水等,这类措施项目用分部分项工程量清单的方式编制综合单价,更有利于措施费的确定和调整。能计量的措施项目(即单价措施项目)编制工程量清单时,必须列出项目编码、项目名称、项目特征描述、计量单位和工程量计算规则(表3-5)。

有些措施项目是不可以计算工程量的,如安全文明施工、夜间施工、非夜间施工照明、二次搬运、冬雨季施工、地上地下设施及建筑物的临时保护设施、已完工程及设备保护等项目。应根据工程实际情况计算措施项目费用,需分摊的应合理计算摊销费用。针对这些不能计量的且以清单形式列出的项目,在编制工程量清单时,必须按计算规范规定的项目编码、项目名称确定清单项目,不必描述项目特征和确定计量单位(表3-6)。

表3-6 总价措施项目清单与计价表

工程名称: 　　　　　　　　标段: 　　　　　　　　第 页 共 页

序号	项目编码	项目名称	计算基础	费率/(%)	金额/元	调整费率/(%)	调整后金额/元	备注
1	011707001001	安全文明施工	定额基价					
2	011707002001	夜间施工	定额人工费					
…	……	……	……	……				

4. 其他项目清单

其他项目清单是指除分部分项工程量清单、措施项目清单所包含的内容以外,因招标人的特殊要求而发生的与拟建工程有关的其他费用项目和相应数量的清单。其他项目清单包括下列内容列项:暂列金额;暂估价(包括材料暂估价、工程设备暂估价、专业工程暂估价);计日工;总承包服务费。出现以上未列的项目,可根据工程实际情况补充,按照表3-7的格式进行编制。

表3-7 其他项目清单与计价汇总表

序号	项目名称	金额/元	结算金额/元	备注
1	暂列金额			
2	暂估价			

续表

序号	项目名称	金额/元	结算金额/元	备注
2.1	材料(工程设备)暂估价/结算价			
2.2	专业工程暂估价/结算价			
3	计日工			
4	总承包服务费			
5	索赔与现场签证			
	合计			

注：材料(工程设备)暂估价进入清单项目综合单价，此处不汇总。

1) 暂列金额

暂列金额是指招标人在工程量清单中暂定并包括在合同价款中的一笔款项。用于工程合同签订时尚未确定或者不可预见的所需材料、工程设备、服务的采购，施工中可能发生的工程变更、合同约定调整因素出现时的合同价款调整，以及发生的索赔、现场签证确认等的费用。暂列金额应根据工程特点，按有关计价规定估算。暂列金额可按照表 3-8 的格式列示。

表 3-8 暂列金额明细表

工程名称：　　　　　　　　　　标段：　　　　　　　　　　　第　页　共　页

序号	项目名称	计量单位	暂定金额/元	备注
1				
2				
3				
	合计			

注：此表由招标人填写，如不能详列，也可只列暂定金额总额，投标人应将上述暂列金额计入投标总价中。

2) 暂估价

暂估价是指招标人在工程量清单中提供的用于支付必然发生但暂时不能确定价格的材料、工程设备的单价以及专业工程的金额，包括材料暂估单价、工程设备暂估单价和专业工程暂估价。暂估价中的材料、工程设备暂估单价应根据工程造价信息或参照市场价格估算，列出明细表；专业工程暂估价应分不同专业，按有关计价规定估算，列出明细表。暂估价可按照表 3-9 和表 3-10 的格式列示。

表 3-9 材料(工程设备)暂估单价及调整表

工程名称：　　　　　　　　　　标段：　　　　　　　　　　　第　页　共　页

序号	材料(工程设备)名称、规格、型号	计量单位	数量		暂估/元		确认/元		差额±/元		备注
			暂估	确认	单价	合价	单价	合价	单价	合价	
	合计										

注：此表由招标人填写"暂估单价"，并在备注栏说明暂估价的材料、工程设备拟用在哪些清单项目上，投标人应将上述材料、工程设备暂估价计入工程量清单综合单价报价中。

表 3-10　专业工程暂估价及结算价表

工程名称：　　　　　　　　　　　　　标段：　　　　　　　　　　　　　　　第　页　共　页

序号	工程名称	工程内容	暂估金额/元	结算金额/元	差额±/元	备注
	合　计					

注：此表"暂估金额"由招标人填写，投标人应将"暂估金额"计入投标总价中。结算时按合同约定结算金额填写。

3) 计日工

在施工过程中，承包人完成发包人提出的工程合同范围以外的零星项目或工作，按合同中约定的单价计价的一种方式。计日工是为了解决现场发生的零星工作的计价而设立的。国际上常见的标准合同条款中，大多数都设立了计日工(Daywork)计价机制。计日工对完成零星工作所消耗的人工工时、材料数量、施工机械台班进行计量，并按照计日工表中填报的适用项目的单价进行计价支付。计日工适用的所谓零星项目或工作一般是指合同约定之外的或者因变更而产生的、工程量清单中没有相应项目的额外工作，尤其是那些难以事先商定价格的额外工作。计日工应列出项目名称、计量单位和暂估数量。计日工可按照表 3-11 的格式列示。

表 3-11　计日工表

工程名称：　　　　　　　　　　　　　标段：　　　　　　　　　　　　　　　第　页　共　页

编号	项目名称	单位	暂定数量	实际数量		综合单价/元	合价/元	
							暂定	实际
一	人工							
1								
2								
…								
	人工小计							
二	材料							
1								
2								
…								
	材料小计							
三	施工机械							
1								
2								
…								
	施工机械小计							
	四、企业管理费和利润							
	总　计							

注：此表项目名称、暂定数量由招标人填写，编制招标控制价时，单价由招标人按有关计价规定确定；投标时，单价由投标人自主报价，按暂定数量计算合价计入投标总价中。结算时，按发承包双方确认的实际数量计算合价。

4) 总承包服务费

总承包服务费是指总承包人为配合协调发包人进行的专业工程发包，对发包人自行采购的材料、工程设备等进行保管以及施工现场管理、竣工资料汇总整理等服务所需的费用。招标人应预计该项费用并按投标人的投标报价向投标人支付该项费用。总承包服务费应列出服务项目及其内容等。总承包服务费按照表3-12的格式列示。

表3-12 总承包服务费计价表

工程名称：   标段：   第 页 共 页

序号	项目名称	项目价值/元	服务内容	计算基础	费率/(%)	金额/元
1	发包人发包专业工程					
2	发包人提供材料					
…						
	合 计					

注：此表项目名称、服务内容由招标人填写，编制招标控制价时，费率及金额由招标人按有关计价规定确定；投标时，费率及金额由投标人自主报价，计入投标总价中。

5. 规费项目清单

规费项目清单应按照下列内容列项：社会保障费(包括养老保险费、失业保险费、医疗保险费、工伤保险费、生育保险费)；住房公积金；工程排污费。出现计价规范中未列的项目，应根据省级政府或省级有关权力部门的规定列项。

6. 税金项目清单

税金项目清单应包括下列内容：营业税；城市维护建设税；教育费附加；地方教育附加费。出现计价规范中未列的项目，应根据税务部门的规定列项。

规费、税金项目计价表见表3-13。

表3-13 规费、税金项目计价表

工程名称：   标段：   第 页 共 页

序号	项目名称	计算基础	计算基数	计算费率/(%)	金额/元
1	规费	定额人工费			
1.1	社会保障费	定额人工费			
(1)	养老保险费	定额人工费			
(2)	失业保险费	定额人工费			
(3)	医疗保险费	定额人工费			
(4)	工伤保险费	定额人工费			
(5)	生育保险费	定额人工费			
1.2	住房公积金	定额人工费			
1.3	工程排污费	按工程所在地环境保护部门收取标准，按实计入			
…					

续表

序号	项目名称	计 算 基 础	计算基数	计算费率/(%)	金额/元
2	税金	分部分项工程费+措施项目费+其他项目费+规费-按规定不计税的工程设备金额			
合 计					

编制人(造价人员): 　　　　　　　　　　　　　　　复核人(造价工程师):

7. 工程量清单编制步骤

(1) 准备施工图纸、《建设工程工程量清单计价规范》和专业工程计量规范等有关资料。

(2) 计算工程量。

(3) 编制分部分项工程量清单。

(4) 编制措施项目清单。

(5) 编制其他项目清单。

(6) 编制规费、税金项目清单。

(7) 复核。

(8) 填写总说明。

(9) 填写封面,签字,盖章,装订。

 应用案例 3-3

某六层砖混住宅基础土方工程,土壤类别为三类土,基础为砖大放脚带形基础,垫层宽度 0.96m,挖土深度为 1.8m,弃土运距为 5km,根据施工图计算出基础总长度 160.8m,试编制挖基础土方的工程量清单。

【解】

根据《房屋建筑与装饰工程计量规范》(GB 50854—2013),挖基础土方(挖沟槽土方)的工程量计算规则为: 房屋建筑按设计图示尺寸以基础垫层底面积乘以挖土深度计算。

计算挖基础土方工程量:

基础垫层底面积=0.96×160.8=154.368(m^2)

挖基础土方工程量=154.368×1.8=277.86(m^3)

编制挖基础土方的工程量清单见表 3-14。

表 3-14 砖混住宅挖基础土方工程量清单

序号	项目编码	项目名称	项目特征描述	计量单位	工程量	金额/元		
						综合单价	合价	其中:暂估价
1	010101003001	挖沟槽土方	土壤类别:三类土 挖土深度:1.8m 弃土运距:5km	m^3	277.86			

编制清单时,首先由《房屋建筑与装饰工程计量规范》(GB 50854—2013)查出挖基础土方的建筑工程量清单项目及计算规则见表3-15。

表3-15 土方工程(编号:010101)

项目编码	项目名称	项目特征	计量单位	工程量计算规则	工程内容
010101003	挖沟槽土方	1. 土壤类别 2. 挖土深度	m³	房屋建筑按设计图示尺寸以基础垫层底面积乘以挖土深度计算	1. 排地表水 2. 土方开挖 3. 围护(挡土板)支撑 4. 基底钎探 5. 运输

根据规定计算工程量,同时要对项目特征进行分析,根据清单项目特征描述要求进行描述,以便进行清单计价。

3.3.3 编制工程量清单计价文件

1. 工程量清单计价的概念

工程量清单计价,是指在拟建工程招投标活动中,按照国家有关法律、法规、文件及标准规范的规定要求,由发包人提供工程量清单,承包人自主报价,市场竞争形成工程造价的计价方式。招标控制价与投标报价是其两种表现形式。采用工程量清单计价,建设工程造价由分部分项工程费、措施项目费、其他项目费、规费和税金组成。

2. 工程量清单计价规定

分部分项工程工程量清单计价应采用综合单价计算。措施项目费清单计价应根据拟建工程的施工组织设计,可以计算工程量的措施项目,应按分部分项工程工程量的方式采用综合单价计算;其余的措施项目可以"项"为单位的方式计价,应包括除规费、税金外的全部费用,措施项目清单中的安全文明施工费应按照国家或省级、行业建设主管部门的规定计价,不得作为竞争性费用。其他项目清单计价应根据工程特点和计价规范按招标控制价、投标报价和竣工结算的相关规定计价;招标人在工程量清单中提供了暂估价的材料和专业工程属于依法必须招标的,由承包人和招标人共同通过招标确定材料单价与专业工程承包价,若材料不属于依法必须招标的,经发、承包双方协商确认单价后计价,若专业工程不属于依法招标的,经发包人、总承包人和分包人按有关计价依据计价。规费和税金应按国家或省级、行业建设主管部门的规定计算,不得作为竞争性费用。

3. 综合单价的组价

分部分项工程费应由各单位工程的招标工程量清单乘以其相应综合单价汇总而成。综合单价的组价,首先,依据提供的工程量清单和施工图纸,按照工程所在地区颁发的计价定额的规定,确定所组价的定额项目名称,并计算出相应的工程量;其次,依据工程造价政策规定或工程造价信息确定其人工、材料、机械台班单价;同时,在考虑风险因素确定管理费率和利润率的基础上,按规定程序计算出所组价定额项目的合价,见式(3.19),然后将若干项所组价的定额项目合价相加除以工程量清单项目工程量,便得到工程量清单项目综合单价,见式(3.20),对于未计价材料费(包括暂估单价的材料费)应计入综合单价。

定额项目合价=定额项目工程量×[∑(定额人工消耗量×人工单价)+∑(定额材料消耗量×材料单价)+∑(定额机械台班消耗量×机械台班单价)+

价差(基价或人工、材料、机械费用)+管理费和利润]　　　　　　(3.19)

工程量清单综合单价=[∑(定额项目合价)+未计价材料]/工程量清单项目工程量(3.20)

4. 工程量清单计价文件组成内容

工程量清单计价文件由下列内容组成：封面，总说明，招标控制价(投标报价)汇总表，分部分项工程量清单计价表，措施项目清单计价表，其他项目清单计价表，规费、税金项目清单计价表，工程量清单综合单价分析表，措施项目清单综合单价分析表。

5. 工程量清单计价编制步骤

(1) 针对工程量清单进行组价。
(2) 编制分部分项工程量清单计价表。
(3) 编制措施项目清单计价表。
(4) 编制其他项目清单计价表。
(5) 编制规费、税金项目清单计价表。
(6) 编制计价汇总表。
(7) 复核。
(8) 填写总说明。
(9) 填写封面，签字，盖章，装订。

单元小结

本单元首先讲述了我国现行工程造价计价的基本原理和计价的依据，重点讲解了定额计价模式和工程量清单计价模式，在学习时要参考当地正在使用的建设工程定额和工程量清单计价与计量规范进行理解，为进一步学习奠定基础。

综合案例

【综合应用案例3-1】

有梁式满堂基础尺寸如图 3.5 所示。机械原土夯实，铺设混凝土垫层，混凝土强度等级为C15，有梁式满堂基础，混凝土强度等级为C20，场外搅拌量为50m³/h，运距按5km。编制有梁式满堂基础的工程量清单和综合单价(垫层出边宽250mm，夯实范围按垫层外边加100mm考虑，假定管理费与利润费率之和为8.3%)。

【解】

1) 现浇混凝土满堂基础工程量清单的编制

满堂基础工程量=图示长度×图示宽度×厚度+ 翻梁体积

满堂基础工程量：35×25×0.3+0.3×0.4×[35×3+(25−0.3×3)×5]=289.56(m³)

该工程分部分项工程和单价措施项目清单与计价表见表 3-16。

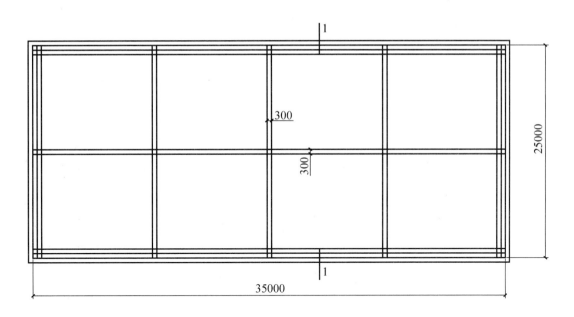

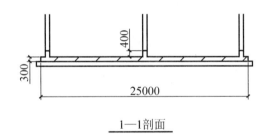

1—1剖面

图 3.5 有梁式满堂基础

表 3-16 分部分项工程和单价措施项目清单与计价表

工程名称：某满堂基础

序号	项目编码	项目名称	项目特征描述	单位	工程量	金额/元		
						综合单价	合价	其中：暂估价
1	010501004001	满堂基础	基础类型：有梁式满堂基础 基础材料种类：混凝土 混凝土强度等级：C20 垫层材料种类、厚度：C15 混凝土、100mm 厚 混凝土制作：场外集中搅拌，运距 5km	m³	289.56	486.30	140813.03	

2) 满堂基础工程量清单计价表的编制

(1) 该项目发生的工程内容为：原土夯实，铺设垫层，混凝土制作、运输、浇筑、振捣、养护。

(2) 根据山东省消耗量定额的计算规则，计算工程量。

① 原土机械夯实工程量：

$(35.00+0.25×2+0.1×2)×(25.00+0.25×2+0.10×2) =35.70×25.70=917.49$ (m³)

② 满堂基础混凝土垫层工程量:

$(35.00+0.25×2)×(25.00+0.25×2)×0.30=35.50×25.50×0.30=271.58$ (m³)

③ 满堂基础混凝土浇筑工程量:

$35.00×25.00×0.3+0.3×0.4×[35.00×3.00+(25.00-0.3×3)×5]=289.56$ (m³)

④ 满堂基础混凝土制作、运输、泵送工程量:

混凝土拌制 $28.956×10.15=293.90$ (m³)

(3) 套用山东省建筑工程消耗量定额相应子目,综合单价分析见表 3-23。

① 原土机械夯实工程量: 套 1-4-6 机械原土夯实,定额内容见表 3-17。

表 3-17 机械原土夯实定额内容

定额号	定额名称	单位	单价/元	人工费/元	材料费/元	机械费/元
1-4-6	机械原土夯实	10m³	6.32	4.77	0	1.55
材机编码	材机名称	单位	定额量	换算量	单价/元	合价/元
1	综合工日(土建)	工日	0.09	0.09	53	4.77
51070	电动夯实机 20~62N·m	台班	0.056	0.056	27.65	1.55
	合 计					6.32

② 满堂基础混凝土垫层工程量: 套 2-1-13 满堂基础混凝土垫层,定额内容见表 3-18。

表 3-18 满堂基础混凝土垫层定额内容

定额号	定额名称	单位	单价/元	人工费/元	材料费/元	机械费/元
2-1-13	C15 现浇无筋混凝土垫层	10m³	1873.22	541.13	1321.4	10.69
材机编码	材机名称	单位	定额量	换算量	单价/元	合价/元
1	综合工日(土建)	工日	10.21	10.21	53	541.13
81036	C15 现浇混凝土碎石<40		10.1	10.1	128.95	1302.4
26371	水		5	5	3.8	19
56067	混凝土振捣器(平板式)	台班	0.79	0.79	13.53	10.69
	合 计					1873.22

③ 满堂基础混凝土浇筑工程量: 套 4-2-9 有梁式满堂基础肋高小于 0.4m 现浇混凝土 (C20),定额内容见表 3-19。

表 3-19 有梁式满堂基础定额内容

定额号	定额名称	单位	单价/元	人工费/元	材料费/元	机械费/元
4-2-9	C20 现浇混凝土有梁式满堂基础	10m³	1927.33	456.86	1463.98	6.49
材机编码	材机名称	单位	定额量	换算量	单价/元	合价/元
1	综合工日(土建)	工日	8.62	8.62	53	456.86
81037	C20 现浇混凝土碎石<40		10.15	10.15	142.95	1450.94
26105	草袋		4.86	4.86	1.47	7.14
26371	水		1.55	1.55	3.8	5.89

续表

定额号	定额名称	单位	单价/元	人工费/元	材料费/元	机械费/元
56066	混凝土振捣器(插入式)	台班	0.57	0.57	11.38	6.49
	合　计					1927.32

④ 满堂基础混凝土制作、运输、泵送工程量。

a. 套4-4-1 场外集中搅拌量($50m^3/h$)，定额内容见表3-20。

表3-20　场外集中搅拌量($50m^3/h$)定额内容

定额号	定额名称	单位	单价/元	人工费/元	材料费/元	机械费/元
4-4-1	场外集中搅拌混凝土 $50m^3/h$	$10m^3$	185.12	31.8	19	134.32
材机编码	材机名称	单位	定额量	换算量	单价	合价/元
1	综合工日(土建)	工日	0.6	0.6	53	31.8
26371	水		5	5	3.8	19
56052	混凝土搅拌站 $50m^3/h$	台班	0.083	0.083	1618.29	134.32
	合　计					185.12

b. 套4-4-3 混凝土运输车运输混凝土(运距为5km内)，定额内容见表3-21。

表3-21　混凝土运输车运输混凝土(运距为5km内)定额内容

定额号	定额名称	单位	单价/元	人工费/元	材料费/元	机械费/元
4-4-3	混凝土运输车运混凝土 5km内	$10m^3$	303.34	0	0	303.34
材机编码	材机名称	单位	定额量	换算量	单价	合价/元
56024	混凝土搅拌输送车 $3m^3$	台班	0.347	0.347	874.17	303.34
	合　计					303.34

c. 套4-4-8 基础泵送混凝土 $60m^3/h$，定额内容见表3-22。

表3-22　基础泵送混凝土 $60m^3/h$ 定额内容

定额号	定额名称	单位	单价/元	人工费/元	材料费/元	机械费/元
4-4-8	基础泵送混凝土 $60m^3/h$	$10m^3$	285.99	198.22	26.59	61.18
材机编码	材机名称	单位	定额量	换算量	单价	合价/元
1	综合工日(土建)	工日	3.74	3.74	53	198.22
26105	草袋		6.2	6.2	1.47	9.11
26371	水		4.6	4.6	3.8	17.48
56039	混凝土输送泵 $60m^3/h$	台班	0.048	0.048	1274.55	61.18
	合　计					285.99

表 3-23 工程量清单综合单价分析表

项目编码	010401003001		项目名称	满堂基础		计量单位		m³
清单综合单价组成明细								
定额编号	定额名称	定额单位	数量	单价/元				
				人工费	材料费	机械费	管理费和利润	
2-1-13	C15 现浇无筋混凝土垫层	10	27.158	1.87	4.56	0.04	0.54	
1-4-6	机械原土夯实	10	91.749	0.02	0.00	0.01	0.00	
4-2-9	C20 现浇混凝土有梁式满堂基础	10	28.956	1.58	5.06	0.02	0.55	
4-4-8	基础泵送混凝土 60m³/h	10	29.39	0.68	0.09	0.21	0.08	
4-4-1	场外集中搅拌混凝土 50m³/h	10	29.39	0.11	0.07	0.46	0.05	
4-4-3	混凝土运输车运混凝土 5km 内	10	29.39	0.00	0.00	1.05	0.09	

	合价/元			
	人工费	材料费	机械费	管理费和利润
2-1-13	50.75	123.93	1.00	14.58
1-4-6	1.51		0.49	0.16
4-2-9	45.69	146.40	0.65	16
4-4-8	20.12	2.70	6.21	2.41
4-4-1	3.23	1.93	13.63	1.56
4-4-3			30.79	2.56
人工单价	小计/元	121.3	274.96	52.77	37.27
53 元/工日	未计价材料费/元				
清单项目综合单价/元			486.30		

材料费明细	主要材料名称、规格、型号	单位	数量	单价/元	合价/元	暂估单价/元	暂估合价/元
	普通硅酸盐水泥 32.5MPa	t	169.187	252.00	42635	252.00	42635
	黄砂(过筛中砂)		250.477	63.00	15780	63.00	15780
	碎石 20～40		530.894	35.00	18581	35.00	18581
	草袋		322.944	1.47	475	1.47	475
	水		565.092	3.80	2147	3.80	2147
	电动夯实机 20～62N·m	台班	5.138	27.65	142	27.65	142
	混凝土搅拌输送车 3m³	台班	10.198	874.17	8915	874.17	8915
	混凝土输送泵 60m³/h	台班	1.411	1274.55	1798	1274.55	1798
	混凝土搅拌站 50m³/h	台班	2.439	1618.29	3947	1618.29	3947
	混凝土振捣器(插入式)	台班	16.505	11.38	188	11.38	188
	混凝土振捣器(平板式)	台班	21.455	13.53	290	13.53	290
	其他材料费				—		—
	材料费小计				—		—

【综合应用案例 3-2】

某单位新建一办公楼,该工程建筑面积为 42000m², 主体结构为框架结构,建筑檐高 50m,地上 17 层,工期为 380 天,工程进行公开招标,建设单位委托招标代理公司制作了招标书,要求各投标单位按工程量清单计价规范要求进行报价。

某建筑公司进行了投标,经过精心准备,进行了报价:分部分项工程量清单计价合计 4000 万元,措施项目计价占分部分项工程量计价的 10%,其他项目清单占分部分项工程量计价的 3%,规费费率为 6.5%,税率为 3.4%。

【问题】

(1) 按工程量清单计价计算单位工程费用。

(2) 按工程量清单计价时,措施项目清单中的安全文明施工费包括哪些项目?是否作为竞争性项目?

(3) 按工程量清单计价时,其他项目清单包括哪些内容?

【解】

(1) 单位工程费计算见表 3-24。

表 3-24 单位工程费计算表

序号	项 目	计 算	费 用
1	分部分项工程量清单计价合计		4000 万元
2	措施项目计价合计	1×费率	4000×10%=400(万元)
3	其他项目计价清单	1×费率	4000×3%=120(万元)
4	规费	(1+2+3)×费率	(4000+400+120)×6.5%=293.8(万元)
5	税前工程造价	1+2+3+4	4000+400+120+293.8=4813.8(万元)
6	税金	5×费率	4813.8×3.4%=163.7(万元)
7	含税造价	5+6	4813.8+163.7=4977.5(万元)

(2) 按工程量清单计价时,措施项目清单中的安全文明施工费包括《建筑安装工程费用项目组成》中措施费的文明施工费、环境保护费、安全施工费、临时设施费。根据原建设部办公厅印发的《建筑工程安全防护、文明施工措施费及使用管理规定》(建办[2005]89)号,将安全文明施工费纳入国家强制性标准管理范围,其费用标准不与竞争。

(3) 其他项目清单包括:暂列金额;暂估价(包括材料暂估价、工程设备暂估价、专业工程暂估价);计日工;总承包服务费。

技能训练题

一、单选题

1. 从定额计价的基本方法与程序可以看出,编制建设工程造价最基本的过程有工程量计算和(   )。

    A. 工程计价   B. 编制定额   C. 套定额   D. 计算直接费

2. 某分部分项工程的清单编码为 010301001×××,则该分部分项工程所属工程类别为(   )。

A. 建筑与装饰工程　　　　　B. 安装工程
C. 矿山工程　　　　　　　　D. 市政工程

3. 工程量清单计价由(　　)构成。
   A. 分部分项工程费、措施项目费、其他项目费、规费、税金和不可预见费
   B. 分部分项工程费、措施项目费、其他项目费、规费、税金、定额测定费、社会保险金
   C. 分部分项工程费、措施项目费、其他项目费、规费、税金
   D. 分部分项工程费、措施项目费、其他项目费、规费、税金、社会保险金

4. 综合单价是完成工程量清单中一个规定计量单位项目所需的(　　)、材料费、机械使用费、管理费和利润，并考虑风险因素。
   A. 管理费　　B. 人工费　　C. 保险费　　D. 税金

5. 从工程量清单计价模式的原理示意图可以看出，其编制过程可以分为两个阶段：工程量清单的编制和(　　)。
   A. 利用工程量清单编制投标报价　　B. 计算综合单价
   C. 计算措施费　　　　　　　　　　D. 清单计价

二、多选题

1. 计算分部分项工程人工、材料、机械台班消耗量的依据有(　　)。
   A. 概算指标　　B. 概算定额　　C. 预算定额
   D. 人工单价　　E. 材料预算单价

2. 规范工程计价的依据有(　　)。
   A.《建设工程工程量清单计价规范》 B.《建筑工程建筑面积计算规范》
   C.《建设项目全过程造价咨询规程》 D.《建设项目投资估算编审规程》
   E.《建设项目设计概算编审规程》

3. 其他项目清单宜按照(　　)内容列项。
   A. 暂列金额　　B. 暂估价　　C. 计日工
   D. 总承包服务费　E. 措施费

4. 2013版的《建设工程工程量清单计价规范》综合单价的费用中不包括以下的(　　)。
   A. 人工费　　B. 措施费　　C. 机械费
   D. 规费　　　E. 利润

5. 工程量清单由(　　)组成。
   A. 分部分项工程量清单　　　　B. 措施项目清单
   C. 其他项目清单　D. 规费项目　E. 税金项目

三、简答题

1. 简述工程造价计价的基本原理。
2. 简述工程量清单计价模式下的工程造价的计算。
3. 简述定额计价模式下工程造价的计算。

单元 4

建设项目决策阶段工程造价管理

教学目标

通过本单元的学习，了解建设项目决策阶段与工程造价的关系；掌握建设项目决策阶段投资估算的内容和编制方法；了解建设项目经济评价相关知识。

本单元知识架构

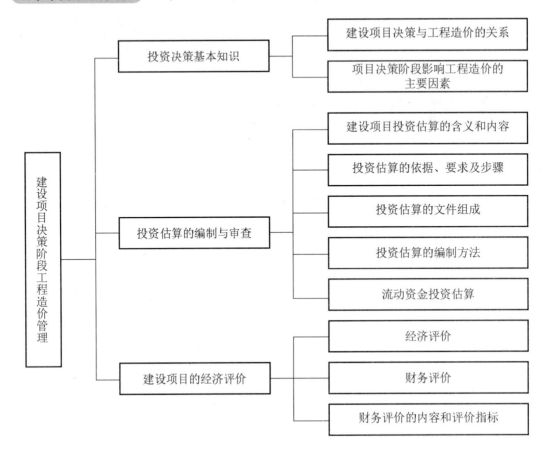

引 例

建设项目投资决策是选择和决定投资行动方案的过程,是对拟建项目的必要性和可行性进行技术论证,对不同建设方案进行技术经济比较及做出判断和决定的过程。投资决策作为决定工程造价的基础阶段,在项目建设的各阶段中,决策阶段投入费用较少,但对工程总体造价的影响却非常巨大,可以达到 70%~90%。在很多情况下,造价管理工作往往忽略决策阶段的造价管理。只有不断加强投资决策阶段可行性研究的深度和精度,合理计算投资估算,才能保证工程造价被控制在合理的范围内,从而较好地实现投资控制目标,避免工程上的"三超"现象。

在本单元中,我们将学习建设项目投资决策与工程造价的关系、投资估算的编制与审查,以及建设项目经济评价的相关知识。对于可行性研究的相关内容在建设工程经济课程中已讲解,本书不再陈述。

课题 4.1 投资决策基本知识

4.1.1 建设项目决策与工程造价的关系

(1) 项目决策的正确性是工程造价合理性的前提。

(2) 项目决策的内容是决定工程造价的基础。
(3) 造价高低、投资多少也影响项目决策。
(4) 项目决策的深度影响投资估算的精确度，也影响工程造价的控制效果。

4.1.2 项目决策阶段影响工程造价的主要因素

项目工程造价的多少主要取决于项目的建设标准。建设标准能否起到控制工程造价、指导建设投资的作用，关键在于标准水平制定得合理与否。下面从 4 个主要方面进行简要论述。

1. 项目建设规模

项目建设规模也称项目生产规模，是指项目设定的正常生产营运年份可能达到的生产能力或者使用效益。项目规模的合理选择关系着项目的成败，决定着工程造价合理与否。

合理经济规模是指在一定的技术条件下，项目投入产出比处于较优状态，资源和资金可以得到充分利用，并可获得较优经济效益的规模。因此，在确定项目规模时，不仅要考虑项目内部各因素之间的数量匹配、能力协调，还要使所有生产力因素共同形成的经济实体(如项目)在规模上大小适应。这样可以合理确定并有效控制工程造价，从而提高项目的经济效益。项目规模合理化的制约因素有以下几种。

1) 市场因素

市场因素是项目规模确定中需考虑的首要因素。首先，项目产品的市场需求状况是确定项目生产规模的前提。其次，原材料市场、资金市场、劳动力市场等对项目规模的选择起着程度不同的制约作用。

2) 技术因素

先进适用的生产技术及技术装备是项目规模效益赖以存在的基础，而相应的管理技术水平则是实现规模效益的保证。

3) 环境因素

项目的建设、生产和经营都是在特定的社会经济环境中进行的，项目规模确定中需考虑的主要环境因素有：政策因素、燃料动力供应、协作及土地条件、运输及通信条件。其中，政策因素包括产业政策，投资政策，技术经济政策，国家、地区及行业经济发展规划等。

2. 建设地区及建设地点(厂址)

一般情况下，确定某个建设项目的具体地址(或厂址)，需要经过建设地区选择和建设地点选择(厂址选择)这样两个不同层次的、相互联系又相互区别的工作阶段。这两个阶段是一种递进的关系。其中，建设地区选择是指在几个不同地区之间对拟建项目适宜配置在哪个区域范围的选择；建设地点选择是指对项目具体坐落位置的选择。

1) 建设地区的选择

建设地区的选择要充分考虑各种因素的制约，具体要考虑以下因素：①要符合国民经济发展战略规划、国家工业布局总体规划和地区经济发展规划的要求；②要根据项目的特点和需要，充分考虑原材料条件、能源条件、水源条件、各地区对项目产品的需求及运输条件等；③要综合考虑气象、地质、水文等建厂的自然条件；④要充分考虑劳动力来源、生活环境、协作、施工力量、风俗文化等社会环境因素的影响。

在综合考虑上述因素的基础上，建设地区的选择要遵循以下两个基本原则：第一，靠

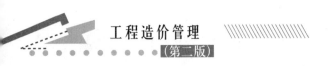

近原料、燃料提供地和产品消费地的原则；第二，工业项目适当聚集的原则。

2) 建设地点(厂址)的选择

建设地点的选择必须从国民经济和社会发展的全局出发，运用系统观点和方法分析决策。

(1) 选择建设地点的要求：第一，节约土地，少占耕地；第二，减少拆迁移民；第三，应尽量选在工程地质、水文地质条件较好的地段；第四，要有利于厂区合理布置和安全运行；第五，应尽量靠近交通运输条件和水电等供应条件好的地方；第六，应尽量减少对环境的污染。

上述条件能否满足，不仅关系到建设工程造价的高低和建设期限，对项目投产后的运营状况也有很大影响。因此，在确定厂址时，应进行方案的技术经济分析、比较，选择最佳厂址。

(2) 厂址选择时的费用分析。

在进行厂址多方案技术经济分析时，除比较上述厂址条件外，还应具有全寿命周期的理念，从以下两方面进行分析。

第一，项目投资费用。包括土地征购费、拆迁补偿费、土石方工程费、运输设施费、排水及污水处理设施费、动力设施费、生活设施费、临时设施费、建材运输费等。

第二，项目投产后生产经营费用比较。包括原材料、燃料运入及产品运出费用，给水、排水、污水处理费用，动力供应费用等。

3. 生产技术方案

生产技术方案指产品生产所采用的工艺流程和生产方法。生产技术方案不仅影响项目的建设成本，也影响项目建成后的运营成本。因此，生产技术方案的选择直接影响项目的工程造价，必须认真选择和确定。

1) 生产技术方案选择的基本原则

(1) 先进适用。这是评定技术方案最基本的标准。

(2) 安全可靠。

(3) 经济合理。

2) 生产技术方案选择的内容

(1) 生产方法选择。生产方法直接影响生产工艺流程的选择。

(1) 工艺流程方案选择。工艺流程是指投入物(原料或半成品)经过有次序地生产加工，成为产出物(产品或加工品)的过程。

4. 设备方案

在生产工艺流程和生产技术确定后，就要根据生产规模和工艺过程的要求，选择设备的型号和数量。设备的选择与技术密切相关，二者必须匹配。没有先进的技术，再好的设备也没用；没有先进的设备，技术的先进性则无法体现。

课题 4.2　投资估算的编制与审查

4.2.1　建设项目投资估算的含义和内容

1. 投资估算的含义

建设项目投资估算是在对项目的建设规模、产品方案、工艺技术及设备方案、工程方案及项目实施进度等进行研究并基本确定的基础上估算项目所需资金总额，并测算建设期分年资金使用计划。投资估算是拟建项目编制项目建议书、可行性研究报告的重要组成部分，是项目决策的重要依据之一。

2. 投资估算的内容

1) 投资估算费用内容的划分方式

根据国家规定，建设项目投资估算的费用内容根据分析角度的不同，可以有两种不同的划分方式。

(1) 从满足建设项目投资设计和投资规模的角度，建设项目投资的估算包括固定资产投资估算和流动资金估算两部分。

固定资产投资估算内容按照费用的性质划分，包括建筑安装工程费用、设备及工器具购置费、工程建设其他费用(此时不含流动资金)、基本预备费、价差预备费、建设期利息。其中，建筑安装工程费、设备及工器具购置费形成固定资产；工程建设其他费用可分别形成固定资产、无形资产及其他资产。基本预备费、价差预备费、建设期利息，在可行性研究阶段为简化计算，一并记入固定资产。

流动资金是指生产经营性项目投产后，用于购买原材料、燃料、支付工资及其他经营费用等所需的周转资金。流动资金的概念，实际上就是财务中的营运资金。

(2) 从体现资金的时间价值的角度，可将投资估算分为静态投资部分和动态投资部分两项。

静态投资是指不考虑资金的时间价值的投资部分，一般包括建筑安装工程费用、设备及工器具购置费、工程建设其他费用中的静态部分(不涉及时间变化因素的部分)，以及预备费里的基本预备费。动态投资包括工程建设其他投资中涉及价格、利率等时间动态因素的部分，如预备费里的涨价预备费、建设期利息。

2) 建设投资的构成

根据国家发展和改革委、原建设部《关于印发建设项目经济评价方法与参数的通知》(发改投资[2006]1325号)文件精神，建设项目评价中的总投资包括建设投资、建设期利息和流动资金之和。

按照费用归集形式，建设投资可按概算法或形成资产法分类。根据项目前期研究各阶段对投资估算精度的要求、行业特点和相关规定，可选用相应的投资估算方法。投资估算的内容与深度应满足项目前期研究各阶段的要求，并为融资决策提供基础。

按概算法分类，建设投资由工程费用、工程建设其他费用和预备费三部分构成。其中工程费用又由建筑工程费、设备购置费(含工器具及生产家具购置费)和安装工程费构成；工程建设其他费用内容较多，且随行业和项目的不同而有所区别。预备费包括基本预备费和涨价预备费详见表4-1。

按形成资产法分类，建设投资由形成固定资产的费用、形成无形资产的费用、形成其他资产的费用和预备费四部分组成。固定资产费用系指项目投产时将直接形成固定资产的建设投资，包括工程费用和工程建设其他费用中按规定将形成固定资产的费用，后者被称为固定资产其他费用，主要包括建设单位管理费、可行性研究费、研究试验费、勘察设计费、环境影响评价费、场地准备及临时设施费、引进技术和引进设备其他费、工程保险费、联合试运转费、特殊设备安全监督检验费和市政公用设施建设及绿化费等；无形资产费用是指将直接形成无形资产的建设投资，主要是专利权、非专利技术、商标权、土地使用权和商誉等。其他资产费用是指建设投资中除形成固定资产和无形资产以外的部分，如生产准备及开办费等。

对于土地使用权的特殊处理：按照有关规定，在尚未开发或建造自用项目前，土地使用权作为无形资产核算，房地产开发企业开发商品房时，将其账面价值转入开发成本；企业建造自用项目时将其账面价值转入在建工程成本。因此，为了与以后的折旧和摊销计算相协调，在建设投资估算表中通常可将土地使用权直接列入固定资产其他费用中，详见表4-2。

表4-1 建设投资估算表(概算法)

人民币单位：万元，外币单位：

序号	工程或费用名称	建筑工程费	设备购置费	安装工程费	其他费用	合计	其中：外币	比例/(%)
1	工程费用							
1.1	主体工程							
1.1.1	×××							
	……							
1.2	辅助工程							
1.2.1	×××							
	……							
1.3	公用工程							
1.3.1	×××							
	……							
1.4	服务性工程							
1.4.1	×××							
	……							
1.5	厂外工程							
1.5.1	×××							
	……							
1.6	×××							
2	工程建设其他费用							
2.1	×××							
	……							
3	预备费							
3.1	基本预备费							
3.2	价差预备费							
4	建设投资合计							
	比例/(%)							100%

注：1．"比例"分别指各主要科目的费用(包括横向和纵向)占建设投资的比例。

2．本表适用于新设法人项目与既有法人项目的新增建设投资的估算。

3．"工程或费用名称"可依不同行业的要求调整。

表 4-2　建设投资估算表(形成资产法)

人民币单位：万元，外币单位：

序号	工程或费用名称	建筑工程费	设备购置费	安装工程费	其他费用	合计	其中：外币	比例/(%)
1	固定资产费用							
1.1	工程费用							
1.1.1	×××							
1.1.2	×××							
1.1.3	×××							
	……							
1.2	固定资产其他费用							
	×××							
	……							
2	无形资产费用							
2.1	×××							
	……							
3	其他资产费用							
3.1	×××							
	……							
4	预备费							
4.1	基本预备费							
4.2	涨价预备费							
5	建设投资合计							
	比例/(%)							100%

注：1. "比例"分别指各主要科目的费用(包括横向和纵向)占建设投资的比例。
　　2. 本表适用于新设法人项目与既有法人项目的新增建设投资的估算。
　　3. "工程或费用名称"可依不同行业的要求调整。

知识链接

根据中国建设工程造价管理协会制定的《建设项目投资估算编审规程》(CECA/GC 2—2007)文件，建设项目总投资由建设投资、建设期利息、固定资产投资方向调节税和流动资金组成。其详细组成见表 4-3。

表 4-3　建设项目总投资组成表

费用项目名称				资产类别归并(限项目经济评价用)
建设项目总投资	建设投资	第一部分工程费用	建筑工程费	固定资产费用
			设备购置费	
			安装工程费	

续表

费用项目名称				资产类别归并(限项目经济评价用)
建设项目总投资	建设投资	第二部分 工程建设其他费用	建设管理费	固定资产费用
			建设用地费	
			可行性研究费	
			研究试验费	
			勘察设计费	
			环境影响评价费	
			劳动安全卫生评价费	
			场地准备及临时设施费	
			引进技术和引进设备其他费	
			工程保险费	
			联合试运转费	
			特殊设备安全监督检验费	
			市政公用设施费	
			专利及专有技术使用费	无形资产
			生产准备及开办费	其他资产费用(递延资产)
		第三部分 预备费用	基本预备费	固定资产费用
			涨价预备费	
	建设期利息			固定资产费用
	流动资金			流动资产

4.2.2 投资估算的依据、要求及步骤

1. 投资估算的编制依据

投资估算的编制依据是指在编制投资估算时需要使用的计量、价格确定、工程计价有关参数、率值确定的基础资料。投资估算的编制依据主要有以下几个方面。

(1) 国家、行业和地方政府的有关规定。

(2) 工程勘察与设计文件,图示计量或有关专业提供的主要工程量和主要设备清单。

(3) 行业部门、项目所在地工程造价管理机构或行业协会等编制的投资估算指标、概算指标(定额)、工程建设其他费用定额(规定)、综合单价、价格指数和有关造价文件等。

(4) 类似工程的各种技术经济指标和参数。

(5) 工程所在地的同期的工、料、机市场价格,建筑、工艺及附属设备的市场价格和有关费用。

(6) 政府有关部门、金融机构等部门发布的价格指数、利率、汇率、税率等有关参数。

(7) 与建设项目相关的工程地质资料、设计文件、图纸等。

(8) 委托人提供的其他技术经济资料。

2. 我国建设工程项目投资估算的阶段划分与精度要求

我国建设工程项目的投资估算分为以下几个阶段。

1) 项目规划阶段的投资估算

建设工程项目规划阶段是指有关部门根据国民经济发展规划、地区发展规划和行业发展规划的要求编制一个项目的建设规划。此阶段是按项目规划的要求和内容，粗略地估算项目所需要的投资额，投资估算允许误差大于±30%。

2) 项目建议书阶段的投资估算

在项目建议书阶段，按项目建议书中的产品方案、项目建设规模、产品主要生产工艺、企业车间组成、初选建厂地点等估算项目所需要的投资额。其对投资估算精度的要求为误差控制在±30%以内。此阶段项目投资估算是为了判断一个项目是否需要进行下一阶段的工作。

3) 初步可行性研究阶段的投资估算

初步可行性研究阶段，是在掌握了更详细、更深入的资料的条件下，估算项目所需的投资额，其对投资估算精度的要求为误差控制在±20%以内。此阶段项目投资估算是为了确定是否进行详细可行性研究。

4) 详细可行性研究阶段的投资估算

详细可行性研究阶段的投资估算至关重要，因为这个阶段的投资估算经审查批准之后，便是工程设计任务书中规定的项目投资限额，并可据此列入项目年度基本建设计划。其对投资估算精度的要求为误差控制在±10%以内。

3. 投资估算的编制步骤

投资估算是根据项目建议书或可行性研究报告中建设工程项目的总体构思和描述报告，利用以往积累的工程造价资料和各种经济信息，凭借估价人员的知识、技能和经验编制而成的。其编制步骤如图4.1所示。

1) 估算建筑工程费用

根据总体构思和描述报告中的建筑方案和结构方案构思、建筑面积分配计划和单项工程描述，列出各单项工程的用途、结构和建筑面积；利用工程计价的技术经济指标和市场经济信息，估算出建设工程项目中的建筑工程费用。

2) 估算设备、工器具购置费用以及需安装设备的安装工程费用

根据可行性研究报告中机电设备构思和设备购置及安装工程描述，列出设备购置清单；参照设备安装工程估算指标及市场经济信息，估算出设备、工器具购置费用以及需安装设备的安装工程费用。

3) 估算其他费用

根据建设中可能涉及的其他费用的构思和前期工作的设想，按照国家、地方有关法规和政策，编制其他费用估算。

4) 估算预备费用和贷款利息

5) 估算流动资金

根据产品方案，参照类似项目流动资金占用率来估算流动资金。

6) 汇总出总投资

将建筑安装工程费用，设备、工器具购置费用及其他费用和流动资金等汇总，估算出建设工程项目总投资。

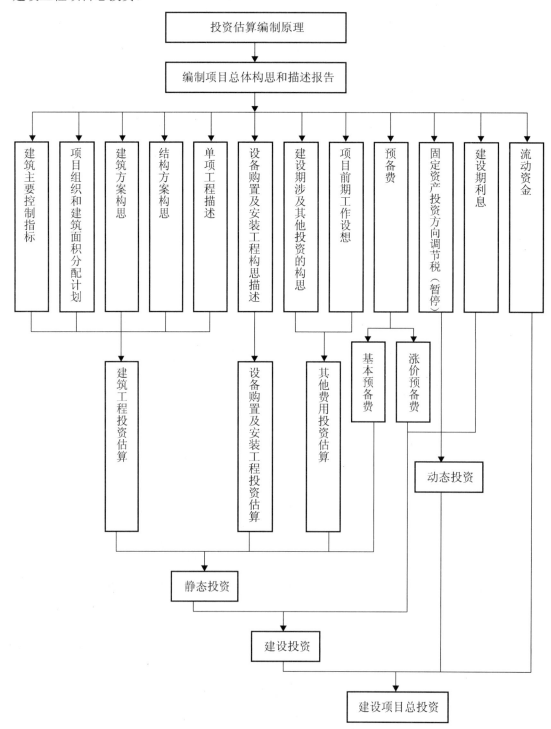

图 4.1　建设工程项目投资估算编制步骤

4.2.3 投资估算的文件组成

投资估算文件一般由封面、签署页、编制说明、投资估算分析、总投资估算表、单项工程估算表、主要技术经济指标等内容组成。详细格式见表 4-4～表 4-8。

1. 投资估算编制说明

投资估算编制说明的主要内容有：①工程概况；②编制范围；③编制方法；④编制依据；⑤主要技术经济指标；⑥有关参数、率值选定的说明；⑦特殊问题的说明[包括采用新技术、新材料、新设备、新工艺时必须说明的价格的确定，进口材料、设备、技术费用的构成与计算参数，采用矩形结构、异形结构的费用估算方法，环保(不限于)投资占总投资的比重，未包括项目或费用的必要说明等]；⑧采用限额设计的工程还应对投资限额和投资分解做进一步说明；⑨采用方案比选的工程还应对方案比选的估算和经济指标做进一步说明。

2. 投资估算分析应包括的内容

(1) 工程投资比例分析。一般建筑工程要分析土建、装饰、给排水、电气、暖通、空调、动力等主体工程和道路、广场、围墙、大门、室外管线、绿化等室外附属工程总投资的比例；一般工业项目要分析主要生产项目(列出各生产装置)、辅助生产项目、公用工程项目(给排水、供电和电信、供气、总图运输及外管)、服务性工程、生活福利设施、厂外工程占建设总投资的比例。

(2) 分析设备购置费、建筑工程费、安装工程费、工程建设其他费用、预备费占建设总投资的比例；分析引进设备费用占全部设备费用的比例等。

(3) 分析影响投资的主要因素。

(4) 与国内类似工程项目的比较，分析说明投资高低原因。

3. 总投资估算表

包括汇总单项工程估算、工程建设其他费用，估算基本预备费、涨价预备费，计算建设期利息等。

4. 单项工程投资估算表

应按建设项目划分的各个单项工程分别计算组成工程费用的建筑工程费、设备购置费、安装工程费。

5. 工程建设其他费用估算

应按预期将要发生的工程建设其他费用种类逐项详细估算其费用金额。

6. 其他说明

编制投资估算时除要完成上述表格编制和说明外，还应根据项目特点，计算并分析整个建设项目、各单项工程和主要单位工程的主要技术经济指标。

知识链接

根据中国建设工程造价管理协会的标准《建设项目投资估算编审规程》(CECA/GC 2—2007)，建设项目可行性研究阶段投资估算的表格可参照表 4-4～表 4-8 执行。

表 4-4 投资估算封面格式

(工程名称) 投资估算 档 案 号： (编制单位名称) (工程造价咨询单位执业章) 年 月 日

表 4-5 投资估算签署页格式

(工程名称) 投资估算 档 案 号： 编制人：　　[执业(从业)印章] 审核人：　　[执业(从业)印章] 审定人：　　[执业(从业)印章] 法定负责人：

表 4-6 投资估算编制说明

编 制 说 明
① 工程概况；②编制范围；③编制方法；④编制依据；⑤主要技术经济指标；⑥有关参数、率值选定的说明；⑦特殊问题的说明等。

表 4-7 投资估算汇总表

工程名称：

序号	工程和费用名称	估算价值/万元					技术经济指标			%
		建筑工程费	设备及工器具购置费	安装工程费	其他费用	合计	单位	数量	单位价值	
一	工程费用									
(一)	主要生产系统									
1										
2										
(二)	辅助生产系统									
1										
2										

续表

序号	工程和费用名称	估算价值/万元					技术经济指标			%
		建筑工程费	设备及工器具购置费	安装工程费	其他费用	合计	单位	数量	单位价值	
(三)	公用及福利设施									
1										
2										
(四)	外部工程									
1										
2										
	小计									
二	工程建设其他费用									
1										
2										
	小计									
三	预备费									
1	基本预备费									
2	涨价预备费									
	小计									
四	建设期利息									
五	流动资金									
	投资估算合计/万元									
	%									

编制人：　　　　　　　　　　审核人：　　　　　　　　　　审定人：

表4-8　单项工程投资估算汇总表

工程名称：

序号	工程和费用名称	估算价值/万元					技术经济指标			%
		建筑工程费	设备及工器具购置费	安装工程费	其他费用	合计	单位	数量	单位价值	
	工程费用									
(一)	主要生产系统									
1	××车间									
	一般土建									
	给排水									
	采暖									
	通风空调									
	照明									
	工艺设备及安装									

续表

序号	工程和费用名称	估算价值/万元					技术经济指标			
		建筑工程费	设备及工器具购置费	安装工程费	其他费用	合计	单位	数量	单位价值	%
	工艺金属结构									
	工艺管道									
	工业筑炉及保温									
	变配电设备及安装									
	仪表设备及安装									
	小计									
2										
3										

编制人：　　　　　　　　　审核人：　　　　　　　　　审定人：

4.2.4 投资估算的编制方法

1. 项目规划和项目建议书阶段的静态投资估算

1) 生产能力指数估算法

该方法是利用已知建成项目的投资额或其设备的投资额，估算同类型但生产规模不同的两个项目的投资额或其设备投资额的方法。其计算公式如下：

$$c_2 = c_1 \times \left(\frac{Q_2}{Q_1}\right)^x \times f \tag{4.1}$$

式中：c_1 ——已建同类项目的固定资产投资额；

c_2 ——拟建项目固定资产投资额；

Q_1 ——已建同类项目的生产能力；

Q_2 ——拟建项目的生产能力；

f ——不同时期、不同地点的定额、单价、费用变更等的综合调整系数；

x ——生产能力指数。

式(4.1)表明，造价与规模(或容量)呈非线性关系，且单位造价随工程规模(或容量)的增大而减小。在通常情况下，$0 < x \leqslant 1$，不同生产率水平的国家和不同性质的项目中，x 的取值是不相同的。例如化工项目，美国取 $x=0.6$，英国取 $x=0.66$，日本取 $x=0.7$。

若已建同类项目的生产规模与拟建项目生产规模相差不大，Q_1 与 Q_2 的比值为 0.5~2，则指数 x 的取值近似为 1。

当已建同类项目的生产规模与拟建项目生产规模相差不大于 50 倍，且拟建项目生产规模的扩大仅靠增大设备规模来达到时，则 x 的取值约为 0.6~0.7；当靠增加相同规格设备的数量达到时，x 的取值约为 0.8~0.9。生产能力指数估算法精确度一般可控制在 20%以内。

当 x 固定取值为 1 时，主要用于建设投资与其生产能力之间为线性关系的类型项目，又称为单位生产能力估算法。但是，这是比较理想化的，因此估算结果精确度较差。使用这种方法时要注意拟建项目的生产能力和类似项目的可比性，否则误差很大，可达±30%。

应用案例 4-1

按照生产能力指数法（$n=0.6$，$f=1$），若将设计中的化工生产系统的生产能力提高 3 倍，投资额大约增加(　　)。

A. 200%　　　　　　B. 300%　　　　　　C. 230%　　　　　　D. 130%

答案：D

【解】

生产能力指数法是根据已建成的类似项目生产能力和投资额来粗略估算拟建项目投资额的方法。其计算公式为：

$$c_2 = c_1 \times \left(\frac{Q_2}{Q_1}\right)^x \times f$$

计算过程如下：

$$\frac{c_2}{c_1} = \left(\frac{Q_2}{Q_1}\right)^x \times f = \left(\frac{4}{1}\right)^{0.6} \times 1 = 2.3$$

2) 系数估算法

系数估算法也称为因子估算法，它是以拟建项目的主体工程费或主要设备为基数，以其他工程费与主体工程费或主要设备费的百分比为系数估算项目总投资的方法。这种方法简单易行，但是精度不高，一般只限用于项目建议书阶段。系数估算法的种类很多，我国国内常用的方法有设备系数法和主体专业系数法，世界银行投资的项目估算常用朗格系数法。

(1) 设备系数法。以拟建项目的设备费为基数，根据已建成的同类项目的建筑安装费和其他工程费等与设备价值的百分比，求出拟建项目建筑安装工程费和其他工程费，进而求出建设项目总投资。其计算公式如下：

$$C = E(1 + f_1 P_1 + f_2 P_2 + \cdots) + I \tag{4.2}$$

式中：　　　C——拟建项目投资额；

　　　　　　E——拟建项目设备费；

　　　P_1、$P_2\cdots$——已建项目中建筑安装费及其他工程费等与设备费的比例；

　　　f_1、$f_2\cdots$——由于时间因素引起的定额、价格、费用标准等变化的综合调整系数；

　　　　　　I——拟建项目的其他费用。

应用案例 4-2

甲公司于 2010 年 8 月拟兴建以年产 60 万吨甲产品的工厂，现获得乙公司 2005 年 6 月投产的年产 40 万吨甲产品类似工厂的建设投资资料。乙公司类似厂的设备费为 18000 万元，建筑工程费 9000 万元，安装工程费 6000 万元，工程建设其他费 5000 万元。若拟建项目的其他费用为 7000 万元，考虑因 2000—2010 年时间因素导致的对设备费、建筑工程费、安装工程费、工程建设其他费的综合调整系数分别为 1.1、1.2、1.2、1.1，生产能力指数为 0.6。试估算拟建项目的静态投资。

【解】

(1) 求已建项目建筑工程费、安装工程费、工程建设其他费占设备费的比值。

建筑工程费：9000/18000=0.5

安装工程费：6000/18000=0.33

工程建设其他费：5000/18000=0.28

(2) 估算拟建项目的静态投资。

$$C = E(1 + f_1 P_1 + f_2 P_2 + \cdots) + I$$

$$= 18000 \times \left(\frac{60}{40}\right)^{0.6} \times (1.1 + 1.2 \times 0.5 + 1.2 \times 0.33 + 1.1 \times 0.28) + 7000$$

$$= 62190.17 (万元)$$

(2) 主体专业系数法。以在拟建项目中投资比重较大，并与生产能力直接相关的专业(多数为工艺专业，民建项目为土建专业)确定为主体专业，先详细估算出主体专业投资；根据已建同类项目的有关统计资料，计算出拟建项目各专业(如总图、土建、采暖、给排水、管道、电气、自控等)与主体专业投资的百分比，以主体专业投资为基数求出拟建项目各专业投资；然后加总即为项目总投资。其计算公式为：

$$C = E(1 + f_1 G_1 + f_2 G_2 + \cdots) + I \tag{4.3}$$

式中：　E——拟建项目主体专业费；

　　　　G_1、G_2……——拟建项目中各专业工程费用与主体专业的比重；

其他符号同式(4.2)。

(3) 朗格系数法。这种方法是以设备费为基数，乘以适当系数来推算项目的建设投资。该方法的基本原理是将总成本费用中的直接成本和间接成本分别计算，再合计为项目建设的总成本费用。其计算公式为：

$$C = E(1 + \sum k_i) k_c \tag{4.4}$$

式中：C——总建设费用；

　　　　E——主要设备费；

　　　　k_i——管线、仪表、建筑物等项费用的估算系数；

　　　　k_c——管理费、合同费、应急费等项费用的估算系数。

总建设费用与设备费用之比为朗格系数 k_L，即：

$$k_L = (1 + \sum k_i) k_c \tag{4.5}$$

朗格系数包含的内容见表 4-9。

表 4-9　朗格系数包含的内容

项　目		固体流程	固流流程	液体流程
朗格系数 K_L		3.1	3.63	4.74
内容	(a)包括基础、设备、绝热、油漆及设备安装	$E \times 1.43$		
	(b)包括上述在内和配管工程费	(a)×1.1	(a)×1.25	(a)×1.6
	(c)装置直接费	(b) ×1.5		
	(d)包括上述在内和间接费	(c)×1.31	(c)×1.35	(c)×1.38

表 4-9 中的各种流程指的是产品加工流程中使用的材料分类。固体流程指加工流程中材料为固体形态；流体流程指加工流程中材料为流体(气、液、粉体等)形态；固流流程指加工流程中材料为固体形态和流体形态的混合。

应用案例 4-3

某市拟建设一年产 50 万台电视机的工厂，已知该工厂的设备到达工地的费用为 30000 万元，计算各阶段费用并估算工厂的静态投资。

【解】

电视机加工流程中使用的材料为固体，因此该流程为固体流程。

(1) 基础、绝热、油漆及设备安装费：30000×1.43-30000=12900(万元)
(2) 配管工程费：30000×1.43×1.1-30000-12900=4290(万元)
(3) 装置直接费：30000×1.43×1.1×1.5=70785(万元)
(4) 间接费：30000×1.43×1.1×1.5×1.31-70785=21943.35(万元)
(5) 电视机厂的静态投资：70785×1.31=92728.35(万元)

3) 指标估算法

具体见可行性研究阶段的静态投资估算。

2. 可行性研究阶段的静态投资估算

1) 比例估算法

根据统计资料，先求出已有同类企业主要设备投资占全厂建设投资的比例，然后再估算出拟建项目的主要设备投资，即可按比例求出拟建项目的建设投资。其表达式为：

$$I = \frac{1}{K}\sum_{i=1}^{n}Q_i P_i \tag{4.6}$$

式中： I ——拟建项目的建设投资；

K ——已建项目主要设备投资占已建项目投资的比例；

N ——设备种类数；

Q_i ——第 i 种设备的数量；

P_i ——第 i 种设备的单价(到厂价格)。

2) 指标估算法

该方法是把建设项目划分为建筑工程、设备安装工程、设备及工器具购置费及其他基本建设费等费用项目或单位工程，然后根据各种具体的投资估算指标进行各项费用项目或单位工程投资的估算，在此基础上可汇总成每一单项工程的投资。通过再估算工程建设其他费用及预备费，即求得建设项目总投资。估算指标是一种比概算指标更为扩大的单位工程指标或单项工程指标。

(1) 建筑工程费的估算。

建筑工程费投资估算一般采用以下方法。

① 单位建筑工程投资估算法。单位建筑工程投资估算法是指以单位建筑工程量的投资乘以建筑工程总量计算。一般工业与民用建筑以单位建筑面积(m²)的投资，工业窑炉砌筑

以单位面积(m^2)的投资，水库以水坝单位长度(m)的投资，铁路路基以单位长度(km)的投资，矿山掘进以单位长度(m)的投资，乘以相应的建筑工程总量计算建筑工程费。

② 单位实物工程量投资估算法。单位实物工程量投资估算法，以单位实物工程量的投资乘以实物工程总量计算。土石方工程按每立方米投资，矿井巷道衬砌工程按每延长米投资，路面铺设工程按每平方米投资，乘以相应的实物工程总量计算建筑工程费。

③ 概算指标投资估算法。对于没有上述估算指标且建筑工程费占总投资比例较大的项目，可采用概算指标估算法。采用这种估算法，应占有较为详细的工程资料、建筑材料价格和工程费用指标，投入的时间和工作量较大。具体估算方法见有关专业机构发布的概算编制办法。

(2) 设备及工器具购置费估算。

分别估算各单项工程的设备和工器具购置费，需要主要设备的数量、出厂价格和相关运杂费资料。一般运杂费可按设备价格的百分比估算，进口设备要注意按照有关规定和项目实际情况估算进口环节的有关税费，并注明需要的外汇额。主要设备以外的零星设备费可按占主要设备费的比例估算，工器具购置费一般也按占主要设备费的比例估算。

(3) 安装工程费估算。

需要安装的设备应估算安装工程费，包括各种机电设备装配和安装工程费用，与设备相连的工作台、梯子及其装设工程费用，附属于被安装设备的管线敷设工程费用，安装设备的绝缘、保温、防腐等工程费用，单体试运转和联动无负荷试运转费用等。

安装工程费通常按行业或专门机构发布的安装工程定额、取费标准和指标估算投资。具体计算可按安装费率、每吨设备安装费或者每单位安装实物工程量的费用估算，即：

$$安装工程费=设备原价×安装费率$$
$$安装工程费=设备吨位×每吨安装费$$
$$安装工程费=安装工程实物量×安装费用指标$$

(4) 工程建设其他费用估算。

其他费用种类较多，无论采取何种投资估算分类，一般其他费用都需要按照国家、地方或部门的有关规定逐项估算。要注意随着地区和项目性质的不同，费用科目可能会有所不同。在项目的初期，也可按照工程费用的百分数综合估算。

(5) 基本预备费估算。

基本预备费以工程费用和工程建设其他费用之和为基数乘以适当的基本预备费费率(百分数)估算。预备费费率的取值一般按行业规定，并结合估算深度确定，通常对外汇和人民币分别取不同的预备费费率。

3. 建设投资动态部分的计算

1) 涨价预备费估算

一般以分年工程费用为基数分别估算各年的涨价预备费，相加后求得总的涨价预备费。

2) 建设期利息估算

建设工程项目在建设期内如能按期支付利息，应按单利计息；在建设期内如不支付利息，应按复利计息。对借款额在建设期各年年内按月、按季均衡发生的项目，为了简化计算，通常假设借款发生当年均在年中使用，按半年计息，其后年份按全年计息。对借款额在建设期各年年初发生的项目，则应按全年计息。

4.2.5 流动资金投资估算

流动资金是项目投产之后,为进行正常的生产运营而用于支付工资、购买原材料等的周转性资金。流动资金估算一般是参照现有同类企业的状况采用分项详细估算法,个别情况或者小型项目可采用扩大指标估算法。

1. 分项详细估算法

对流动资产和流动负债这两类因素分别进行估算,流动资产与流动负债的差值即为流动资金需要量。在可行性研究中,为简化计算,仅对存货、现金、应收账款这3项流动资产和应付账款这项负债进行估算。可行性研究阶段的流动资金估算应采用分项详细估算法,可按下述步骤及计算公式计算。

流动资金=流动资产−流动负债,其中:
(1) 流动资产=应收账款+存货+现金+预付账款。
(2) 流动负债=应付账款+预收账款。
(3) 应收账款=年销售收入/应收账款周转次数。
(4) 存货=外购原材料+外购燃料+在产品+产成品。
(5) 外购原材料=年外购原材料总成本/按种类分项周转次数。
(6) 外购燃料=年外购燃料/按种类分项周转次数。
(7) 其他材料=年其他材料费用/其他材料周转次数。
(8) 在产品=(年外购原材料、燃料+年工资及福利费+年修理费+年其他制造费用)/在产品周转次数。
(9) 产成品=年经营成本/产成品周转次数。
(10) 现金=(年工资及福利费+年其他费用)/现金周转次数。
(11) 年其他费用=制造费用+管理费用+销售费用−(以上3项费用中所含的工资及福利费、折旧费、摊销费、修理费)。
(12) 预付账款=外购商品或服务年费用金额/预付账款周转次数。
(13) 应付账款=外购原材料、燃料动力及其他材料年费用/应付账款周转次数。
(14) 预收账款=预收的营业收入年金额/预收账款周转次数。

应用案例 4-4

某建设项目达到设计能力后,全场定员1000人,工资和福利费按照每人每年20000元估算。每年的其他费用1000万元,其中其他制造费600万元,现金的周转次数为每年10次。流动资金估算中应收账款估算额为2000万元,预收账款估算额为300万元,应付账款估算额为1500万元,存货估算额为6000万元,预付账款估算额为500万元。求该项目流动资金估算额。

【解】
现金=(年工资及福利费+年其他费用)/现金周转次数=(2×1000+1000)/10=300(万元)
流动资金=流动资产−流动负债=(应收账款+存货+现金+预付账款)−(应付账款+预收账款)=2000+6000+300+500−(1500+300)=7000(万元)

2. 扩大指标估算法

扩大指标估算法是指在拟建项目某项指标的基础上,按照同类项目相关资金比率估算出流动资金需用量的方法。

(1) 按建设投资的一定比例估算。例如,国外化工企业的流动资金一般是按建设投资的 15%~20%计算。

(2) 按经营成本的一定比例估算。

(3) 按年销售收入的一定比例估算。

(4) 按单位产量占用流动资金的比例估算。

流动资金一般在项目投产前开始筹措,在投产第一年开始按生产负荷进行安排,其借款部分按照全年计算利息,利息支出计入财务费用,项目计算期末回收全部流动资金。

流动资金的计算公式为:

年流动资金额=年费用基数×各类流动资金率(%)

应用案例 4-5

某项目投产后的年产量为 1.8 亿件,其同类企业的千件产量流动资金占用额为 180 元,则该项目的流动资金估算额为( )万元。

答案:D

【解】

本题考核扩大指标估算法计算流动资金。本题的已知条件为年产量,因此计算过程如下:

年流动资金额=年产量×单位产品产量占用流动资金额
$= 180000000 \times 180 / 1000 = 3240$(万元)

课题 4.3 建设项目的经济评价

4.3.1 经济评价

1. 经济评价的主要内容

建设项目的经济评价是采用一定方法和经济参数对项目投入产出的各种因素进行调查研究、分析计算、对比论证的工作。

建设项目经济评价是项目可行性研究的有机组成部分和重要内容,是项目决策科学化的重要手段。经济评价的目的是根据国民经济和社会发展战略和行业、地区发展规划的要求,在做好市场需求预测及厂址选择、工艺技术选择等工程技术研究的基础上,计算项目的效益和费用,通过多方案比较,对拟建项目的财务可行性和经济合理性进行分析论证,做出全面的经济评价,为项目的科学决策提供依据。

按我国现行评价制度,建设项目经济评价分为财务评价和国民经济评价两个层次。财务评价是在国家财税制度和价格体系条件下,从项目财务角度分析、计算项目的财务赢利能力和借款清偿能力,以判断项目的财务可行性;国民经济评价是从国家整体角度出发分析、计算项目对国民经济的净贡献,以判断项目经济的合理性。

2. 财务评价与国民经济评价的区别及联系

1) 两种评价的区别

(1) 评价角度不同。财务评价是从项目财务角度考察项目的赢利情况及借款偿还能力，以确定投资行为的财务可行性分析。国民经济评价从国家整体角度考察项目对国民经济的贡献以及需要国民经济付出的代价，以确定投资行为的经济合理性。

(2) 效益与费用的含义及划分范围不同。财务评价是根据项目实际收支确定项目的效益与费用。国民经济评价是着眼于项目对社会提供的有用产品和服务及项目所耗费的全社会有用资源，来考察项目的效益和费用，故补贴不计为项目的效益，税金和国内借款利息均不计为项目的费用。财务评价只计算项目直接发生的效益与费用，国民经济评价对项目引起的间接效益与费用即外部效果也要进行计算和分析。

(3) 评价采用的价格不同。财务评价对投入物和产出物采用财务价格，国民经济评价采用影子价格。

(4) 主要参数不同。财务评价采用官方汇率和行业基准收益率，国民经济评价采用国家统一测定的影子汇率和社会折现率。

以上两种评价方法的区别，可能会导致两种评价结论的不一致。

2) 两种评价之间的联系

(1) 财务评价是国民经济评价的基础，没有财务评价就不能进行国民经济评价。

(2) 两种经济评价结论一致，可以对项目做出肯定或否定判断。

(3) 国民经济评价方法仍然保留了财务评价中用现金流折现的方法，对费用和效益也用货币单位计量，并采用折现手段，最后计算若干个评价指标，如净现值和内部收益率等。

4.3.2 财务评价

1. 财务评价的概念

所谓财务评价就是根据国民经济与社会发展以及行业、地区发展规划的要求，在拟定的工程建设方案、财务效益与费用估算的基础上，采用科学的分析方法对工程建设方案的财务可行性和经济合理性进行分析论证，为项目的科学决策提供依据。

财务评价又称财务分析，应在项目财务效益与费用估算的基础上进行。对于经营性项目，财务分析是从建设项目的角度出发，根据国家现行财政、税收和现行市场价格，计算项目的投资费用、产品成本与产品销售收入、税金等财务数据，通过编制财务分析报表，计算财务指标，分析项目的盈利能力、偿债能力和财务生存能力，据此考察建设项目的财务可行性和财务可接受性，明确项目对财务主体及投资者的价值贡献，并得出财务评价的结论。投资者可根据项目财务评价结论、项目投资的财务状况和投资者所承担的风险程度决定是否应该投资建设。对于非经营性项目，财务分析应主要分析项目的财务生存能力。

2. 财务评价的程序(图4.2)

1) 熟悉建设项目的基本情况

熟悉建设项目的基本情况，包括投资目的、意义、要求、建设条件和投资环境，做好市场调研和预测，以及项目技术水平研究和设计方案。

2) 收集、整理和计算有关技术经济数据资料与参数

技术经济数据资料与参数是进行项目财务评价的基本依据，所以在进行财务评价之前，必须先预测和选定有关的技术经济数据与参数。所谓预测和选定技术经济数据与参数就是

收集、估计、预测和选定一系列技术经济数据与参数,主要包括以下几点。

(1) 项目投入物和产出物的价格、费率、税率、汇率、计算期、生产负荷以及准收益率等。

(2) 项目建设期间分年度投资支出额和项目投资总额。项目投资包括建设投资和流动资金需要量。

(3) 项目资金来源方式、数额、利率、偿还时间,以及分年还本付息数额。

(4) 项目生产期间的分年产品成本。

(5) 项目生产期间的分年产品销售数量、营业收入、营业税金及附加、营业利润及其分配数额。

3) 编制基本财务报表

4) 计算与分析财务效益指标

财务效益指标包括反映项目盈利能力和项目偿债能力的指标。

5) 提出财务评价结论

将计算出的有关指标值与国家有关基准值进行比较,或与经验标准、历史标准、目标标准等加以比较,然后从财务的角度提出项目是否可行的结论。

6) 进行不确定性分析

不确定性分析包括盈亏平衡分析和敏感性分析两种方法,主要分析项目适应市场变化的能力和抗风险的能力。

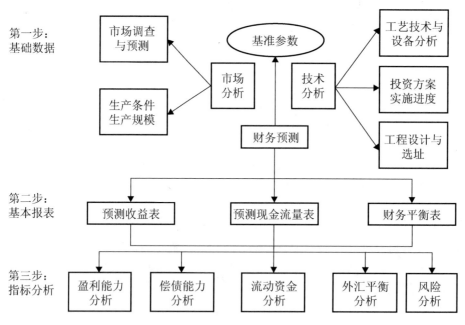

图 4.2 建设项目财务评价程序

4.3.3 财务评价的内容和评价指标

1. 财务评价的内容

1) 财务盈利能力评价

主要考察投资项目的盈利水平。为此目的,需编制全部投资现金流量表、自有资金现金流量表和损益表三个基本财务报表。计算财务内部收益率、财务净现值、投资回收期、投资收益率等指标。

2) 项目的偿债能力分析

投资项目的资金构成一般可分为借入资金和自有资金。自有资金可长期使用，而借入资金必须按期偿还。项目的投资者自然要关心项目的偿债能力；借入资金的所有者——债权人也非常关心贷出资金能否按期收回本息。项目偿债能力分析可在编制贷款偿还表的基础上进行。为了表明项目的偿债能力，可按尽早还款的方法计算。

3) 外汇平衡分析

主要是考察涉及外汇收支的项目在计算期内各年的外汇余缺程度，在编制外汇平衡表的基础上，了解各年外汇余缺状况，对外汇不能平衡的年份根据外汇短缺程度，提出切实可行的解决方案。

4) 不确定性分析

是指在信息不足，无法用概率描述因素变动规律的情况下，估计可变因素变动对项目可行性的影响程度及项目承受风险能力的一种分析方法。不确定性分析包括盈亏平衡分析和敏感性分析。

5) 风险分析

是指在可变因素的概率分布已知的情况下，分析可变因素在各种可能状态下项目经济评价指标的取值，从而了解项目的风险状况。

2. 财务评价的指标体系

财务评价的指标体系是最终反映项目财务可行性的数据体系。由于投资项目的投资目标具有多样性，财务评价的指标体系也不是唯一的，根据不同的评价深度和可获得资料的多少以及项目本身所处条件的不同可选用不同的指标，这些指标可以从不同层次、不同侧面来反映项目的经济效果。

建设项目财务评价指标体系根据不同的标准，可以作不同的分类形式，包括以下几种。

(1) 根据是否考虑资金时间价值进行贴现运算，可将常用方法与指标分为两类：静态分析方法与指标和动态分析方法与指标。前者不考虑资金时间价值，不进行贴现运算；后者则考虑资金时间价值，进行贴现运算(图 4.3)。

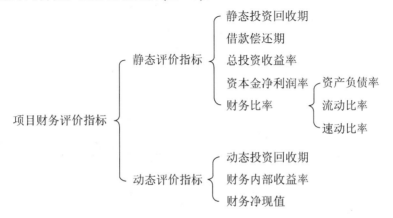

图 4.3 财务评价指标体系一

(2) 按照指标的经济性质,可以分为时间性指标、价值性指标、比率性指标(图 4.4)。
(3) 按照指标所反映的评价内容,可以分为盈利能力分析指标和偿债能力分析指标(图 4.5)。

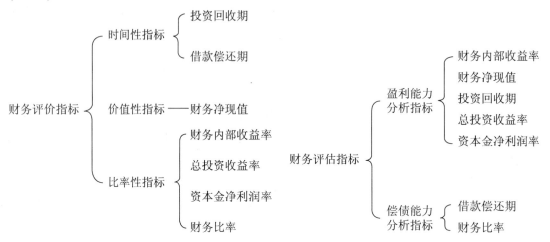

图 4.4　财务评价指标体系二　　　　图 4.5　财务评价指标体系三

财务评价各项指标的计算方法在建设工程经济课程中已进行了详细的讲解,本教材不再进行详细讲解。财务评价的内容和评价指标可用表格总结见表 4-10。

表 4-10　财务评价的内容与评价指标

评价内容	基本报表	评价指标	
		静态指标	动态指标
盈利能力分析	全部投资现金流量表	全部投资回收期	财务内部收益率 财务净现值
	自有资金现金流量表		财务内部收益率 财务净现值
	损益表	投资利润率 投资利税率 资本金利润率	
偿债能力分析	资金来源与资金运用表	借债偿还期	
	资产负债表	资产负债率 流动比率 速动比率	
外汇平衡分析	财务外汇平衡表		
不确定性分析	盈亏平衡分析	盈亏平衡产量 盈亏平衡生产能力利用率	
	敏感性分析	灵敏度 不确定因素的临界值	
风险分析	概率分析	FNPV≥0 的累计概率 定性分析	

单元 4　建设项目决策阶段工程造价管理

单元小结

本单元主要研究建设项目投资决策基本知识、建设项目投资估算、建设项目的财务评价 3 部分内容。通过本单元的学习要求了解建设项目投资决策对工程造价的影响、建设项目投资估算的编写、建设项目财务评价的内容和评价指标；理解建设项目投资决策、建设项目投资估算、建设项目财务评价的基本概念。重点是掌握建设项目投资估算的方法；难点是灵活运用基本概念基本方法，分析解决工程案例。

综合案例

【综合应用案例4-1】

某一建设投资项目，设计生产能力为35万t，已知生产能力为10万t的同类项目投入设备费用为5000万元，设备综合调整系数为1.15，该项目生产能力指数估计为0.75，该类项目的建筑工程是设备费的10%，安装工程费用是设备费的20%，其他工程费用是设备费的10%，这三项的综合调整系数定为1.0，其他投资费用估算为1200万元。投资进度分别为40%、60%，基本预备费费率为7%，建设期内生产资料涨价预备费费率为5%，自有资金为：第1年4200万元，第2年5800万元，其余通过银行贷款获得，年利率为8%，按季计息。项目建设前期为1年，建设期为2年，建设期间不还贷款利息。预计生产期项目需要流动资金580万元。

【问题】

(1) 估算建设期贷款利息。
(2) 计算建设项目的总投资。

【解】

问题(1)：估算建设期贷款利息。

① 采用生产能力指数法估算设备费为：

$$5000 \times \left(\frac{35}{10}\right)^{0.75} \times 1.15 = 14713.60 \,(万元)$$

② 采用设备系数法估算静态投资为：

工程费=14713.60×(1+10%+20%+10%)×1.0 +1200=21799.04(万元)

基本预备费= 21799×7% =1525.93(万元)

建设项目静态投资=建安工程费+基本预备费=21799.04+1525.93=23324.97(万元)

③ 计算涨价预备费为：

第1年的涨价预备费 $PF_1 = I_1\left[(1+f)(1+f)^{0.5} - 1\right]$

$$=23324.97 \times 40\% \times [(1+5\%)(1+5\%)^{0.5}-1]=708.42(万元)$$

第1年含涨价预备费的投资额=23324.97×40%+708.42=10038.41(万元)

第2年的涨价预备费 $PF_2 = I_2\left[(1+f)(1+f)^{0.5}(1+f) - 1\right]$

$$=23324.97 \times 60\% \times [(1+5\%)^{2.5}-1]=1815.52(万元)$$

第 2 年含涨价预备费的投资额=23324.97×60%+1815.52=15810.5(万元)
涨价预备费=708.42+1815.52=2523.94(万元)

④ 计算建设期贷款利息为：

实际年利率 $=\left(1+\dfrac{8\%}{4}\right)^4-1=8.24\%$

本年借款=本年度固定资产投资-本年自有资金投入
第 1 年当年借款=10038.41-4200=5838.41(万元)
第 2 年借款=15810.5-5800=10010.5 (万元)
各年应计利息=(年初借款本息累计+本年借款额/2)×年利率
第 1 年贷款利息=(5838.41/2)×8.24%=240.54(万元)
第 2 年贷款利息=[(5838.41+240.54)+10010.5÷2]×8.24%=913.34(万元)
建设期贷款利息=240.54+913.34=1153.88(万元)

问题(2)：计算建设项目的总投资。

固定资产投资总额=建设项目静态投资+涨价预备费+建设期贷款利息
=23324.97+2523.94+1153.88=27002.79(万元)

建设项目的总投资=固定资产投资总额+流动资金投资=27002.79+580=27582.79(万元)

【综合应用案例4-2】

某拟建年产 3000 万 t 的铸钢厂，根据可行性研究报告提供的已建年产 2500 万 t 类似工程的主厂房工艺设备投资约 2400 万元。已建类似项目资料：与设备有关的其他各专业工程投资系数及与主厂房投资有关的辅助工程及附属设施投资系数分别见表 4-11 和表 4-12。

表 4-11　与设备投资有关的各专业工程投资系数

加热炉	汽化冷却	余热锅炉	自动化仪表	起重设备	供电与传动	建安工程
0.12	0.01	0.04	0.02	0.09	0.18	0.40

表 4-12　与主厂房投资有关的辅助及附属设施投资系数

动力系统	机修系统	总图运输系统	行政及生活福利设施工程	工程建设其他费
0.30	0.12	0.20	0.30	0.20

本项目的资金来源为自有资金和贷款，贷款总额为 8000 万元，贷款利率为 8%(按年计息)。本项目建设前期 1 年，建设期 3 年，第 1 年投入 30%，第 2 年投入 50%，第 3 年投入 20%。预计建设期物价年平均上涨率为 3%，基本预备费费率 5%。

【问题】

(1) 已知拟建项目建设期与类似项目建设期的综合价格差异系数为 1.25，试用生产能力指数估算法估算拟建工程的工艺设备投资额；用系数估算法估算该项目主厂房投资和项目建设的工程费与其他费投资。

(2) 估算该项目的建设投资，并编制建设投资估算表。

(3) 若单位产量占用营运资金额为：0.3367 元/t，试用扩大指标估算法估算该项目的流动资金，并确定该项目的总投资。

【案例解析】

本案例的内容涉及建设项目投资估算类问题的主要内容和基本知识点。投资估算的方法有：单位生产能力估算法、生产能力指数估算法、比例估算法、系数估算法、指标估算法等。本案例是在可行性研究深度不够，尚未提出工艺设备清单的情况下，先运用生产能力指数估算法估算出拟建项目主厂房的工艺设备投资，再运用系数估算法，估算拟建项目建设投资的一种方法，即：首先，用设备系数估算法估算该项目与工艺设备有关的主厂房投资额；用主体专业系数估算法估算与主厂房有关的辅助工程、附属工程及工程建设的其他投资。其次，估算拟建项目的基本预备费、涨价预备费，得到拟建项目的建设投资。最后，估算建设期利息，并用流动资金的扩大指标估算法，估算出项目的流动资金投资额，得到拟建项目的总投资。具体计算步骤如下。

问题(1)：

① 拟建项目主厂房工艺设备投资。

$$C_2 = C_1 \left(\frac{Q_2}{Q_1} \right)^n \times f$$

式中：C_2——拟建项目主厂房工艺设备投资；
C_1——类似项目主厂房工艺设备投资；
Q_2——拟建项目主厂房生产能力；
Q_1——类似项目主厂房生产能力；
n——生产能力指数，该拟建项目与已建类似项目生产规模相差较小，可取 $n=1$；
f——综合调整系数。

② 拟建项目主厂房投资。

$$\text{拟建项目主厂房投资} = \text{工艺设备投资} \times (1 + \sum K_i)$$

式中：K_i——与设备有关的各专业工程的投资系数。

$$\text{拟建项目工程费与工程建设其他费} = \text{拟建项目主厂房投资} \times (1 + \sum K_j)$$

式中：K_j——与主厂房投资有关的各专业工程及工程建设其他费用的投资系数。

问题(2)：

① 预备费=基本预备费+涨价预备费

基本预备费=(工程费+工程建设其他费)×基本预备费费率

涨价预备费 $PF = \sum_{t=1}^{n} I_t \left[(1+f)^m (1+f)^{0.5} (1+f)^{t-1} - 1 \right]$

② 静态投资=工程费与工程建设其他费+基本预备费

③ 建设期利息=$\sum$(年初累计借款+本年新增借款÷2)×贷款利率

④ 建设投资=静态投资+涨价预备费

问题(3)：

流动资金用扩大指标估算法估算。

项目的流动资金=拟建项目年产量×单位产量占用营运资金的数额

拟建项目总投资=建设投资+建设期利息+流动资金

【解】

问题(1)：

① 估算主厂房工艺设备投资：用生产能力指数估算法。

主厂房工艺设备投资=$2400 \times \dfrac{3000}{2500} \times 1.25 = 3600$(万元)

② 估算主厂房投资：用设备系数估算法。

主厂房投资=3600×(1+12%+1%+4%+2%+9%+18%+40%)

　　　　　=3600×(1+0.86)=6696(万元)

其中，建安工程投资=3600×0.4=1440(万元)

　　设备购置投资=3600×1.46=5256(万元)

　　工程费与工程建设其他费=6696×(1+30%+12%+20%+30%+20%)

　　　　　　　　　　　　=6696×(1+1.12)

　　　　　　　　　　　　=14195.52(万元)

问题(2)：

① 基本预备费计算。

基本预备费=14195.52×5%=709.78(万元)

由此得：静态投资=14195.52+709.78=14905.30(万元)

建设期各年的静态投资额如下：

第1年：14905.3×30%=4471.59(万元)

第2年：14905.3×50%=7452.65(万元)

第3年：14905.3×20%=2981.06(万元)

② 涨价预备费计算。

涨价预备费=$4471.59 \times [(1+3\%)^{1.5}-1] + 7452.65 \times [(1+3\%)^{2.5}-1] +$

　　　　　$2981.06 \times [(1+3\%)^{3.5}-1]$=202.72+571.59+324.93=1099.24(万元)

由此得：预备费=709.78+1099.24=1809.02(万元)

由此得：项目的建设投资=14195.52+1809.02=16004.54(万元)

③ 建设期利息计算。

第1年贷款利息=(0+8000×30%÷2)×8%=96(万元)

第2年贷款利息=[(8000×30%+96)+(8000×50%÷2)]×8%

　　　　　　=(2400+96+4000÷2)×8%=359.68(万元)

第3年贷款利息=[(2400+96+4000+359.68)+(8000×20%÷2)]×8%

　　　　　　=(6855.68+1600÷2)×8%=612.45(万元)

建设期利息=96+359.68+612.45=1068.13(万元)

④ 拟建项目固定资产投资估算表(表4-13)。

表4-13　拟建项目建设投资估算表

序号	工程费用名称	系数	建安工程费/万元	设备购置费/万元	工程建设其他费/万元	合计/万元	占总投资比例/(%)
1	工程费		7600.32	5256.00		12856.32	80.33
1.1	主厂房		1440.00	5256.00		6696.00	
1.2	动力系统	0.30	2008.80			2008.80	

续表

序号	工程费用名称	系数	建安工程费/万元	设备购置费/万元	工程建设其他费/万元	合计/万元	占总投资比例/(%)
1.3	机修系统	0.12	803.52			803.52	
1.4	总图运输系统	0.20	1339.20			1339.20	
1.5	行政、生活福利设施	0.30	2008.80			2008.80	
2	工程建设其他费	0.20			1339.20	1339.20	8.37
	(1)+(2)					14195.52	
3	预备费				1809.02	1809.02	11.3
3.1	基本预备费				709.78	709.78	
3.2	涨价预备费				1099.24	1099.24	
	项目建设投资合计=(1)+(2)+(3)		7600.32	5256.00	3148.22	16004.54	100

问题(3):

① 流动资金=3000×0.3367=1010.10(万元)

② 拟建项目总投资=建设投资+建设期利息+流动资金
=15769.74+1068.13+1010.10=17847.97(万元)

技能训练题

一、单选题

1. 初步可行性研究阶段投资估算的精确度可达( )。
   A．±5%　　　B．±10%　　　C．±20%　　　D．±30%

2. 利用已知建成项目的投资额或其设备的投资额估算同类型但生产规模不同的两个项目的投资额或其设备的投资额的方法是( )。
   A．资金周转率法　　　C．生产能力指数估算法
   B．指标估算法　　　　D．比例估算法

3. 财务评价指标中，动态性指标是( )。
   A．全部投资回收期　　　C．借款偿还期
   B．投资利润率　　　　　D．财务净现值

4. 投资估算指标是在( )阶段编制投资估算、计算投资需要量时使用的一种定额。
   A．招投标阶段　　　　　B．项目建议书和可行性研究
   C．初步设计　　　　　　D．施工图设计阶段

5. 某项目投资建设期为5年，第一年投资额是1000万元，且每年以15%的速度增长，预计该项目年均投资价格上涨率为5%，则该项目建设期间涨价预备费( )万元。
   A．0　　　B．310.1　　　C．150　　　D．376.34

6. 按照生产能力指数法($n=0.6$,$f=1$)，若将设计中的化工生产系统的生产能力提高3倍，投资额大约增加( )。
   A．200%　　　B．300%　　　C．230%　　　D．130%

二、多选题

1. 项目工程造价的多少主要取决于项目的建设标准，建设标准主要包括(   )。
   A. 项目建设规模   B. 建设地区及建设地点(厂址)
   C. 生产技术方案   D. 设备方案
2. 在下列投资项目评价指标中，属于静态评价指标的有(   )。
   A. 净年值   B. 借款偿还期   C. 投资收益率
   D. 内部收益率   E. 偿债备付率
3. 固定资产投资估算的一般方法有(   )。
   A. 生产能力指数估算法   B. 资金估算法
   C. 比例估算法   D. 指标估算法
4. 用于分析项目财务盈利能力的指标是(   )。
   A. 财务内部收益率   B. 财务净现值
   C. 投资回收期   D. 流动比率
5. 在分析中不考虑资金时间价值的财务评价指标是(   )。
   A. 财务内部收益率   B. 资产负债率
   C. 总投资收益率   D. 财务净现值

三、简答题

1. 影响建设项目规模选择的因素有哪些？
2. 投资估算包括哪些内容？
3. 简述投资估算时可采用哪些方法？
4. 基本财务报表有哪些？

四、案例分析题

1. 拟建年产 10 万 t 炼钢厂，根据可行性研究报告提供的主厂房工艺设备清单和询价资料估算出该项目主厂设备投资约 6000 万元。已建类似项目资料：与设备有关的其他专业工程投资系数为 42%，与主厂房投资有关的辅助工程及附属设施投资系数为 32%。该项目的资金来源为自有资金和贷款，贷款总额为 8000 万元，贷款利率为 7%(按年计息)。建设期 3 年，第 1 年投入 30%，第 2 年投入 30%，第 3 年投入 40%。预计建设期物价平均上涨率 4%，基本预备费费率为 5%。

【问题】
(1) 试用系数估算法，估算该项目主厂房投资和项目建设的工程费与其他费投资。
(2) 估算项目的固定资产投资额。
(3) 若固定资产投资资金率为 6%，使用扩大指标估算法，估算项目的流动资金。
(4) 确定项目总投资。

2. 某拟建项目背景资料为：工程费用为 5800 万元，其他费用为 3000 万元，建设期为 3 年，3 年建设期的实施进度分别为 20%、30%、50%；基本预备费费率为 8%，涨价预备费费率为 4%；建设期 3 年中的项目银行贷款 5000 万元，分别按照实施进度贷入，贷款年利率为 7%。

【问题】
计算基本预备费、涨价预备费、建设期利息。

单元 5

建设项目设计阶段工程造价管理

教学目标

通过本单元的学习,熟悉设计阶段工程造价管理的内容,掌握设计阶段工程造价管理的措施和方法;了解限额设计的方法,掌握设计方案技术经济评价的方法、工程设计方案的优化方法;掌握设计概算和施工图预算的概念、编制依据、编制方法及内容,熟悉设计概算和施工图预算的审查方法。

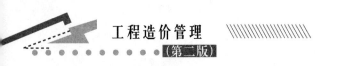

本单元知识架构

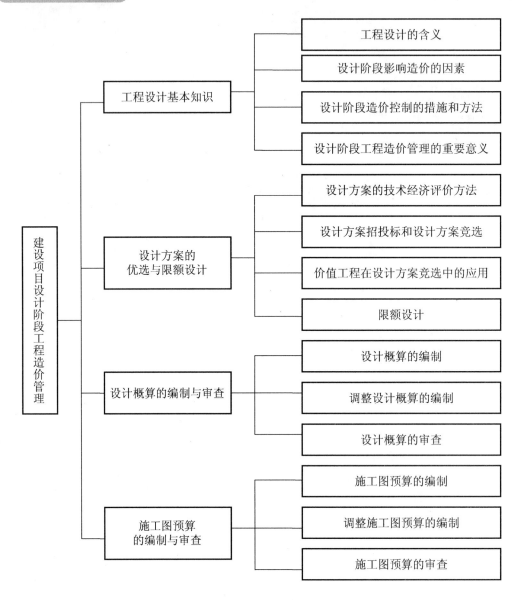

引 例

国内某高校,为解决单位 300 多名教职工的住房问题,广泛征求意见,经学院党政联席会通过,建设地下带车库的 4 栋小高层住宅,建设建筑总面积大约 5 万平方米,一梯四户,层数 18 层左右。建设地点在校园内,建设场地相对狭小,总长度大约 350m,总宽度大约 100m。为此,基建办公室开始组织设计方案进行公开招标,经过资格预审,有 8 家满足条件的设计单位进行了投标,并按要求都提交了设计概算书。从安全性、实用性、经济型、美观性综合考虑的角度出发,该如何选择满意的设计方案呢?各设计单位的设计概算又是如何编制的呢?

本单元,我们将学习建设项目设计阶段工程的造价管理的相关内容。

课题 5.1 工程设计基本知识

拟建项目经过投资决策阶段后,设计阶段就成为工程造价控制的关键阶段。

5.1.1 工程设计的含义

工程设计是建设程序的一个环节,是指在可行性研究批准之后,工程开始施工之前,根据已批准的设计任务书,为具体实现拟建项目的技术、经济要求,拟定建筑、安装及设备制造等所需的规划、图纸、数据等技术文件的工作。

一般工业与民用建筑项目设计按初步设计和施工图设计两个阶段进行,称为"两阶段设计";对于技术上复杂而又缺乏设计经验的项目,可按初步设计、技术设计、施工图设计三个阶段进行,称为"三阶段设计"。初步设计阶段要编制初步设计概算,技术设计阶段要编制修正概算,施工图设计阶段要编制施工图预算。

5.1.2 设计阶段影响造价的因素

1. 工业建筑设计影响造价的因素

在工业建筑设计中,影响工程造价的主要因素有总平面图设计、空间平面设计和立面设计、建筑材料与结构方案的选择、工艺技术方案选择、设备的选型和设计等。

1) 总平面图设计

(1) 总平面图设计的基本要求。

① 尽量节约用地,少占或不占农田。

② 结合地形、地质条件,因地制宜、依山就势合理布置车间及设施。

③ 合理布置厂内运输和选择运输方式。

④ 合理组织建筑群体。

工业建筑群体的组合设计,在满足生产功能的前提下,力求使厂区建筑物、构筑物组合设计整齐、简洁、美观,并与同一工业区相邻厂房在体形、色彩等方面相互协调。注意建筑群体的整体艺术和环境空间的统一安排,美化城市。

(2) 评价厂区总平面图设计的主要技术经济指标。

① 建筑系数(即建筑密度)。它是指厂区内(一般指厂区围墙内)的建筑物布置密度,即建筑物、构筑物和各种露天仓库及堆积场、操作场地等占地面积与整个厂区建设占地面积之比。它是反映总平面图设计用地是否经济合理的指标。

② 土地利用系数。它是指厂区内建筑物、构筑物、露天仓库及堆积场、操作场地、铁路、道路、广场、排水设施及地上地下管线等所占面积与整个厂区建设用地面积之比。它综合反映出总平面布置的经济合理性和土地利用效率。

③ 工程量指标。它是反映企业总平面图及运输部分建设投资的经济指标,包括场地平整土石方量、铁路、道路和广场铺砌面积、排水工程、围墙长度及绿化面积等。

④ 经营条件指标。它是反映企业运输设计是否经济合理的指标,包括铁路、无轨道路每吨货物的运输费用及其经营费用等。

2) 空间平面和立面设计

新建工业厂房的空间平面设计方案是否合理和经济,不仅影响建筑工程造价和使用费用的高低，而且还直接影响节约用地和建筑工业化水平的提高。要根据生产工艺流程合理布置建筑平面，控制厂房高度，充分利用建筑空间，选择合适的厂内起重运输方式，尽可能把生产设备露天或半露天布置。

(1) 合理确定厂房建筑的平面布置。

(2) 工业厂房建筑层数的选择。

① 单层厂房。对于工艺上要求跨度大和层高高、拥有重型生产设备和起重设备、生产时常有较大振动和散发大量热与气体的重工业厂房，采用单层厂房是经济合理的。

② 多层厂房。对于工艺过程紧凑、采用垂直工艺流程和利用重力运输方式、设备与产品重量不大，并要求恒温条件的各种轻型车间，可采用多层厂房。

(3) 合理确定建筑物的高度和层高。

在建筑面积不变的情况下，高度和层高增加，工程造价也随之增加。

(4) 尽量减少厂房的体积和面积。

在不影响生产能力的条件下，要尽量减少厂房的体积和面积。为此，要合理布置设备，使生产设备向大型化和空间化发展。

3) 建筑材料与结构方案的选择

建筑材料与建筑结构的选择是否合理，对建筑工程造价的高低有直接影响。这是因为建筑材料费用一般占工程直接费的70%左右，设计中采用先进实用的结构形式和轻质高强的建筑材料能更好地满足功能要求，提高劳动生产率，经济效果明显。

4) 工艺技术方案的选择

选择工艺技术方案时，应以提高投资的经济效益和企业投产后的运营效益为前提，有计划、有步骤地采用先进的技术方案和成熟的新技术、新工艺。一般而言，先进的技术方案投资大，劳动生产率高，产品质量好。最佳的工艺流程方案应在保证产品质量的前提下，用较短的时间和较少的劳动消耗完成产品的加工和装配过程。

5) 设备的选型和设计

设备的选型与设计是根据所确定的生产规模、产品方案和工艺流程的要求，选择设备的型号和数量，并按上述要求对非标准设备进行设计。在工业建设项目中，设备投资比重较大，因此，设备的选型与设计对控制工程造价具有重要的意义。

2. 民用建筑设计影响造价的因素

居住建筑是民用建筑中最主要的建筑，在居住建筑设计中，影响工程造价的主要因素有小区建设规划设计、住宅平面布置、层高、层数、结构类型、装饰标准等。

1) 小区建设规划设计

小区规划设计必须满足人们居住和日常生活的基本需要。在节约用地的前提下，既要为居民的生活和工作创造方便、舒适、优美的环境，又要体现独特的城市风貌。

评价小区规划设计的主要技术经济指标有用地面积指标、密度指标和造价指标。小区用地面积指标，反映小区内居住房屋和非居住房屋、绿化园地、道路等占地面积及比重，是考察建设用地利用率和经济性的重要指标。用地面积指标在很大程度上影响小区建设的总造价。小区的居住建筑面积密度、居住建筑密度、居住面积密度和居住人口密度也直接影响小区的总造价。在保证小区居住功能的前提下，密度越高，越有利于降低小区的总造价。

2) 住宅建筑的平面布置

在建筑面积相同时，由于住宅建筑平面形状不同，工程造价也不同。在多层住宅建筑中，墙体所占比重大，是影响造价高低的主要因素。衡量墙体比重大小，常用墙体面积系数(墙体面积/建筑面积)。尽量减少墙体面积系数，能有效地降低工程造价。住宅层高不宜超过 2.8m，这是因为住宅的层高和净高直接影响工程造价。

3) 住宅建筑结构方案的选择

建筑物的结构方案，对工程造价影响很大。

4) 装饰标准

装饰标准的高低对住宅造价的影响很大，这要看住宅的市场定位是怎样的，再来确定装饰标准。

5.1.3 设计阶段造价控制的措施和方法

1. 设计方案的造价估算、设计概算和施工图预算的编制与审查

首先方案估算要建立在分析测算的基础上，能比较全面、真实地反映各个方案所需的造价。在方案的投资估算过程中，要多考虑一些影响造价的因素，如施工的工艺和方法的不同、施工现场的不同情况等，因为它们都会使按照经验估算的造价发生变化，只有这样才能使估算更加完善。对于设计单位来说，要对各类设计资料进行分析测算，以掌握大量的第一手资料数据，为方案的造价估算积累有效的数据。

设计概算不准，与施工图预算差距很大的现象常有发生，其原因主要包括初步设计图纸深度不够，概算编制人员缺乏责任心，概算与设计和施工脱节，概算编制中错误太多等。要提高概算的质量，首先，必须加强设计人员与概算编制人员的联系与沟通；其次，要提高概算编制人员的素质，加强责任心，多深入实际，丰富现场工作经验；最后，要加强对初步设计概算的审查，概算审查可以避免重大错误的发生，避免不必要的经济损失，设计单位要建立健全三审制度(自审、审核、审定)，大的设计单位还应建立概算抽查制度。

2. 设计方案的优化和比选

为了提高工程建设投资效果，从选择建设场地和工程总平面布置开始，直到最后结构构件的设计，都应进行多方案比选，从中选取技术先进、经济合理的最佳设计方案，或者对现有的设计方案进行优化，使其能够更加经济合理。在设计过程中，可以利用价值工程的思路和方法对设计方案进行比较，对不合理的设计提出改进意见，从而达到控制造价、节约投资的目的。

3. 限额设计和标准化设计的推广

限额设计是设计阶段控制工程造价的重要手段，它能有效地克服和控制"三超"现象，使设计单位加强技术与经济的对立统一管理，能克服设计概预算本身的失控对工程造价带来的负面影响。另外，推广成熟的、行之有效的标准设计不但能够提高设计质量，而且能够提高效率，节约成本；同时因为标准设计大量使用标准构配件，压缩现场工作量，所以有益于工程造价的控制。

4. 推行设计索赔及设计监理等制度，加强设计变更管理

设计索赔和设计监理等制度的推行，能够真正提高人们对设计工作的重视程度，从而使设计阶段的造价控制得以有效开展，同时也可以促进设计单位建立完善的管理制度，提高设计人员的质量意识和造价意识。设计索赔制度的推行和加大索赔力度是切实保障设计质量和控制造价的必要手段。另外，设计图纸变更发生得越早，造成的经济损失越小；反之，则损失越大。工程设计人员应建立设计施工轮训或继续教育制度，尽可能地避免设计与施工相脱节的现象发生，由此可减少设计变更的发生。对非发生不可的变更，应尽量控制在设计阶段，且要用先算账后变更、层层审批等方法，以使投资得到有效控制。

5.1.4 设计阶段工程造价管理的重要意义

1. 可以使造价构成更合理，提高资金利用效率

设计阶段通过编制设计概算可以了解工程造价的构成，分析资金分配的合理性，并可以利用价值工程理论分析项目各个组成部分功能与成本的匹配程度，调整项目功能与成本，使其更趋于合理。

2. 提高资金控制效率

编制设计概预算并进行分析，可以了解工程各组成部分的投资比例。对于投资比例比较大的部分应作为投资控制的重点，这样可以提高投资控制效率。

3. 使控制工作更主动

在设计阶段控制工程造价，可以先按一定的质量标准列出新建建筑物每一部分或分项的计划支出报表，即拟订造价计划。在制定出详细设计以后，对工程的每一分部或分项的估算造价，对照造价计划中所列的指标进行审核，预先发现差异，主动采取一些控制方法消除差异。

4. 便于技术与经济相结合

建筑师等专业技术人员在设计过程中往往更关注工程的使用功能，力求采用比较先进的技术方法实现项目所需功能，而对经济因素考虑较少。如果在设计阶段吸收造价工程师参与全过程设计，在做出技术方案时就能充分考虑其经济因素，使方案达到技术和经济的统一。

5. 控制工程造价效果显著

从国内外工程实践及工程造价资料分析表明，投资决策阶段对整个项目造价的影响度为75%～95%，设计阶段的影响度为35%～75%，施工阶段为5%～35%，竣工阶段为0～5%。很显然，当项目投资决策确定以后，设计阶段就是控制工程造价的关键环节。因此，在设计一开始就应将控制投资的思想根植于设计人员的头脑中，保证选择恰当的设计标准和合理的功能水平。

课题5.2 设计方案的优选与限额设计

5.2.1 设计方案的技术经济评价方法

1. 多指标评价法

多指标评价法是指通过对反映建筑产品功能和成本特点的技术经济指标的计算、分析、

比较，评价设计方案的经济效果的方法。它可分为多指标对比法和多指标综合评分法。

1) 多指标对比法

它是指使用一组适用的指标体系，将对比方案的指标值列出，然后一一进行对比分析，根据指标值的高低分析判断方案的优劣。这是目前采用比较多的一种方法。

这种方法的优点是：指标全面、分析确切，能通过各种技术经济指标定性或定量地直接反映方案技术经济性能的主要方面。其缺点是：容易出现某一方案有些指标较优，另一些指标较差；而另一方案则可能有些指标较差，另一些指标较优，使分析工作复杂化。有时，也会因方案的可比性而产生客观标准不统一的现象。

2) 多指标综合评分法

这种方法首先对需要进行分析评价的设计方案设定若干评价指标，并按照其重要程度分配各指标的权重，确定评分标准，并就各设计方案对各指标的满足程度打分，最后计算各方案的加权得分，以加权得分高者为最优设计方案。其计算公式为：

$$S = \sum_{i=1}^{n} S_i W_i$$

式中：S——设计方案总得分；

S_i——某方案某评价指标得分；

W_i——某评价指标的权重；

n——评价指标数；

i——评价指标数，$i=1,2,3,\cdots,n$。

这种方法的优点在于避免了多指标对比法指标间可能发生相互矛盾的现象，评价结果是唯一的。但是这种方法在确定权重及评分过程中可能存在主观臆断成分，同时由于分值是相对的，因而不能直接判断各方案各项功能的实际水平。

应用案例 5-1

某建筑工程有 4 个设计方案，选定评价指标为：安全性、实用性、经济性、美观性、其他五项，各指标的权重及各方案的得分(10 分制)见表 5-1，试选择最优设计方案。

【解】

采用多指标综合评分法计算结果见表 5-1。

表 5-1　多指标综合评分法计算表

评价指标	权重	甲方案		乙方案		丙方案		丁方案	
		得分	加权得分	得分	加权得分	得分	加权得分	得分	加权得分
安全性	0.3	9	2.7	8	2.4	9	2.7	9	2.7
实用性	0.2	8	1.6	7	1.4	9	1.8	6	1.2
经济性	0.2	8	1.6	9	1.8	6	1.2	8	1.6
美观性	0.2	8	1.6	9	1.8	8	1.6	9	1.8
其他	0.1	9	0.9	8	0.8	9	0.9	9	0.9
合计		—	8.4	—	8.2	—	8.2	—	8.2

由表 5-1 可知：甲方案的加权得分最高，所以甲方案最优。

2. 静态经济评价指标法

1) 投资回收期法

设计方案的比选往往是比选各方案的功能水平及成本。实施功能水平先进的设计方案一般效益比较好，但所需的投资一般也较多。因此，如果考虑用方案实施过程中的效益回收投资，那么通过反映初始投资补偿速度的指标，衡量设计方案优劣也是非常必要的。用投资回收期法评价某一方案的经济效益时，因为方案各年的收益可能相等也可能不等，所以计算方法也有区别。

2) 计算费用法

建筑工程的全生命是指建筑工程从勘察、设计、施工、建成后使用直至报废拆除所经历的时间。全生命费用包括工程建设费、使用维护费和拆除费。评价设计方案的优劣应考虑工程的全生命费用。但是初始投资和使用维护费是两类不同性质的费用，二者不能直接相加。因此，计算费用法是用一种合乎逻辑的方法将一次性投资与经常性的经营成本统一为一种性质的费用。计算费用法主要有年计算费用法和总计算费用法两种。

静态经济评价指标简单直观，易于接受，但是没有考虑时间价值以及各方案寿命的差异。

3. 动态经济评价指标法

动态经济评价指标是考虑时间价值的指标，比静态指标更全面、更科学。对于寿命期相同的设计方案，可以采用净现值法、净年值法、差额内部收益率法等评价其技术经济性的优劣。对于寿命期不同的设计方案比选，可以采用净年值法评价其技术经济性的优劣。

5.2.2 设计方案招投标和设计方案竞选

1. 设计方案招投标

设计方案招标投标是指招标单位就拟建工程的设计任务，发布招标公告或发出投标邀请书，以吸引设计单位参加投标，经招标单位审查符合投标资格的设计单位，按照招标文件要求在规定的时间内向招标单位填报投标文件，从而择优确定设计中标单位来完成工程设计任务的过程。

2. 设计方案竞选

设计方案竞选是指由组织竞选活动的单位发布竞选公告，吸引设计单位来参加方案竞选，参加竞选的设计单位按照竞选文件和国家关于《城市建筑方案设计文件编制深度规定》，做好方案设计和编制有关文件，经具有相应资格的注册建筑师签字，并加盖单位法人或委托的代理人的印鉴，在规定日期内，密封送达组织竞选单位。竞选单位邀请有关专家组成评定小组，采用科学方法，综合评定设计方案优劣，择优确定中选方案，最后双方签订合同。实践中，建筑工程特别是大型建筑设计的发包习惯上多采用设计方案竞选的方式。

5.2.3 价值工程在设计方案竞选中的应用

1. 价值工程的基本原理

1) 价值工程的概念

价值工程又称价值分析，是通过集体智慧和有组织的活动，对所研究对象的功能与费用进行系统分析,不断创新,旨在提高研究对象价值的思想方法和管理技术。价值工程是以最低的寿命周期成本,可靠地实现产品(或作业)的必要功能,是一种着重于功能分析的有组织的活动。

价值工程包含以下三方面的内容。

(1) 着眼于寿命周期成本。

一般来说,一个产品有两种寿命,一种是自然寿命,另一种是经济寿命。产品的自然寿命周期是从产品研制、生产、使用、维修、直到最后不能作为物品继续使用时的全部延续时间。但很多产品不是按自然寿命周期加以使用的,而是按产品的经济寿命来使用的,产品的经济寿命是从用户对某种产品提出需要开始,到满足用户需要为止所经过的时间。

产品的寿命周期费用又分成两部分:一是制造费用,二是使用费用。用户购买产品,就是按产品的价值支付购置费用,这个费用就是制造费用,它包括产品的研制、设计直到制造完成的全过程所消耗的支出,可用 C_1 表示;而用户在使用该产品过程中,还要支付维修费用、能源消耗费用等,我们称之为使用费用,可用 C_2 表示,产品的寿命周期费用就是 C_1 和 C_2 之和,即 $C=C_1+C_2$。

价值工程的主要任务之一,就是在保证产品功能的情况下,使产品的寿命周期成本降到最低。产品的寿命周期成本和产品的功能是密切相关的,随着产品功能水平的提高,制造费用上升,使用费用下降,如图 5.1 所示。若某一产品现在的功能水平为 F_1,寿命周期成本为 C_1,当该产品的功能水平由 F_1 上升到 F_2 时,费用则从 C_1 降低到 C_2,这时不但产品的功能水平较高,而且费用最低。我们的目的就是通过开展价值工程,在使产品的功能达到最适宜水平的条件下,使产品的费用降到最低,从而提高其价值,使用户和企业都得到最大的经济效益。

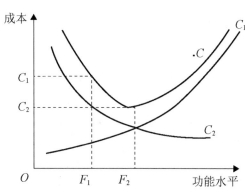

图 5.1 功能与成本关系图

(2) 着重于功能分析。

功能分析是价值工程的核心。在这里,功能就是产品或作业满足用户要求的某种属性。功能是产品所起的作用、所担负的职能,用户购买产品就是购买某种功能,企业只要为用户提供所需功能的手段,用户就乐意为此付出相应的代价。

(3) 是一种有组织的活动。

价值工程是按照系统性、逻辑性进行的有目的的思维活动,这必然要求在组织管理上,具有依靠集体智慧开展的有组织的活动。

从企业和用户两个方面综合考虑，价值工程中的价值是功能和成本的综合反映，也是两者的比值，表达式为：

$$V(价值指数) = \frac{F(功能指数)}{C(成本指数)}$$

一般地说，提高价值的途径有以下五种：一是功能不变，成本降低；二是功能提高，成本不变；三是功能提高，成本降低；四是成本略有提高，功能有大幅度提高；五是功能略有下降，成本大幅度下降。

2) 价值工程的一般程序

(1) 对象选择。这一步应明确研究目标、限制条件及分析范围。

(2) 组成价值工程领导小组，制订工作计划。

(3) 收集相关的信息资料并贯穿于全过程。

(4) 功能系统分析。这是价值工程的核心。

(5) 功能评价。

(6) 方案创新及评价。

(7) 由主管部门组织审批。

(8) 方案实施与检查。

应用案例 5-2

某大学拟建设学生公寓，对公寓项目的开发征集到若干设计方案，经筛选后对其中较为出色的四个设计方案作进一步的技术经济评价。专家组决定从五个方面(分别以 $F_1 \sim F_5$ 表示)对不同方案的功能进行评价，并对各功能的重要性达成以下共识：F_2 和 F_3 同样重要，F_4 和 F_5 同样重要，F_1 相对于 F_4 很重要，F_1 相对于 F_2 较重要；此后，各专家对该四个方案的功能满足程度分别打分，其结果见表 5-2。

根据造价工程师估算，A、B、C、D 四个方案的单方造价分别为 1420 元/m²、1230 元/m²、1150 元/m²、1360 元/m²。

表 5-2 方案功能得分

方案功能	方案功能得分			
	A	B	C	D
F_1	9	10	9	8
F_2	10	10	8	9
F_3	9	9	10	9
F_4	8	8	8	7
F_5	9	7	9	6

【问题】

(1) 计算各功能的权重。

(2) 用价值指数法选择最佳设计方案。

【案例解析】

本案例仅给出各功能因素重要性之间的关系，各功能因素的权重需要根据 0—4 评分法的计分办法自行计算。按 0—4 评分法的规定,两个功能因素比较时,其相对重要程度有以下三种基本情况。

(1) 很重要的功能因素得 4 分,另一很不重要的功能因素得 0 分。
(2) 较重要的功能因素得 3 分,另一较不重要的功能因素得 1 分。
(3) 同样重要或基本同样重要时,则两个功能因素各得 2 分。

【解】
问题(1):
根据背景资料所给出的相对重要程度条件,各功能权重的计算结果见表 5-3。

表 5-3 功能权重计算表

方案功能	F_1	F_2	F_3	F_4	F_5	得分	权重
F_1	×	3	3	4	4	14	14/40=0.350
F_2	1	×	2	3	3	9	9/40=0.225
F_3	1	2	×	3	3	9	9/40=0.225
F_4	0	1	1	×	2	4	4/40=0.100
F_5	0	1	1	2	×	4	4/40=0.100
合计						40	1.000

问题(2):
分别计算各方案的功能指数、成本指数、价值指数。
① 计算功能指数。
将各方案的各功能得分分别与该功能的权重相乘,然后汇总即为该方案的功能加权得分,各方案的功能加权得分为:

W_A =9×0.350+10×0.225+9×0.225+8×0.100+9×0.100=9.125
W_B =10×0.350+10×0.225+9×0.225+8×0.100+7×0.100=9.275
W_C =9×0.350+8×0.225+10×0.225+8×0.100+9×0.100=8.900
W_D =8×0.350+9×0.225+9×0.225+7×0.100+6×0.100=8.150

各方案功能的总加权得分为 $W = W_A + W_B + W_C + W_D$ =9.125+9.275+8.900+8.150=35.45
因此,各方案的功能指数为:

F_A=9.125/35.45=0.257
F_B=9.275/35.45=0.262
F_C=8.900/35.45=0.251
F_D=8.150/35.45=0.230

② 计算各方案的成本指数。
各方案的成本指数为:

C_A=1420/(1420+1230+1150+1360)=1420/5160=0.275
C_B=1230/5160=0.238
C_C=1150/5160=0.223
C_D=1360/5160=0.264

③ 计算各方案的价值指数。
各方案的价值指数为:

$V_A=F_A/C_A$=0.257/0.275=0.935

$V_B = F_B/C_B = 0.262/0.238 = 1.101$
$V_C = F_C/C_C = 0.251/0.223 = 1.126$
$V_D = F_D/C_D = 0.230/0.264 = 0.871$

由于 C 方案的价值指数最大,所以 C 方案为最佳方案。

应用案例 5-3

某施工单位在某高层住宅楼的现浇楼板施工中,拟采用钢木组合模板体系或小钢模体系施工。经有关专家讨论,决定从模板总摊销费用(F_1)、楼板浇筑质量(F_2)、模板人工费(F_3)、模板周转时间(F_4)、模板装拆便利性(F_5)五个技术经济指标对该两个方案进行评价,并采用 0—1 评分法对各技术经济指标的重要程度进行评分,其部分结果见表 5-4,两方案各技术经济指标的得分见表 5-5。

经造价工程师估算,钢木组合模板在该工程的总摊销费用为 40 万元,每平方米楼板的模板人工费为 8.5 元;小钢模在该工程的总摊销费用为 50 万元,每平方米楼板的模板人工费为 6.8 元。该住宅楼的楼板工程量为 2.5 万平方米。

表 5-4 各技术经济指标重要程度评分表

技术经济指标	F_1	F_2	F_3	F_4	F_5
F_1	×	0	1	1	1
F_2		×	1	1	1
F_3			×	0	1
F_4				×	1
F_5					×

表 5-5 各技术经济指标得分表

指标	方案	
	钢木组合模板体系	小钢模体系
F_1	10	8
F_2	8	10
F_3	8	10
F_4	10	7
F_5	10	9

【问题】

(1) 试确定各技术经济指标的权重(计算结果保留 3 位小数)。

(2) 若以楼板工程的单方模板费用作为成本比较对象,试用价值指数法选择较经济的模板体系(功能指数、成本指数、价值指数的计算结果均保留 2 位小数)。

【案例解析】

问题(1):需要根据 0—1 评分法的计分办法将表 5-4 中的空缺部分补齐后再计算各技术经济指标的得分,进而确定其权重。0—1 评分法的特点是两指标(或功能)相比较时,不论两者的重要程度相差多大,较重要的得 1 分,较不重要的得 0 分。在运用 0—1 评分法时还需注意,采用 0—1 评分法确定指标重要程度得分时，会出现合计得分为零的指标(或功能)，需要将各指标合计得分分别加 1 进行修正后再计算其权重。

问题(2)：需要根据背景资料所给出的数据计算两方案楼板工程量的单方模板费用，再计算其成本指数。

【解】

问题(1)：

根据 0—1 评分法的计分办法，两指标(或功能)相比较时，较重要的指标得 1 分，另一较不重要的指标得 0 分。各技术经济指标得分和权重的计算结果见表 5-6。

表 5-6 指标权重计算表

技术经济指标	F_1	F_2	F_3	F_4	F_5	得分	修正得分	权 重
F_1	×	0	1	1	1	3	4	4/15=0.267
F_2	1	×	1	1	1	4	5	5/15=0.333
F_3	0	0	×	0	1	1	2	2/15=0.133
F_4	0	0	1	×	1	2	3	3/15=0.200
F_5	0	0	0	0	×	0	1	1/15=0.067
合计						10	15	1.000

问题(2)：

① 计算两方案的功能指数，结果见表 5-7。

表 5-7 功能指数计算表

技术经济指标	权重	钢木组合模板体系	小钢模体系
F_1	0.267	10×0.267=2.67	8×0.267=2.14
F_2	0.333	8×0.333=2.66	10×0.333=3.33
F_3	0.133	8×0.133=1.06	10×0.133=1.33
F_4	0.200	10×0.200=2.00	7×0.200=1.40
F_5	0.067	10×0.067=0.67	9×0.067=0.60
合计	1.000	9.06	8.80
功能指数		9.06/(9.06+8.80)=0.51	8.80/(9.06+8.80)=0.49

② 计算两方案的成本指数。

钢木组合模板的单方模板费用为：40/2.5+8.5=24.5(元/m²)

小钢模的单方模板费用为：50/2.5+6.8=26.8(元/m²)

则，钢木组合模板的成本指数为：24.5/(24.5+26.8)=0.48

小钢模的成本指数为：26.8/(24.5+26.8)=0.52

③ 计算两方案的价值指数。

钢木组合模板的价值指数为：0.51/0.48=1.06

小钢模的价值指数为：0.49/0.52=0.94

因为钢木组合模板的价值指数高于小钢模的价值指数，故应选用钢木组合模板体系。

2. 价值工程在设计阶段工程造价控制中的应用

利用价值工程控制设计阶段工程造价有以下步骤。

(1) 对象选择。在设计阶段,应用价值工程控制工程造价应以对控制造价影响较大的项目作为价值工程的研究对象。

(2) 功能分析。分析研究对象具有哪些功能,各项功能之间的关系如何。

(3) 功能评价。评价各项功能,确定功能评价系数,并计算实现各项功能的现实成本是多少,从而计算各项功能的价值系数。价值系数小于 1 的,应该在功能水平不变的条件下降低成本,或在成本不变的条件下提高功能水平;价值系数大于 1 的,如果是重要的功能,则应该提高成本,以保证重要功能的实现。如果该项功能不重要,可以不做改变。

(4) 分配目标成本。根据限额设计的要求,确定研究对象的目标成本,并以功能评价系数为基础,将目标成本分摊到各项功能上,与各项功能的现实成本进行对比,确定成本改进期望值。成本改进期望值大的,应首先重点改进。

(5) 方案创新及评价。根据价值分析结果及目标成本分配结果的要求提出各种方案,并用加权评分法选出最优方案,以使设计方案更加合理。

应用案例 5-4

某市高新技术开发区有综合楼设计了三套方案,其设计方案对比项目如下,各方案各功能的权重及得分见表 5-8。

A 方案:结构方案为大柱网框架轻墙体系,采用预应力大跨度叠合楼板,墙体材料采用多孔砖及移动式可拆装式分室隔墙,窗户采用单框双玻璃钢塑窗,面积利用系数为 93%,单方造价为 1438 元/m²。

B 方案:结构方案同 A 方案,墙体采用内浇外砌,窗户采用单框双玻璃空腹钢窗,面积利用系数为 87%,单方造价为 1108 元/m²。

C 方案:结构方案采用砖混结构体系,采用多孔预应力板,墙体材料采用标准黏土砖,窗户采用单玻璃空腹钢窗,面积利用系数为 79%,单方造价为 1082 元/m²。

表 5-8 各方案各功能的权重及得分

方案功能	功能权重	方案功能得分		
		A	B	C
结构体系	0.25	10	10	8
模板类型	0.05	10	10	9
墙体材料	0.25	8	9	7
面积系数	0.35	9	8	7
窗户类型	0.10	9	7	8

【问题】

(1) 试应用价值工程方法选择最优设计方案。

(2) 为控制工程造价和进一步降低费用,拟针对所选的最优设计方案的土建工程部分,以工程材料费为对象开展价值工程分析。将土建工程划分为四个功能项目,各功能项目评分值及其目前成本见表 5-9。按限额设计要求,目标成本额应控制为 12170 万元。试分析各功能项目的目标成本及其可能降低的额度,并确定功能改进顺序。

表 5-9 功能项目评分及目前成本表

功能项目	功能评分	目前成本/万元
A. 桩基围护工程	10	1520
B. 地下室工程	11	1482
C. 主体结构工程	35	4705
D. 装饰工程	38	5105
合计	94	12812

【案例解析】

问题(1): 考核运用价值工程理论进行设计方案评价的方法、过程和原理。

问题(2): 考核运用价值工程理论进行设计方案优化和工程造价控制的方法。

价值工程要求方案满足必要功能,清除不必要功能。在运用价值工程对方案的功能进行分析时,各功能的价值指数有以下 3 种情况。

① $V=1$,说明该功能的重要性与其成本的比重大体相当,是合理的,无须再进行价值工程分析。

② $V<1$,说明该功能不太重要,而目前成本比重偏高,可能存在过剩功能,应作为重点分析对象,寻找降低成本的途径。

③ $V>1$,出现这种结果的原因较多,其中较常见的是: 该功能较重要,而目前成本偏低,可能未能充分实现该重要功能,应适当增加成本,以提高该功能的实现程度。

各功能目标成本的数值为总目标成本与该功能指数的乘积。

【解】

问题(1):

分别计算各方案的功能指数、成本指数和价值指数,并根据价值指数选择最优方案。

① 计算各方案的功能指数,见表 5-10。

表 5-10 功能指数计算表

方案功能	功能权重	方案功能加权得分		
		A	B	C
结构体系	0.25	10×0.25=2.50	10×0.25=2.50	8×0.25=2.00
模板类型	0.05	10×0.05=0.50	10×0.05=0.50	9×0.05=0.45
墙体材料	0.25	8×0.25=2.00	9×0.25=2.25	7×0.25=1.75
面积系数	0.35	9×0.35=3.15	8×0.35=2.80	7×0.35=2.45
窗户类型	0.10	9×0.10=0.90	7×0.10=0.70	8×0.10=0.80
合计		9.05	8.75	7.45
功能指数		9.05/25.25=0.358	8.75/25.25=0.347	7.45/25.25=0.295

② 计算各方案的成本指数,见表 5-11。

表 5-11 成本指数计算表

方　案	A	B	C	合　计
单方造价/(元/m²)	1438	1108	1082	3628
成本指数	0.396	0.305	0.298	0.999

③ 计算各方案的价值指数，见表 5-12。

表 5-12 价值指数计算表

方　案	A	B	C	合　计
功能指数	0.358	0.347	0.295	1.000
成本指数	0.396	0.305	0.298	1.000
价值指数	0.904	1.138	0.990	1.000

由表 5-12 的计算结果可知，B 设计方案的价值指数最高，为最优方案。

问题(2):

根据问题(1)的结果，对所选定的设计方案进一步分别计算桩基围护工程、地下室工程、主体结构工程和装饰工程的功能指数、成本指数和价值指数；再根据给定的总目标成本额，计算各工程内容的目标成本额，从而确定其成本降低额度。具体计算结果汇总见表 5-13。

表 5-13 功能指数、成本指数、价值指数和目标成本降低额计算表

功能项目	功能评分	功能指数	成本指数	价值指数	目前成本/万元	目标成本/万元	成本降低额/万元
桩基围护工程	10	0.1064	0.1186	0.8971	1520	1295	225
地下室工程	11	0.1170	0.1157	1.0112	1482	1424	58
主体结构工程	35	0.3723	0.3672	1.0139	4705	4531	174
装饰工程	38	0.4043	0.3985	1.0146	5105	4920	185
合计	94	1.0000	1.0000		12812	12170	642

由表 5-13 可知，桩基围护工程、地下室工程、主体结构工程和装饰工程均应通过适当方式降低成本。根据成本降低额的大小，功能改进顺序依此为：桩基围护工程、装饰工程、主体结构工程、地下室工程。

5.2.4 限额设计

1. 限额设计的概念

所谓限额设计，就是按照设计任务书批准的投资估算额进行初步设计，按照初步设计概算造价限额进行施工图设计，按施工图预算造价对施工图设计的各个专业设计文件做出决策，保证总投资限额不被突破。

2. 限额设计的造价控制

限额设计控制工程造价从两条线路实施，一种途径是按照限额设计过程从前往后依次进行控制，称为纵向控制；另一种途径是对设计单位及其内部各专业、科室及设计人员进

行考核，实施奖惩，进而保证质量，称为横向控制。

1) 限额设计的纵向控制

限额设计的纵向控制是指随着勘察设计阶段的不断深入，即从可行性研究、初步设计、技术设计到施工图设计阶段，各个阶段中都必须贯穿着限额设计。限额设计纵向控制的主要工作如下。

(1) 以审定的可行性研究阶段的投资估算，作为初步设计阶段限额设计的目标。

(2) 以批准的初步设计概算，作为施工图设计阶段限额设计的目标。

(3) 加强设计变更管理，把设计变更尽量控制在施工图设计阶段。

2) 限额设计的横向控制

限额设计横向控制的主要工作就是健全和加强设计单位对建设单位以及设计单位内部的经济责任制，建立起限额设计的奖惩机制。

3. 限额设计的不足及完善

1) 限额设计的不足

(1) 限额设计中投资估算、设计概算、施工图预算等，都是建设项目的一次性投资，对项目建成后的维护使用费、项目使用期满后的拆除费用考虑较少，这样可能出现限额设计效果较好，但项目全生命费用不一定经济的现象。

(2) 限额设计强调了设计限额的重要性，而忽视了工程功能水平的要求及功能与成本的匹配性，可能会出现功能水平过低而增加工程运营维护成本的情况，或在投资限额内没有达到最佳功能水平的现象。

(3) 限额设计的目的是提高投资控制的主动性，所以贯彻限额设计，重要的一点是在设计和施工图设计前，对工程项目、各单位工程、各分部工程进行合理的投资分配，控制设计。若在设计完成后发现概预算超了再进行设计变更，满足限额设计的要求，则会使投资控制处于被动地位，也会降低设计的合理性。

2) 限额设计的完善

限额设计要正确处理好投资限额与项目功能之间的对立统一关系，从如下方面加以改进和完善。

(1) 正确理解限额设计的含义，处理好限额设计与价值工程之间的关系。

(2) 合理确定设计限额。

(3) 合理分解和使用投资限额，为采纳有创新性的优秀设计方案及设计变更留有一定的余地。

课题 5.3 设计概算的编制与审核

5.3.1 设计概算的编制

1. 设计概算的作用

(1) 建设项目设计概算是设计文件的重要组成部分，是确定和控制建设项目全部投资的文件。

(2) 建设项目设计概算是编制固定资产投资计划、实行建设项目投资包干、签订承发包合同的依据。

(3) 建设项目设计概算是签订贷款合同、项目实施全过程造价控制管理以及考核项目经济合理性的依据。

2. 设计概算的编制依据

(1) 批准的可行性研究报告。
(2) 设计工程量。
(3) 项目涉及的概算定额或指标。
(4) 国家、行业和地方政府有关法律、法规或规定。
(5) 资金筹措方式。
(6) 正常的施工组织设计。
(7) 项目涉及的设备材料供应及价格。
(8) 项目的管理(含监理)、施工条件。
(9) 项目所在地区有关的气候、水文、地质地貌等自然条件。
(10) 项目所在地区有关的经济、人文等社会条件。
(11) 项目的技术复杂程度以及新技术、专利使用情况等。
(12) 有关文件、合同、协议等。

3. 设计概算文件的组成及应用表格

1) 设计概算文件的组成

设计概算的编制应采用单位工程概算、综合概算、总概算三级编制形式。当建设项目为一个单项工程时，可采用单位工程概算、总概算二级概算编制形式。

(1) 三级编制(总概算、综合概算、单位工程概算)形式设计概算文件的组成。

①封面、签署页及目录；②编制说明；③总概算表；④其他费用表：⑤综合概算表；⑥单位工程概算表；⑦附件：补充单位估价表。

(2) 二级编制(总概算、单位工程概算)形式设计概算文件的组成。

①封面、签署页及目录；②编制说明；③总概算表；④其他费用表；⑤单位工程概算表；⑥附件：补充单位估价表。

2) 概算文件及各种表格格式见表 5-14～表 5-30。

表 5-14　设计概算封面式样

(工程名称)

设计概算

档　案　号：
共　册　　第　册
(编制单位名称)
(工程造价咨询单位执业章)
年　月　日

表 5-15 设计概算签署页式样

(工程名称)

设计概算

档 案 号：

共　册　　第　册

编 制 人：＿＿＿＿＿＿ ：执业(从业)印章：＿＿＿＿＿＿

审 核 人：＿＿＿＿＿＿ ：执业(从业)印章：＿＿＿＿＿＿

审 定 人：＿＿＿＿＿＿ ：执业(从业)印章：＿＿＿＿＿＿

法定负责人：＿＿＿＿＿＿

表 5-16 设计概算目录式样

序 号	编 号	名 称	页 次
1		编制说明	
2		总概算表	
3		其他费用表	
4		预备费计算表	
5		专项费用计算表	
6		×××综合概算表	
7		×××综合概算表	
…		……	
…		×××单位工程概算表	
…		×××单位工程概算表	
…		……	
…		补充单位估价表	
…		主要设备材料数量及价格表	
…		概算相关资料	

表 5-17 编制说明式样

编制说明

1．工程概况。
2．主要技术经济指标。
3．编制依据。
4．工程费用计算表。
(1) 建筑工程工程费用计算表；
(2) 工艺安装工程工程费用计算表；
(3) 配套工程工程费用计算表；
(4) 其他工程工程费用计算表。
5．引进设备材料及有关费率取定及依据：国外运输费、国外运输保险费、海关税费、增值税、国内运杂费、其他有关税费。
6．其他有关说明的问题。
7．引进设备材料从属费用计算表。

表 5-18 总概算表(为采用三级概算形势的总概算的表格)

总概算编号：　　　　工程名称：　　　　单位：　　　　万元　共　页　第　页

序号	概算编号	工程项目或费用名称	建筑工程费	设备购置费	安装工程费	其他费用	合计	其中：引进部分		占总投资比例/(%)
								美元	折合人民币	
一		工程费用								
1		主要工程								
		×××××								
2		辅助工程								
		×××××								
3		配套工程								
		×××××								
二		其他费用								
1		×××××								
2		×××××								
三		预备费								
四		专项费用								
1		×××××								
		建设项目概算总投资								

编制人：　　　　　　　审核人：　　　　　　　审定人：

表 5-19 总概算表(为采用二级概算形式的总概算的表格)

总概算编号：　　　　工程名称：　　　　单位：　　　　万元　共　页　第　页

序号	概算编号	工程项目或费用名称	设计规模或主要工程量	建筑工程费	设备购置费	安装工程费	其他费用	合计	其中：引进部分		占总投资比例/(%)
									美元	折合人民币	
一		工程费用									
1		主要工程									
(1)	×××	×××××									
(2)	×××	×××××									
2		辅助工程									
(1)		×××××									

续表

序号	概算编号	工程项目或费用名称	设计规模或主要工程量	建筑工程费	设备购置费	安装工程费	其他费用	合计	其中：引进部分 美元	折合人民币	占总投资比例/(%)
3		配套工程									
(1)	×××	×××××									
二		其他费用									
1		×××××									
三		预备费									
四		专项费用									
1		×××××									
		建设项目概算总投资									

编制人：　　　　　　审核人：　　　　　　审定人：

表 5-20　其他费用表

工程名称：　　　　　　　　　　　单位：万元(元)　　　　　　　共　页　第　页

序号	费用项目编号	费用项目名称	费用计算基数	费率/(%)	金额	计算公式	备注
1							
2							
		合计					

编制人：　　　　　　审核人：　　　　　　审定人：

表 5-21　其他费用计算表

其他费用编号：　　　　　费用名称：　　　　　单位：万元(元)　　　共　页　第　页

序号	费用项目名称	费用计算基数	费率/(%)	金额	计算公式	备注
1						
2						
	合计					

编制人：　　　　　　审核人：　　　　　　审定人：

表 5-22 综合概算表

综合概算编号：　　　　　工程名称(单项工程)：　　　　　单位：万元　　　共　页　第　页

序号	概算编号	工程项目或费用名称	设计规模或主要工程量	建筑工程费	设备购置费	安装工程费	其他费用	合计	其中：引进部分	
									美元	折合人民币
一		主要工程								
1	×××	×××××								
2	×××	×××××								
二		辅助工程								
1	×××	×××××								
2	×××	×××××								
三		配套工程								
1	×××	×××××								
2	×××	×××××								
		单项工程概算费用合计								

编制人：　　　　　　　　审核人：　　　　　　　　审定人：

表 5-23 建筑工程概算表

单位工程概算编号：　　　　　工程名称(单位工程)：　　　　　　　　共　页　第　页

序号	定额编号	工程项目或费用名称	单位	数量	单价/元				合价/元			
					定额基价	人工费	材料费	机械费	金额	人工费	材料费	机械费
一		土石方工程										
1	×××	×××××										
2	×××	×××××										
二		砌筑工程										
1	×××	×××××										
2	×××	×××××										

续表

序号	定额编号	工程项目或费用名称	单位	数量	单价/元				合价/元			
					定额基价	人工费	材料费	机械费	金额	人工费	材料费	机械费
三		楼地面工程										
1	×××	×××××										
		小计										
		工程综合取费										
		单位工程概算费用合计										

编制人：　　　　　　　审核人：　　　　　　　审定人：

表 5-24　设备及安装工程概算表

单位工程概算编号：　　　　　工程名称(单位工程)：　　　　　　共　页　第　页

序号	定额编号	工程项目或费用名称	单位	数量	单价/元			其中		合价/元			其中	
					设备费	主材费	定额基价	人工费	机械费	设备费	主材费	定额费	人工费	机械费
一		设备安装												
1	×××	×××××												
2	×××	×××××												
二		管道安装												
1	×××	×××××												
2	×××	×××××												
三		防腐保温												
1	×××	×××××												
		小计												
		工程综合取费												
		合计(单位工程概算费用)												

编制人：　　　　　　　审核人：　　　　　　　审定人：

表 5-25 补充单位估价表

工程名称：
工作内容： 共 页 第 页

补充单位估价表编号				
定额基价				
人工费				
材料费				
机械费				

	名称	单位	单价	数量	
	综合工日				
材料					
	其他材料费				
机械					

编制人： 审核人： 审定人：

表 5-26 主要设备材料数量及价格表

序号	设备材料名称	规格型号及材质	单位	数量	单价/元	价格来源	备注

编制人： 审核人： 审定人：

表 5-27 总概算对比表

总概算编号： 工程名称： 单位：万元 共 页 第 页

序号	工程项目或费用名称	原批准概算					调整概算					差额(调整概算-原批准概算)	备注
		建筑工程费	设备购置费	安装工程费	其他费用	合计	建筑工程费	设备购置费	安装工程费	其他费用	合计		
一	工程费用												
1	主要工程												
	×××××												

续表

序号	工程项目或费用名称	原批准概算					调整概算					差额(调整概算-原批准概算)	备注
		建筑工程费	设备购置费	安装工程费	其他费用	合计	建筑工程费	设备购置费	安装工程费	其他费用	合计		
2	辅助工程												
	×××××												
3	配套工程												
	×××××												
二	其他费用												
1	×××××												
2	×××××												
三	预备费												
四	专项费用												
1	×××××												
	建设项目概算总投资												

编制人：　　　　　　　　　审核人：　　　　　　　　　审定人：

表 5-28　综合概算对比表

综合概算编号：　　　　工程名称：　　　　单位：万元　　　共　页　第　页

序号	工程项目或费用名称	原批准概算					调整概算					差额(调整概算-原批准概算)	调整的主要原因
		建筑工程费	设备购置费	安装工程费	其他费用	合计	建筑工程费	设备购置费	安装工程费	其他费用	合计		
一	主要工程												
1	×××××												
2	×××××												
3	×××××												
二	辅助工程												
1	×××××												
2	×××××												

续表

序号	工程项目或费用名称	原批准概算					调整概算					差额(调整概算-原批准概算)	调整的主要原因
		建筑工程费	设备购置费	安装工程费	其他费用	合计	建筑工程费	设备购置费	安装工程费	其他费用	合计		
三	配套工程												
1	×××××												
	单项概算费用合计												

编制人：　　　　　　　　　　审核人：　　　　　　　　　　审定人：

表 5-29　进口设备材料货价及从属费用计算表

序号	设备材料规格名称及费用名称	单位	数量	单价/美元	外币金额/美元				折合人民币/元	人民币金额/元					合计/元
					货价	运输费	保险费	其他费用	合计		关税	增值税	银号财务费	外贸手续费	国内运杂费	合计	

编制人：　　　　　　　　　　审核人：　　　　　　　　　　审定人：

表 5-30　工程费用计算程序表

序号	费用名称	取费基础	费率	计算公式

4. 设计概算的编制方法

1) 建设项目总概算及单项工程综合概算的编制

(1) 概算编制说明应包括以下主要内容。

① 项目概况：简述建设项目的建设地点、设计规模、建设性质(新建、扩建或改建)、工程类别、建设期(年限)、主要工程内容、主要工程量、主要工艺设备及数量等。

② 主要技术经济指标：项目概算总投资(有引进的给出所需外汇额度)及主要分项投资、主要技术经济指标(主要单位投资指标)等。

③ 资金来源：按资金来源不同渠道分别说明，发生资产租赁的说明租赁方式及租金。

④ 编制依据。

⑤ 其他需要说明的问题。

⑥ 总说明附表。

(2) 总概算表。概算总投资由工程费用、其他费用、预备费及应列入项目概算总投资中的几项费用组成。

第一部分工程费用：按单项工程综合概算组成编制，采用二级编制的按单位工程概算组成编制。市政民用建设项目一般排列顺序：主体建(构)筑物、辅助建(构)筑物、配套系统。工业建设项目一般排列顺序：主要工艺生产装置、辅助工艺生产装置、公用工程、总图运输、生产管理服务性工程、生活福利工程、厂外工程。

第二部分其他费用：一般按其他费用概算顺序列项，一般建设项目其他费用包括建设用地费、建设管理费、勘察设计费、可行性研究费、环境影响评价费、劳动安全卫生评价费、场地准备及临时设施费、工程保险费、联合试运转费、生产准备及开办费、特殊设备安全监督检验费、市政公用设施建设及绿化补偿费、引进技术和引进设备材料其他费、专利及专有技术使用费、研究试验费等。

第三部分预备费：包括基本预备费和涨价预备费，基本预备费以总概算第一部分"工程费用"和第二部分"其他费用"之和为基数的百分比计算。

第四部分应列入项目概算总投资中的几项费用：建设期利息，根据不同资金来源及利率分别计算；固定资产投资方向调节税，暂停征收；铺底流动资金，按国家或行业有关规定计算。

(3) 单项工程综合概算表。综合概算以单项工程所属的单位工程概算为基础，采用"综合概算表(三级编制)进行编制，分别按各单位工程概算汇总成若干个单项工程综合概算(图 5.2)。对单一的、具有独立性的单项工程建设项目，按二级编制形式编制，直接编制总概算。

2) 单位工程概算的编制方法

单位工程概算是编制单项工程综合概算(或项目总概算)的依据，单位工程概算项目根据单项工程中所属的每个单体按专业分别编制。单位工程概算一般分建筑工程、设备及安装工程两大类。

(1) 建筑工程单位工程概算编制。

建筑工程概算费用内容及组成见住建部《建筑安装工程费用项目组成》(建标[2013]44 号)。

建筑工程概算采用"建筑工程概算表"编制，按构成单位工程的主要分部分项工程编制，根据初步设计工程量按工程所在省、市、自治区颁发的概算定额(指标)或行业概算定额(指标)，以及工程费用定额计算。

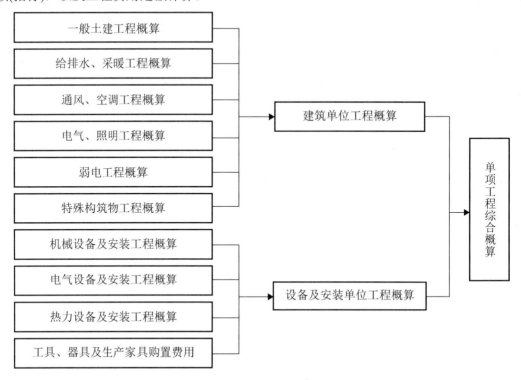

图 5.2　单项工程综合概算的组成内容

以房屋建筑为例，根据初步设计工程量按工程所在省、市、自治区颁发的概算定额(指标)分土石方工程、基础工程、墙壁工程、梁柱工程、楼地面工程、门窗工程、屋面工程、保温防水工程、室外附属工程、装饰工程等项编制概算，编制深度应达到《建筑安装工程工程量清单计价规范》(GB 50500—2013)的深度。

对于通用结构建筑可采用"造价指标"编制概算；对于特殊或重要的建(构)筑物，必须按构成单位工程的主要分部分项工程编制，必要时结合施工组织设计进行详细计算。

建筑工程概算的编制方法常用概算定额法(扩大单价法)、概算指标法、类似工程预算法来编制。

① 概算定额法。概算定额法也叫扩大单价法。当初步设计达到一定的深度，建筑结构较明确能够准确计算工程量时，可采用这种方法编制建筑工程概算。

采用概算定额法编制概算，首先要根据概算定额编制扩大单位估价表(概算定额单价)，然后用算出的扩大部分分项工程的工程量乘以概算定额单价，再进行具体计算。其中工程量的计算，必须根据定额中规定的各个扩大分部分项工程内容，并遵守定额中规定的计量单位、工程量计算规则及方法来进行。

应用案例 5-5

某办公楼建筑面积为 8000m^2，根据初步设计图纸和某省概算定额计算规则计算的土建工程量见表 5-31。从概算定额中查出的概算定额单价见表 5-31。该工程所在地各项费率分别为：措施费为直接工程费的 10%,间接费费率为 5%(以直接费为计算基数),综合税率为 3.41%,利润率为 7%,且该项目建设期间材料费上涨调整系数为 1.25(其中材料费占直接工程费比例为 70%)。编制该办公楼土建工程设计概算造价和单方造价。

表 5-31　某办公楼土建工程量和概算定额单价

分部工程名称	单　位	工　程　量	概算定额单价/元
基础工程	10m³	250	3500
混凝土及钢筋混凝土工程	10m³	400	7800
砌筑工程	10m³	220	3500
地面工程	100m²	50	1400
楼面工程	100m²	100	1600
屋面工程	100m²	50	2000
门窗工程	100m²	50	6000

根据已知条件和表 5-31 中数据及概算定额单价,计算办公楼土建工程设计概算造价和单方造价见表 5-32。

表 5-32　办公楼土建工程设计概算造价和单方造价计算表

序号	分部工程名称	单位	工程量	概算定额单价/元	合价/元
1	基础工程	10m³	250	3500	875000
2	混凝土及钢筋混凝土工程	10m³	400	7800	3120000
3	砌筑工程	10m³	220	3500	770000
4	地面工程	100m²	50	1400	70000
5	楼面工程	100m²	100	1600	160000
6	屋面工程	100m²	50	2000	100000
7	门窗工程	100m²	50	6000	300000
A	直接工程费小计		以上七项之和		5395000
B	措施费		A×10%		539500
C	直接费小计		A+B		5934500
D	间接费		C×5%		296725
E	利润		(C+D)×7%		436185.75
F	税金		(C+D+E)×3.41%		227358.71
概算造价/元			C+D+E+F		6894769.46
单方造价/(元/m²)			概算造价(元)/建筑面积(m²)		861.85

② 概算指标法。当初步设计深度不够,不能准确地计算工程量,但工程采用的技术比较成熟而又有类似概算指标可以利用时,可采用概算指标来编制概算。

概算指标是按一定计量单位规定的,比概算定额更综合扩大的分部工程或单位工程等人工、材料和机械台班的消耗量标准和造价指标。在建筑工程中,它往往按完整的建筑物、构筑物以 m²、m³ 或座等为计量单位。

由于拟建工程和类似工程的概算指标的技术条件不尽相同,或概算指标编制年份的设备、材料、人工等价格与拟建工程当时当地的价格也不会一样，因此必须对其调整。

a. 设计对象的结构特征与概算指标有局部差异时的调整。

$$结构变化修正概算指标(元/m^2)=J+Q_1P_1-Q_2P_2$$

式中： J——原概算指标；

Q_1——换入新结构的含量；

Q_2——换出旧结构的含量；

P_1——新结构的单价；

P_2——旧结构的单价。

或结构变化修正概算指表的工料机数量=原指标消耗数量+换入新结构工程量×相应的工料机消量-换出结构工程量×相应的工料机消耗量

以上两种方法，前者是直接修正结构构件指标单价，后者是修正结构构件人工、材料、机械台班消耗量。

b. 设备、人工、材料、机械台班费用的调整。

设备、人工、材料、机械台班修正概算费用=原概算指标各项费用+∑换入各项数量×拟建地区单价-∑换出各项数量×原概算指标的各项目单价

应用案例 5-6

某新建住宅楼，建筑面积4000m²，建筑工程直接工程费单价为450元/m²，其中毛石基础50元/m²。现新建一住宅楼6000m²，采用钢筋混凝土带形基础为80元/m²，其他结构相同。求新建工程建筑工程直接工程费造价。

【解】

调整后的建筑工程直接工程费单价=450-50+80=480(元/m²)

新建工程建筑工程直接工程费=6000×480=2880000(元)

然后按与概算定额法同样的计算程序和方法计算出措施费、规费、企业管理费、利润和税金，便可求出新建工程费造价。

③ 类似工程预算法。当工程设计对象与已建或在建工程相类似，结构特征基本相同，或者概算定额和概算指标不全时，就可以采用这种方法编制单位工程概算。

类似工程预算法就是以原有的相似工程的预算为基础，按编制概算指标方法，求出单位工程的概算指标，再按概算指标法编制建筑工程概算。

利用类似预算，应考虑以下条件：设计对象与类似预算的设计在结构上的差异；设计对象与类似预算的设计在建筑上的差异；地区工资的差异；材料预算价格的差异；施工机械使用费的差异；间接费用的差异等。

对于结构及建筑上的差异，可参考概算指标法加以修正，其他则须编制修正系数。

类似工程造价的价差调整常用的有两种方法。

a. 类似工程造价资料数据有具体的工、料、机用量时，用其乘以拟建地的工、料、机单价，计算出直接工程费，再乘以当地的综合费率，即可得出所需的造价指标。

b. 类似工程造价资料数据只有人工费、材料费、机械费、其他费、现场费、间接费时，调整如下：

$$D = A \times K$$
$$K = a\%K_1 + b\%K_2 + c\%K_3 + d\%K_4 + e\%K_5$$

式中：
D——拟建工程单方造价；
A——类似工程单方造价；
K——综合调整系数；
$a\%$，$b\%$，$c\%$，$d\%$，$e\%$——类似工程的人工费、材料费、机械费、措施费、间接费占预算造价的比重；
K_1，K_2，K_3，K_4，K_5——拟建工程地区与类似工程预算造价在人工费、材料费、机械费、措施费、间接费之间的差异系数。

应用案例 5-7

某学校新建一栋教学楼，建筑面积为 4000m²，原建类似工程的相关资料如下。

①类似工程的建筑面积 2800m²，概算成本为 940000 元。②类似工程各种费用占预算造价的比例是：人工费 14%，材料费 61%，施工机具使用费 10%，企业管理费 9%，其他费 6%。③拟建工程地区与类似工程所在地区造价之间的差异系数为：人工费 1.03，材料费 1.04，施工机具使用费 0.98，企业管理费 0.96，其他费 0.90。④利润率、规费费率及税金率为 10%。使用类似工程预算法编制该教学楼的设计概算。

【解】

(1) 综合调整系数为：
$$K = a\%K_1 + b\%K_2 + c\%K_3 + d\%K_4 + e\%K_5$$
$$= 14\% \times 1.03 + 61\% \times 1.04 + 10\% \times 0.98 + 9\% \times 0.96 + 6\% \times 0.9$$
$$= 1.017$$

(2) 类似工程概算单方成本为：
$$940000/2800 = 300(元/m^2)$$

(3) 拟建教学楼概算单方成本为：
$$300 \times 1.017 = 305.1(元/m^2)$$

(4) 拟建教学楼概算单方造价为：
$$305.1 \times (1+10\%) = 335.61(元/m^2)$$

(5) 拟建教学楼概算造价为：
$$335.61 \times 4000 = 1342440(元)$$

(2) 设备及安装工程单位工程概算。

设备及安装工程概算费用由设备购置费和安装工程费组成。

① 设备购置费。

定型或成套设备费=设备出厂价格+运输费+采购保管费

引进设备费用分外币和人民币两种支付方式，外币部分按美元或其他国际主要流通货币计算。

非标准设备原价有多种不同的计算方法，如综合单价法、成本计算估价法、系列设备插入估价法、分部组合估价法、定额估价法等。一般采用不同种类设备综合单价法计算，计算公式如下：

$$设备费 = \sum 综合单价(元/t) \times 设备单重(t)$$

工具、器具及生产家具购置费一般以设备购置费为计算基数，按照部门或行业规定的工具、器具及生产家具费费率计算。

② 安装工程费。安装工程费用内容组成及工程费用计算方法见住建部号《建筑安装工程费用项目组成》(建标[2013]44号)。其中，辅助材料费按概算定额(指标)计算，主要材料费以消耗量按工程所在地当年预算价格(或市场价)计算。

引进材料费用计算方法与引进设备费用计算方法相同。

设备及安装工程概算采用"设备及安装工程概算表"形式，按构成单位工程的主要分部分项工程编制，根据初步设计工程量按工程所在省、市、自治区颁发的概算定额(指标)或行业概算定额(指标)，以及工程费用定额计算。概算编制深度可参照《建筑安装工程工程量清单计价规范》(GB 50500—2013)深度执行。当概算定额或指标不能满足概算编制要求时，应编制"补充单位估价表"。

设备安装工程概算的编制方法是根据初步设计深度和要求明确的程度来确定的，其主要编制方法有以下几种。

a. 预算单价法。当初步设计较深，有详细的设备清单时，可直接按安装工程预算定额单价编制安装工程概算，概算编制程序基本同安装工程施工图预算。该法具有计算比较具体、精确性较高的优点。

b. 扩大单价法。当初步设计深度不够，设备清单不完备，只有主体设备或仅有成套设备重量时，可采用主体设备、成套设备的综合扩大安装单价来编制概算。

c. 设备价值百分比法，又叫安装设备百分比法。当初步设计深度不够，只有设备出厂价而无详细规格、重量时，安装费可按占设备费的百分比计算。其百分比值(即安装费率)由主管部门制定或由设计单位根据已完类似工程确定。该法常用于价格波动不大的定型产品和通用设备产品，公式可表示为：

$$设备安装费 = 设备原价 \times 安装费率(\%)$$

d. 综合吨位指标法。当初步设计提供的设备清单有规格和设备重量时，可采用综合吨位指标编制概算，综合吨位指标由主管部门或由设计院根据已完类似工程资料确定。该法常用于设备价格波动较大的非标准设备和引进设备的安装工程概算，公式可表示为：

$$设备安装费 = 设备吨重 \times 每吨设备安装费指标$$

a、b两种方法的具体操作与建筑工程概算相类似。

5.3.2 调整设计概算的编制

设计概算批准后，一般不得调整，由于某些原因原设计概算额不能满足建设项目实际需要时，由建设单位调查分析变更原因，报主管部门审批同意后，由原设计单位核实编制调整概算，并按有关审批程序报批。

设计概算调整的主要原因有：①超出原设计范围的重大变更；②超出基本预备费规定范围不可抗拒的重大自然灾害引起的工程变动和费用增加；③超出工程造价调整预备费的国家重大政策性的调整。

一个工程只允许调整一次概算。调整概算编制深度与要求、文件组成及表格形式同原设计概算,调整概算还应对工程概算调整的原因做详尽分析说明,所调整的内容在调整概算总说明中要逐项与原批准概算对比,并编制调整前后概算对比表,分析主要变更原因。在上报调整概算时,应同时提供有关文件和调整依据。

5.3.3 设计概算的审查

1. 设计概算审查的意义

(1) 可以促进概算编制单位严格执行国家有关概算的编制规定和费用标准,提高概算的编制质量。

(2) 有助于促进设计技术先进性与经济合理性。

(3) 可以防止任意扩大建设规模和减少漏项的可能。

(4) 可以正确地确定工程造价,合理地分配投资资金。

2. 设计概算审查的主要内容

1) 审查设计概算的编制依据

(1) 国家有关部门的文件,包括设计概算编制办法、设计概算的管理办法和设计标准等有关规定。

(2) 国务院主管部门和各省、市、自治区根据国家规定或授权制定的各种规定及办法等。

(3) 建设项目的有关文件,如批准的可行性研究报告及有关文件等。

主要审查这些依据的合法性、时效性和适用范围,审查是否有跨部门、跨地区、跨行业应用依据的情况。

2) 审查概算书

主要审查概算书的编制深度,即是否按规定编制了"三级概算",有无简化现象;审查建设规模及工程量,有无多算、漏算或重算;审查计价指标是否符合现行规定;审查初步设计与采用的概算定额或扩大结构定额的结构特征描述是否相符;概算书若进行了修正、换算,审查修正部分的增减量是否准确、换算是否恰当;对于用概算定额和扩大分项工程量计算的概算书,还要审查工程量的计算和定额套用有无错误。

3) 审查设计概算的构成

(1) 单位工程概算的审查。

审查单位工程概算,首先,要熟悉各地区和各部门编制概算的有关规定,了解其项目划分及其取费规定,掌握编制依据、编制程序和编制方法。其次,要从分析技术经济指标入手,选好审查重点,依次进行,其主要审查内容如下:①审查工程量,根据初步设计文件进行审查;②审查材料预算价格,要着重对材料原价和运输费用进行审查;③审查其他各项费用。

(2) 综合概算和总概算的审查。

综合概算和总概算主要审查内容如下:①审查概算的编制是否符合国家的方针、政策的要求;②审查概算文件的组成;③审查总图设计和工艺流程。

4) 审查经济效果

概算是设计的经济反映,对投资的经济效果要进行全面考虑。不仅要看投资的多少,还要看社会效果,并从建设周期、原材料来源、生产条件、产品销路、资金回收和盈利等因素综合考虑,全面衡量。

5) 审查项目的"三废"治理

项目设计的同时必须安排"三废"(废水、废气、废渣)的治理方案和投资,对于未作安排或漏列的项目,应按国家规定要求列入项目内容和投资。

6) 审查一些具体项目

(1) 审查各项技术经济指标是否经济合理。

(2) 审查建筑工程费。

(3) 审查设备及安装工程费。

(4) 审查各项其他费用。

3. 审查设计概算的形式和方法

1) 审查设计概算的形式

审查设计概算并不仅仅审查概算,同时还要审查设计。一般情况下,是由建设项目的主管部门组织建设单位、设计单位、造价咨询等有关部门,采用会审的形式进行审查。

2) 审查设计概算的方法

(1) 对比分析法。通过建设规模、标准与立项批文对比,工程量与设计图纸对比,综合范围、内容与编制方法、规定对比,各项取费与规定标准对比,材料、人工单价与统一信息对比,引进投资与报价要求对比,技术经济指标与同类工程对比等,容易发现存在的主要问题和偏差,较好地判别设计概算的准确性。

(2) 主要问题复核法。对审查中发现的主要问题及偏差大的工程进行复核,复核时尽量按照编制规定或对照图纸进行详细核查,慎重、公正地纠正概算偏差。

(3) 查询核实法。是对一些关键设备和设施、重要装置、引进工程图纸不全、难以核算的较大投资进行多方查询核对,逐项落实的方法。

(4) 联合会审法。联合会审前,先由设计单位自审,主管、设计、承包单位初审,工程造价咨询公司评审,邀请同行专家预审,审批部门复审等,经层层审查把关后,再由有关单位和专家进行会审。

经过审查、修改后的设计概算,提交审批部门复核后,正式下达审批概算。

课题 5.4　施工图预算的编制与审核

建设项目施工图预算是施工图设计阶段合理确定和有效控制工程造价的重要依据。它是根据拟建工程已批准的施工图纸和既定的施工方法,按照国家现行的预算定额和单位估价表及有关费用定额编制而成。施工图预算应当控制在批准的初步设计概算内,不得任意突破。施工图预算由建设单位委托设计单位、施工单位或中介服务机构编制,由建设单位负责审核,或由建设单位委托中介服务机构审核。

5.4.1　施工图预算的编制

1. 施工图预算的作用

(1) 施工图预算是确定工程造价的依据。

(2) 施工图预算是建设单位与施工单位签订施工合同的依据,是办理工程结算和竣工结算的依据。

(3) 施工图预算是施工单位编制施工计划和统计完成工程量的依据。

(4) 施工图预算是施工单位进行经济核算和实行"两算"对比的依据。

2. 施工图预算的编制依据及要求

1) 建设项目施工图预算的编制依据

(1) 国家、行业、地方政府发布的计价依据、有关法律法规或规定。

(2) 建设项目的有关文件、合同、协议等。

(3) 批准的设计概算。

(4) 批准的施工图设计图纸及相关标准图集和规范。

(5) 相应预算定额和地区单位估价表。

(6) 合理的施工组织设计和施工方案等文件。

(7) 项目有关的设备、材料供应合同、价格及相关说明书。

(8) 项目所在地区有关的气候、水文、地质地貌等的自然条件。

(9) 项目的技术复杂程度,以及新技术、专利使用情况等。

(10) 项目所在地区有关的经济、人文等社会条件。

施工图预算编制依据涉及面很广,一般指编制建设项目施工图预算所需的一切基础资料。对于不同项目,其编制依据不尽相同。施工图预算文件编制人员必须深入现场进行调研,收集编制施工图预算所需的定额、价格、费用标准,以及国家或行业、当地主管部门的规定、办法等资料。投资方(项目业主)应当主动配合并向编制单位提供有关资料。

2) 施工图预算编制依据的要求

(1) 定额和标准的时效性:施工图预算文件编制期正在执行使用的定额和标准,对于已经作废或还没有正式颁布执行的定额和标准禁止使用。

(2) 具有针对性:要针对项目特点,使用相关的编制依据,并在编制说明中加以说明。

(3) 合理性:施工图预算文件中所使用的编制依据对项目的造价水平的确定应当是合理的,也就是说,按照该编制依据编制的项目造价能够反映项目实施的真实造价水平。

(4) 对影响造价或投资水平的主要因素或关键工程的必要说明:施工图预算文件编制依据中应对影响造价或投资水平的主要因素作较为详尽的说明,对影响造价或投资水平关键工程造价水平的确定作较为详尽的说明。

施工图预算编制要求保证其编制依据的合法性、有效性;保证工程项目预算无漏项、工程量计算准确;保证预算报告的完整性、准确性、全面性;要考虑施工现场实际情况,并结合合理的施工组织设计进行编制;编制的施工图预算价应控制在已批准的设计概算投资范围内。

3. 施工图预算的内容

施工图预算的主要工作内容包括单位工程施工图预算、单项工程施工图预算和建设项目施工图总预算。

(1) 单位工程施工图预算包括建筑工程预算和设备安装工程预算。建筑工程预算按其工程性质分为一般土建工程预算、卫生工程预算、电气照明工程预算、弱电工程预算、特殊构筑物(如炉窑、烟囱、水塔等)工程预算和工业管道工程预算等。设备安装工程预算可分为机械设备安装工程预算、电气设备安装工程预算和热力设备安装工程预算等。

(2) 单项工程施工图预算应由组成本单项工程的所有各单位工程施工图预算汇总而成。

(3) 建设项目的施工图总预算应由组成项目的所有各单项工程施工图预算汇总而成。

4. 施工图预算的编制方法

1) 建设项目施工图预算的组成

(1) 建设项目施工图预算由总预算、综合预算和单位工程预算组成。

(2) 建设项目总预算由综合预算汇总而成。

(3) 综合预算由组成本单位工程的各单位工程预算汇总而成。

(4) 单位工程预算包括建筑工程预算和设备及安装工程预算。

2) 单位工程预算的编制

单位工程预算的编制依据应根据施工图设计文件、预算定额(或综合单价)，以及人工、材料及施工机械台班等价格资料进行编制，主要编制方法有单价法和实物量法。其中单价法又分为定额单价法和工程量清单单价法。

(1) 单价法。它是用事先编制好的分项工程的单位估价表来编制施工图预算的方法。按施工图计算的各分项工程的工程量，乘以相应单价，汇总相加，得到单位工程的人工费、材料费、机械使用费之和；再加上按规定程序计算出来的其他直接费、现场经费、间接费、计划利润和税金，便可得出单位工程的施工图预算造价。

单价法编制施工图预算的计算公式表述为：

$$单位工程施工图预算直接费 = \sum(工程量 \times 预算定额单价)$$

① 定额单价法是用事先编制好的分项工程的单位估价表来编制施工预算图预算的方法。

② 工程量清单单价法是指根据招标人按照国家统一的工程量计算规则提供工程数量，采用综合单价的形式计算工程造价的方法。

(2) 实物量法。它是依据施工图纸和预算定额的项目划分及工程量计算规则，先计算出分部分项工程量，然后套用预算定额(实物量定额)来编制施工图预算的方法。

① 依据施工图纸和预算定额的项目划分及工程量计算规则，先计算出分部分项工程量。

② 然后套用预算定额(实物量定额)计算出各类人工、材料、机械的实物消耗量。

③ 再根据预算编制期的人工、材料、机械价格计算出直接费。

④ 最后再依据费用定额计算其他直接费、间接费、利润和税金等。

实物法编制施工图预算，其中直接费的计算公式为：

$$\begin{aligned}单位工程预算直接费 = &\sum(工程量 \times 人工预算定额用量 \times 当时当地人工工资单价) + \\ &\sum(工程量 \times 材料预算定额用量 \times 当时当地材料预算价格) + \\ &\sum(工程量 \times 施工机械台班预算定额用量 \times \\ &当时当地机械台班单价)\end{aligned}$$

3) 建设工程造价组成

(1) 综合预算造价由组成该单项工程的各个单位工程预算造价汇总而成。

(2) 总预算造价由组成该建设项目的各个单项工程综合预算以及经计算的工程建设其他费、预备费、建设期贷款利息、固定资产投资方向调节税(暂停征收)汇总而成。

4) 建筑工程预算编制

(1) 建筑工程预算费用内容及组成，应符合《建筑安装工程费用项目组成》(建标

[2013]44号)的有关规定。

(2) 建筑工程预算采用"建筑工程预算表",按构成单位工程的分部分项工程编制,根据设计施工图纸计算各分部分项工程量,按工程所在省、自治区、直辖市或行业颁发的预算定额或单位估价表,以及建筑安装工程费用定额进行编制。

5) 安装工程预算编制

(1) 安装工程预算费用组成应符合住建部《建筑安装工程费用项目组成》(建标[2013]44号)的有关规定。

(2) 安装工程预算采用"设备及安装工程预算表",按构成单位工程的分部分项工程编制,根据设计施工图计算各分部分项工程工程量,按工程所在省、自治区、直辖市或行业颁发的预算定额或单位估价表,以及建筑安装工程费用定额进行编制计算。

6) 设备及工具、器具购置费组成

(1) 设备购置费由设备原价和设备运杂费构成;工具、器具购置费一般以设备购置费为计算基数,按照规定的费率计算。

(2) 进口设备原价即该设备的抵岸价,引进设备费用分外币和人民币两种支付方式,外币部分按美元或其他国际主要流通货币计算。

(3) 国产标准设备原价即其出厂价,国产非标准设备原价有多种不同的计算方法,如综合单价法、成本计算估价法、系列设备插入估价法、分部组合估价法、定额估价法等。

(4) 工具、器具及生产家具购置费,是指按项目初步设计要求,保证初期正常生产必须购置的没有达到固定资产标准的设备、仪器、生产家具和备品备件等的购置费用。

7) 工程建设其他费用、预备费等

工程建设其他费用、预备费及应列入建设项目施工图预算中的几项费用的计算方法与计算顺序,应参照《建设项目设计概算编审规程》(CECA/GC 2—2007)第5.2节的规定编制。

5. 文件组成

施工图预算根据建设项目实际情况可采用三级预算编制或二级预算编制形式。当建设项目有多个单项工程时,应采用三级预算编制形式,三级预算编制形式由建设项目施工图总预算、单项工程综合预算、单位工程施工图预算组成。当建设项目只有一个单项工程时,应采用二级预算编制形式,二级预算编制形式由建设项目施工图总预算和单位工程施工图预算组成。

(1) 三级预算编制形式的工程预算文件的组成如下。

①封面、签署页及目录;②编制说明;③总预算表;④综合预算表;⑤单位工程预算表;⑥附件。

(2) 二级预算编制形式的工程预算文件的组成如下。

①封面、签署页及目录;②编制说明;③总预算表;④单位工程预算表;⑤附件。

5.4.2 调整施工图预算的编制

(1) 工程预算批准后,一般情况下不得调整。由于重大设计变更、政策性调整及不可抗力等原因造成的可以调整。

(2) 调整预算编制尝试与要求、文件组成及表格形式同原施工图预算。调整预算还应对工程预算调整的原因做详尽分析说明,所调整的内容在调整预算总说明中要逐项与原批准预算对比,并编制调整前后预算对比表,分析主要变更原因。在上报调整预算时,应同时提供有关文件和调整依据。

5.4.3 施工图预算的审查

施工图预算文件的审查,应当委托具有相应资质的工程造价咨询机构进行,从事建设工程施工图审查的人员,应具备相应的执业(从业)资格。施工图预算编制完成后,应经过相关责任人的审查、审核、审定三级审核程序,编制、审查、审核、审定和审批人员应在施工图预算文件上加盖注册造价工程师执业资格专用章或造价员从业资格章,并出具审查意见报告,报告要加盖咨询单位公章。

1. 施工图预算审查的主要内容

施工图预算审查应重点对工程量,工、料、机要素价格,预算单价的套用,费率及计取等进行审查。

(1) 审查施工图预算的编制是否符合现行国家、行业、地方政府有关法律、法规和规定要求。

(2) 审查工程量计算的准确性、工程量计算规则与计价规范规则或定额规则的一致性。

(3) 审查在施工图预算的编制过程中,各种计价依据使用是否恰当,各项费率的计取是否正确;审查依据主要有施工图设计资料、有关定额、施工组织设计、有关造价文件规定和技术规范、规程等。

(4) 审查各种要素市场价格选用是否合理。

(5) 审查施工图预算是否超过概算并进行偏差分析。

2. 施工图预算的审查方法

审查施工图预算的方法较多,可采用全面审查法、标准预算审查法、分组计算审查法、对比审查法、筛选审查法、重点审查法、分解对比审查法等,各审查方法的定义、特点和适用范围见表 5-33。

表 5-33 施工图审查方法一览表

审查方法	定 义	特 点	适用范围
全面审查法	按预算定额顺序或施工的先后顺序逐一地全部进行审查	全面细致,差错较少,质量高;工作量大	工程量比较小、工艺比较简单的工程,编制工程预算的技术量比较薄弱
标准预算审查法	利用标准图纸或通过图纸施工的工程,编制标准预算	时间短,效果好,好定案;适用范围小	适用按标准图纸设计的工程
分组计算审查法	把预算中的项目划分为若干组,审查或计算同一组中某个分项的工作量,判断同组中其他项目计算的准确程度的方法	审查速度快	适用范围较广
对比审查法	用已建工程的预算或未建但已审查修正的预算对比审查类似拟建工程预算的一种方法		适用于存在类似已建工程或未建但已审查修正的工程

续表

审查方法	定 义	特 点	适用范围
筛选审查法	以工程量、造价(价值)、用工三个基本值筛选出类似数据的代表值，进行审查修正的方法	简单易懂，便于掌握，审查速度和发展问题快；不能直接确定问题和原因所在	适用于住宅工程或不具备全面审查条件的工程
重点审查法	抓住工程预算中的重点进行审查的方法	重点突出，审查时间短，效果好；不全面	工程重点突出的工程，审查重点一般是工程量大或造价较高、工程结构复杂的工程，补充单位估价表，计取的各项费用(计费基础、取费标准等)
利用手册审查法	把各项整理成预算手册，按手册对照审查的方法	大大简化预结算的编审工作	
分析对比审查法	把单位工程进行分解，分别与审定的标准预算进行对比分析的方法		

单元小结

本单元介绍了工程设计阶段工程造价管理的内容与方法；对设计方案的技术经济评价方法进行了详细的介绍；在设计方案的优选与限额设计中，介绍了0—4评分法和0—1评分法，并重点介绍了价值工程在设计阶段对工程造价控制的应用；以建设工程造价管理协会发布的《建设项目设计概算编审规程》(CECA/GC 2—2007)为依据，详细介绍了设计概算编制的具体要求和方法，并给出了具体实例；施工图预算的编制与审查部分以中国建设工程造价管理协会发布的《建设项目施工图预算编审规程》(CECA/GC 5—2010)为依据进行了分析，不再进行具体案例的讲解，具体的施工图预算编制将在《建筑工程造价》和《工程量清单与计价》中讲解。

综合案例

【综合应用案例】

某地2011年拟建住宅楼，建筑面积7000m^2，编制土建工程时采用2004年建成的6000m^2某类似住宅预算造价资料，见表5-34。由于拟建住宅与已建类似住宅在结构上作了调整，拟建住宅每平方米建筑面积比已建类似住宅增加人材机费30元，拟建住宅楼所在地区综合税率为3.41%，利润率为7%。

【问题】

(1) 编制类似住宅成本造价和每平方米成本造价。

(2) 用类似工程预算法编制拟建住宅楼的概算造价和每平方米造价(以人材机费为计算基础，本题不考虑规费)。

表 5-34 2004 年某住宅类似工程预算造价资料

序号	名称	单位	数量	2004 年单价/元	2011 年第一季度单价/元
1	人工	工日	37900	30	60
2	钢筋	t	245	3600	5000
3	型钢	t	150	3900	5200
4	木材	m³	220	800	1100
5	水泥	t	1220	340	400
6	砂子	m³	2900	70	100
7	石子	m³	2800	65	85
8	砖	千块	950	200	300
9	门窗	m²	1200	380	500
10	其他材料	万元	25		调增系数 1.1
11	机械台班费	万元	40		调增系数 1.1
12	企业管理费占人材机费比例			15%	17%

【解】

(1) 类似住宅成本造价和每平方米成本造价见表 5-35。

表 5-35 类似住宅成本造价和每平方米成本造价计算表

序号	名称	单位	数量	2004 年单价/元	合计/元	
1	人工	工日	37900	30	1137000	人工费
2	钢筋	t	245	3600	882000	材料费 $=\sum\limits_{i=2}^{10} i$ =3338800
3	型钢	t	150	3900	585000	
4	木材	m³	220	800	176000	
5	水泥	t	1220	340	414800	
6	砂子	m³	2900	70	203000	
7	石子	m³	2800	65	182000	
8	砖	千块	950	200	190000	
9	门窗	m²	1200	380	456000	
10	其他材料	万元	25		250000	
11	机械台班费	万元	40		400000	机械费
	定额人材机费		人工费+机械费+材料费		1137000+3338800+40000=4875800	
	企业管理费		人材机费×15%		4875800×15%=731370	
	类似住宅成本造价		人材机费+企业管理费		4875800+731370=5607170	
	类似住宅每平方米成本造价		类似住宅成本造价/6000		5607170/6000=934.528 元/m²	

(2) 拟建住宅楼的概算造价和每平方米造价计算见表 5-36。

表 5-36 拟建住宅楼的概算造价和每平方米造价计算表

类似住宅各费用占其造价的百分比	人工费	材料费	机械费	企业管理费
	1137000/5607170 =0.203	3338800/5607170 =0.595	400000/5607170 =0.071	731370/5607170 =0.130
拟建住宅与类似住宅在各项费用上的差异系数	人工费	材料费	机械费	措施费
	60/30=2	4423000/3338800 =1.305	1.1	17%/15%=1.13
综合调价系数	0.203×2+0.595×1.325+0.071×1.1+0.130×1.13=1.419			
拟建住宅每平方米造价	[934.528×1.419+30×(1+15%)]×(1+7%)(1+3.41%)=1505.48(元/m^2)			
拟建住宅总造价	1505.48×7000=10538366.5(元)			

注：2011 年第一季度材料费=245×5000+150×5200+220×1100+1220×400+2900×100+2800×85+950×300+1200×500+250000×1.1=442000(元)

技能训练题

一、单选题

1. 有关设计概算的阐述，正确的是( )。
    A. 建设项目设计概算是施工图设计文件的重要组成部分
    B. 设计概算受投资估算的控制
    C. 采用两阶段设计的建设项目，初步设计阶段必须编制修正概算
    D. 采用三阶段设计的建设项目，扩大初步设计阶段必须编制设计概算

2. 输水工程概算属于( )。
    A. 单位工程概算　　　　　　　B. 单项工程概算
    C. 建设项目分概算　　　　　　D. 建设项目总概算

3. 对于多层厂房，在其结构形式一定的条件下，厂房宽度和长度越大，则经济层数和单方造价的变化趋势是( )。
    A. 经济层数降低，单方造价随之相应增高
    B. 经济层数增高，单方造价随之相应降低
    C. 经济层数降低，单方造价随之相应降低
    D. 经济层数增高，单方造价随之相应增高

4. 某新建住宅土建单位工程概算的直接工程费为 800 万元，措施费按直接工程费的 8%计算，间接费费率为 15%，利润率为 7%，税率为 3.4%，则该住宅的土建单位工程概算造价为( )万元。
    A. 1067.2　　　　B. 1075.4　　　　C. 1089.9　　　　D. 1099.3

5. 初步设计达到一定深度，建筑结构比较明确，能按照初步设计的平面、立面、剖面图纸计算出楼地面、墙身、门窗和屋面等分部工程(或扩大结构件)项目的工程量时，此时比较适用的编制概算的方法是( )。
    A. 概算定额法　　B. 概算指标法　　C. 类似工程预算法　　D. 综合吨位指标法

6. 某市一栋普通办公楼为框架结构，建筑面积为 3000m^2，建筑工程直接工程费为 400 元/m^2，其中毛石基础为 40 元/m^2。而今拟建一栋办公楼建筑面积为 4000m^2，采用钢筋混凝

土结构，带形基础造价为 55 元/m²，其他结构与类似工程相同。则该拟建新办公楼建筑工程直接工程费为(　　)元。

A. 220000　　　B. 1660000　　　C. 380000　　　D. 1600000

二、多选题

1. 下列对设计概算的作用内容的理解正确的是(　　)。
   A. 没有批准的初步设计文件及其概算，建设工程就不能列入年度固定资产投资计划
   B. 总承包合同可以超过设计总概算的投资额
   C. 施工图预算不得突破设计概算，如确需突破总概算时，应按规定程序报批
   D. 设计概算是衡量设计方案技术经济合理性和选择最佳设计方案的依据
   E. 通过设计概算与竣工决算对比，可以分析和考核投资效果的好坏

2. 审查设计概算的方法有(　　)。
   A. 对比分析法　　B. 查询核实法　　C. 概算定额法
   D. 重点抽查法　　E. 联合会审法

3. 下列关于预算单价法与实物法的阐述正确的是(　　)。
   A. 预算单价法与实物法首尾部分的步骤是相同的
   B. 实物法的优点是能反映当时当地的工程价格水平
   C. 两者均属工料单价法，是按照分部分项工程单价产生的方法不同分类的
   D. 两者均属综合单价法
   E. 两种方法均可用来编制设计概算

4. 审查施工图预算的重点应该放在(　　)等方面。
   A. 工程量计算　　　　　　　　B. 预算单价套用
   C. 设备材料预算价格取定是否正确　D. 各项费用标准是否符合现行规定
   E. 计价模式是否合理

5. 采用重点抽查法审查施工图预算，审查的重点有(　　)。
   A. 编制依据
   B. 工程量大或造价高、结构复杂的工程概算
   C. 补充单位估价表
   D. 各项费用的计取
   E. "三材"用量

三、简答题

1. 设计招投标与设计方案竞选有什么区别？
2. 简述设计概算的概念及其作用。
3. 单位工程概算、单项工程综合概算和建设项目总概算分别包括哪些内容？
4. 详述单位建筑工程概算编制的 3 种方法。

四、案例分析题

1. 某大型综合楼建设项目，现有 A、B、C 三个设计方案，经专家组确定的评价指标体系为：①初始投资；②年维护费用；③使用年限；④结构体系；⑤墙体材料；⑥面积系

数；⑦窗户类型。各指标的重要程度之比依次为：5:3:2:4:3:6:1。各专家对指标打分的算术平均值见表 5-37。

表 5-37 各设计方案的评价指标得分

指标方案	A	B	C
初始投资	8	10	9
年维护费用	10	8	9
使用年限	10	8	9
结构体系	10	6	8
墙体材料	6	7	7
面积系数	10	5	6
窗户类型	8	7	8

【问题】

(1) 如果按上述 7 个指标组成的指标体系对 A、B、C 三个设计方案进行综合评审，确定各指标的权重，并用综合评分法选择最佳设计方案。

(2) 如果上述 7 个评价指标的后 4 个指标定义为功能项目，寿命期年费用为成本，试用价值工程方法优选最佳设计方案。(计算结果均保留 3 位小数)

2．拟建砖混结构住宅工程建筑面积为 4000m²，结构形式与某工程相同，只有外墙保温贴面不同，其他部分较为接近。类似工程外墙为珍珠岩保温、水泥砂浆抹面，每平方米建筑面积消耗量分别为：0.044m³，0.842m²，珍珠岩板 153.1 元/m²，水泥砂浆 8.95 元/m²；拟建工程外墙为加气混凝土保温，外墙贴釉面砖，每平方米建筑面积消耗量分别为：0.08m³，0.82m²，加气混凝土现行价格为 185.48 元/m²，贴釉面砖 49.75 元/m²。类似工程单方造价为 588 元，类似工程各种费用占单方造价的比例是：人工费 11%，材料费 62%，机械费 6%，措施费 9%，间接费 12%。拟建工程地区与类似工程所在地区造价之间的差异系数为：人工费 2.01，材料费 1.06，机械费 1.92，措施费 1.02，间接费 0.87。拟建工程除直接工程费以外费用的综合取费为 20%。

【问题】

(1) 应用类似工程预算法确定拟建工程的土建单位工程概算造价。

(2) 若类似工程概算中，每平方米建筑面积主要资源消耗为：人工 5.08 工日，钢材 23.8kg，水泥 205kg，原木 0.05m³，铝合金门窗 0.24m²，其他材料费为主材费的 45%，机械费占直接工程费的 8%。拟建工程主要资源的现行市场价格分别为：人工 20.31 元/工日，钢材 3.1 元/kg，水泥 0.35 元/kg，原木 1400 元/m³，铝合金门窗 350 元/m²。试应用概算指标法，确定拟建工程的单位工程概算造价。

(3) 类似工程预算中，其他专业单位工程概算造价占单项工程造价比例见表 5-38，使用问题(2)的结果计算该住宅工程的单项工程造价，编制单项工程概算书。

表 5-38 各专业单位工程概算造价占单项工程造价比例

专业名称	土建	电气照明	给水排水	采暖
占单项工程造价比例/(%)	85	6	4	5

单元 6

建设项目发承包阶段工程造价管理

教学目标

通过本单元的教学,要求学生了解我国招投标的基本规定,理解建筑工程招投标的含义,掌握建设工程施工招投标及合同价款确定的相关知识,掌握工程量清单、招标控制价及投标报价相关知识。

本单元知识架构

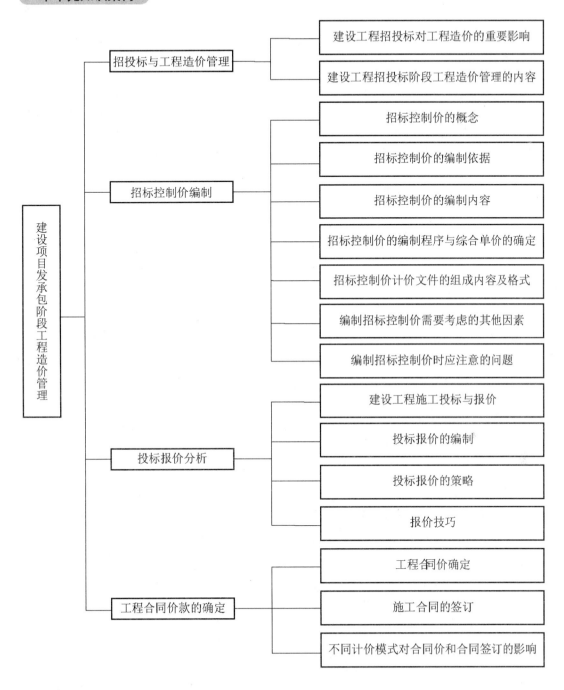

引 例

建设工程发包与承包是一组对称概念,通常简称为发承包。发包是指建设工程的建设单位(发包人)将建筑工程任务(勘察、设计、施工等)的全部或一部分通过招标或其他方式,交付给具有从事建筑活动的法定从业资格的单位(承包人)完成,并按约定支付报酬的行为。承包是指具有从事建筑活动的法定从业资格的承包人,通过投标或其他方式,承揽建筑工程任务,并按约定取得报酬的行为。

目前发承包方式有直接发包与招标发包，其中招标发包是主要的发承包方式。

招标发包是应用技术经济的评价方法和市场经济竞争机制的作用通过有组织地开展择优成交的一种相对成熟、高级和规范化的交易方式。我国最早采用招商比价(招标投标)方式承包工程的是1902年张之洞创办的湖北制革厂，五家营造商参加开价比价，结果张同升以1270.1两白银的开价中标，并签订了以质量保证、施工工期、付款办法为主要内容的承包合同。而后，1918年汉阳铁厂的两项扩建工程曾在汉口《新闻报》刊登广告，公开招标。

党的十一届三中全会之后，经济改革和对外开放揭开了我国招标发展历史的新篇章。1979年，我国土木建筑企业最先参与国际市场竞争，以投标方式在中东、亚洲、非洲开展国际承包工程业务，取得了国际工程投标的经验与信誉。2000年1月1日，《中华人民共和国招标投标法》正式施行，招标投标进入了一个新的发展阶段。

本单元中，我们将学习工程招投标与工程造价管理的内容，招标控制价的编制，投标报价分析以及工程合同价款确定的相关知识。

课题6.1 招投标与工程造价管理

建设工程招标是指招标人(或招标单位)在发包建设项目之前，以公告或邀请书的方式提出招标项目的有关要求，投标人(或投标单位)根据招标人的意图和要求提出报价，择日当场开标，以便从中择优选定中标人的一种交易行为。建设工程投标是工程招标的对称概念，指具有合法资格和能力的投标人(或投标单位)根据招标条件，经过初步研究和估算，在指定期限内填写投标书，根据实际情况提出自己的报价，通过竞争企图为招标人选中，并等待开标，决定能否中标的一种交易方式。依据《中华人民共和国招标投标法》规定，允许的招标方式有公开招标和邀请招标。

无论公开招标还是邀请招标都必须按规定的招标程序完成，一般是事先制订统一的招标文件，投标均按招标文件的规定进行。国家发展和改革委员会、财政部、原建设部等九部委56号令发布的《中华人民共和国标准施工招标文件》对此作了详细规定，这里不再详细陈述。

6.1.1 建设工程招投标对工程造价的重要影响

建设工程招投标制是我国建筑市场走向规范化、完善化的举措之一。推行工程招投标制，对降低工程造价，进而使工程造价得到合理的控制具有非常重要的影响。

(1) 推行招投标制基本形成了由市场定价的价格机制，使工程价格更加趋于合理。

(2) 推行招投标制能够不断降低社会平均劳动消耗水平，使工程价格得到有效控制。

(3) 推行招投标制便于供求双方更好地相互选择，使工程价格更加符合价值基础，进而更好地控制工程造价。

(4) 推行招投标制有利于规范价格行为，使公开、公平、公正的原则得以贯彻。

(5) 推行招投标制能够减少交易费用，节省人力、物力、财力，进而使工程造价有所降低。

6.1.2 建设工程招投标阶段工程造价管理的内容

1. 发包人选择合理的招标方式

邀请招标一般只适用于国家投资的特殊项目和非国有经济的项目，公开招标方式是能够体现公开、公正、公平原则的最佳招标方式。选择合理的招标方式是合理确定工程合同价款的基础。

2. 发包人选择合理的承包模式

常见的承包模式包括总分包模式、平行承包模式、联合承包模式和合作承包模式，不同的承包模式适用于不同类型的工程项目，对工程造价的控制也体现出不同的作用。

总分包模式的总包合同价可以较早确定，业主可以承担较少的风险，对总承包商而言，责任重，风险大，获得高额利润的潜力也比较大。

平行承包模式的总合同价不易短期确定，从而影响工程造价控制的实施。工程招标任务量大，需控制多项合同价格，从而增加了工程造价控制的难度。但对于大型复杂工程，如果分别招标，可参与竞争的投标人增多，业主就能够获得具有竞争性的商业报价。

联合承包对业主而言，合同结构简单，有利于工程造价的控制，对联合体而言，可以集中各成员单位在资金、技术和管理等方面的优势，增强了抗风险能力。

合作承包模式与联合承包相比，业主的风险较大，合作各方之间信任度不够。

3. 发包人编制招标文件，确定合理的工程计量方法和投标报价方法，编制标底和招标控制价

建设项目的发包数量、合同类型和招标方式一经批准确定以后，即应编制为招标服务的有关文件。工程计量方法和报价方法的不同，会产生不同的合同价格，因而在招标前，应选择有利于降低工程造价和便于合同管理的工程计量方法和投标报价方法。编制标底是建设项目招标前的一项重要工作，而且是较复杂和细致的工作。没有合理的标底可能会导致工程招标的失误，达不到降低建设投资、缩短建设工期、保证工程质量、择优选用工程承包队伍的目的。

4. 承包人编制投标文件，合理确定投标报价

拟投标招标工程的承包商在通过资格审查后，根据获取的招标文件，编制投标文件并对其做出实质性响应。在核实工程量的基础上依据企业定额进行工程报价，然后在广泛了解潜在竞争者及工程情况和企业情况的基础上，运用投标技巧和正确的策略来确定最后报价。

5. 发包人选择合理的评标方式进行评标，在正式确定中标单位之前，对潜在中标单位进行询标

评标过程中使用的方法很多，不同的计价方式对应不同的评标方法，正确的评标方法选择有助于科学选择承包人。在正式确定中标单位之前，一般都对得分最高的一两家潜在中标单位的标函进行质询，意在对投标函中有意或无意的不明和笔误之处做进一步明确或纠正。尤其是当投标人对施工图计量的遗漏、对定额套用的错项、对工料机市场价格不熟悉而引起的失误，以及对其他规避招标文件有关要求的投机取巧行为进行剖析，以确保发包人和潜在中标人等各方的利益都不受损害。

6. 发包人通过评标定标，选择中标单位，签订承包合同

评标委员会依据评标规则，对投标人评分并排名，向业主推荐中标人，并以中标人的报价作为承包价。合同的形式应在招标文件中确定，并在投标函中做出响应。目前采用的

建筑工程合同格式一般有 3 种：参考 FIDIC 合同格式订立的合同；按照国家工商行政管理总局和住建部推荐的《建设工程合同(示范文本)》格式订立的合同；由建设单位和施工单位协商订立的合同。不同的合同格式适用于不同类型的工程，正确选用合适的合同类型是保证合同顺利执行的基础。

应用案例 6-1

某工程采用公开招标方式，有 A、B、C、D 共 4 家承包商参加投标，经资格预审这四家承包商均满足要求。该项工程采用两阶段评标法评标，评标委员会共由 5 名成员组成。请按综合评标法进行评标，综合得分最高者中标。确定中标单位，评标的具体规定及相关资料见表 6-1。

表 6-1 4 家承包商技术标得分汇总表

投标单位	施工方案 16 分	总工期 10 分	工程质量 5 分	项目班子 4 分	企业信誉 5 分
A	13.67	8.5	4	2.5	4.0
B	12.83	8.0	4.5	3.0	4.5
C	13.83	8.5	3.5	3.0	4.5
D	12.67	9.0	4.0	2.5	3.5

商务标共计 60 分。以标底价的 50%与承包商报价算术平均数的 50%之和为基准价，但最高(或最低)报价高于(或低于)次高(或次低)报价的 15%者，在计算承包商报价算术平均数时不予考虑，且该商务标得分为 15 分。

以基准价为满分(60 分)，报价比基准价每下降 1%，扣 1 分，最多扣 10 分；报价比基准价每增加 1%，扣 2 分，扣分不保底。

表 6-2 标底和各承包商的报价

投标单位	A	B	C	D	标底价格
报价/万元	32781	33197	33611	27765	33072

【解】
1. 计算各投标单位技术标的得分
A 单位=13.67+8.5+4.0+2.5+4.0=32.67
B 单位=12.83+8.0+4.5+3.0+4.5=32.83
C 单位=13.83+8.5+3.5+3.0+4.5=33.33
D 单位=12.67+9.0+4.0+2.5+3.5=31.67
2. 计算各承包商的商务标得分
1) 计算基准价
最低报价 D 低于次低报价 A 的百分比：
(32781-27765)/32781=15.30%>15%
最高报价 C 高于次高报价 B 的百分比：
(33611-33197)/33197=1.25%<15%

故承包商 D 的报价在计算基准价时，不予考虑。
基准价=33072×0.5+0.5×(32781+33197+33611)/3=33134.17(万元)
2) 计算各投标单位报价与基准价的比值
A 单位=32781/33134.17=98.93%
B 单位=33197/33134.17=100.19%
C 单位=33611/33134.17=101.44%
3) 各承包商的商务标得分为
A 单位=60-(100-98.93)×1=58.93
B 单位=60-(100.19-100)×2=59.62
C 单位=60-(101.44-100)×2=57.12
D 单位因为报价低于次低价 15%，所以得分为 15 分。
3. 计算各承包商的综合得分
A 单位=32.67+58.93=91.60
B 单位=32.83+59.2=92.45
C 单位=33.3+57.12=90.45
D 单位=31.67+15=46.67
结论：在 4 个承包商中，承包商 B 的得分最高，所以选择承包商 B 作为中标单位。

课题 6.2　招标控制价编制

6.2.1　招标控制价的概念

招标控制价是指根据国家或省级建设行政主管部门颁发的有关计价依据和办法，依据拟定的招标文件和招标工程量清单，结合工程具体情况发布的招标工程的最高投标限价，也可称为拦标价、预算控制价或最高报价。招标控制价是推行工程量清单计价过程中对传统标底概念的性质进行界定后所设置的专业术语。

标底是指招标人根据招标项目的具体情况编制的完成招标项目所需的全部费用，是根据国家规定的计价依据和计价办法计算出来的工程造价，是招标人对建设工程的期望价格。标底由成本、利润、税金等组成，一般应控制在批准的总概算及投资包干限额内。

《招标投标法实施条例》规定，招标人可以自行决定是否编制标底，一个招标项目只能有一个标底，标底必须保密。同时规定，招标人设有最高投标限价的，应当在招标文件中明确最高投标限价或者最高投标限价的计算办法，招标人不得规定最低投标限价。根据住房与城乡建设部颁布的《建筑工程施工发包与承包计价管理办法》(住建部令第 16 号)的规定，国有资金投资的建筑工程招标的，应当设有最高投标限价；非国有资金投资的建筑工程招标的，可以设有最高投标限价或者招标标底。

招标控制价是《建设工程工程量清单计价规范》中的术语，对于招标控制价及其规定要注意以下方面的理解。

(1) 国有资金投资的工程建设项目应实行工程量清单招标，并应编制招标控制价。国有资金投资的工程在进行招标时，根据《中华人民共和国招标投标法》第二十二条二款的规定，"招标人设有标底的，标底必须保密"。但由于实行工程量清单招标后，由于招标方式的改变，标底保密这一法律规定已不能起到有效遏止哄抬标价的作用，我国有的地区和部门已经发生了在招标项目上所有投标人的报价均高于标底的现象，致使中标人的中标价高于招标人的预算，对招标工程的项目业主带来了困扰。因此，为有利于客观、合理的评审投标报价和避免哄抬标价，造成国有资产流失，招标人应编制招标控制价，作为招标人能够接受的最高交易价格。

(2) 招标控制价超过批准的概算时，招标人应将其报原概算审批部门审核。因为我国对国有资金投资项目的投资控制实行的是投资概算控制制度，项目投资原则上不能超过批准的投资概算。因此，在工程招标发包时，当编制的招标控制价超过批准的概算，招标人应当将其报原概算审批部门重新审核。

(3) 投标人的投标报价高于招标控制价的，其投标应予以拒绝。根据《中华人民共和国政府采购法》第二条和第四条的规定，财政性资金投资的工程属政府采购范围，政府采购工程进行招标投标的，适用招标投标法。

《中华人民共和国政府采购法》第三十六条规定：在招标采购中，出现投标人的报价均超过了采购预算，采购人不能支付的，应予废标。

国有资金投资的工程，其招标控制价相当于政府采购中的采购预算。因此根据《中华人民共和国政府采购法》第三十六条的精神，规定在国有资金投资工程的招投标活动中，投标人的投标报价不能超过招标控制价，否则，其投标将被拒绝。

(4) 招标控制价应由具有编制能力的招标人，或受其委托具有相应资质的工程造价咨询人编制。工程造价咨询人不得同时接受招标人和投标人对同一工程的招标控制价和投标报价的编制。

(5) 招标控制价应在招标时公布，不应上调或下浮，招标人应将招标控制价及有关资料报送工程所在地工程造价管理机构备查。招标控制价的编制特点和作用决定了招标控制价不同于标底，无须保密。为体现招标的公开、公平、公正性，防止招标人有意抬高或压低工程造价，给投标人以错误信息，因此招标人应在招标文件中如实公布招标控制价，不得对所编制的招标控制价进行上浮或下调。招标人在招标文件中公布招标控制价时，应公布招标控制价各组成部分的详细内容，不得只公布招标控制价总价，并应将招标控制价报工程所在地工程造价管理机构备查。

(6) 投标人经复核认为招标人公布的招标控制价未按照本规范的规定进行编制的，应在开标前 5 天向招投标监督机构或(和)工程造价管理机构投诉。招投标监督机构应会同工程造价管理机构对投诉进行处理，发现确有错误的，应责成招标人修改。

6.2.2 招标控制价的编制依据

(1) 现行国家标准《建设工程工程量清单计价规范》(GB 50500—2013)与专业工程计量规范。

(2) 国家或省级、行业建设主管部门颁发的计价定额和计价办法。

(3) 建设工程设计文件及相关资料。

(4) 拟定的招标文件及招标工程量清单。

(5) 与建设项目相关的标准、规范、技术资料。

(6) 施工现场情况、工程特点及常规施工方案。

(7) 工程造价管理机构发布的工程造价信息,工程造价信息没有发布的参照市场价。

(8) 其他的相关资料。

6.2.3 招标控制价的编制内容

采用工程量清单计价时,招标控制价的编制内容包括:分部分项工程费、措施项目费、其他项目费、规费和税金。

1. 分部分项工程费的编制

分部分项工程费计算中采用的分部分项工程量应是招标文件中工程量清单提供的工程量;分部分项工程费计算中采用的单价是综合单价,综合单价应根据招标文件中的分部分项工程量清单项目的特征描述及有关要求,行业建设主管部门颁发的计价定额和计价办法等编制依据进行编制。综合单价中应当包括招标文件中招标人要求投标人所承担的风险内容及其范围(幅度)产生的风险费用。招标文件提供了暂估单价的材料,按暂估的单价计入综合单价。

2. 措施项目费的编制

措施项目应按招标文件中提供的措施项目清单和拟建工程项目采用的施工组织设计进行确定。措施项目采用分部分项工程综合单价形式进行计价的工程量,应按措施项目清单中的工程量,采用综合单价计价;以"项"为单位的方式计价的,应包括除规费、税金以外的全部费用。措施项目费中的安全文明施工费应当按照国家或省级、行业建设主管部门的规定标准计价,不得作为竞争性费用。

3. 其他项目费的编制

(1) 暂列金额。为保证工程施工建设的顺利实施,应对施工过程中可能出现的各种不确定因素对工程造价的影响,在招标控制价中需估算一笔暂列金额。暂列金额可根据工程的复杂程度、设计深度、工程环境条件(包括地质、水文、气候条件等)进行估算,一般可按分部分项工程费的 10%~15%作为参考。

(2) 暂估价。暂估价包括材料暂估价和专业工程暂估价。编制招标控制价时,材料暂估单价应按工程造价管理机构发布的工程造价信息中的材料单价计算,工程造价信息未发布的材料单价,其单价参考市场价格估算。专业工程暂估价应分不同的专业,按有关计价规定进行估算。暂估价中的材料单价应根据工程造价信息或参照市场价格估算;暂估价中的专业工程金额应分不同专业,按有关计价规定估算。

(3) 计日工。计日工包括计日工人工、材料和施工机械。在编制招标控制价时,对计日工中的人工单价和施工机械台班单价应按省级、行业建设主管部门或其授权的工程造价管理机构公布的单价计算;材料应按工程造价管理机构发布的工程造价信息中的材料单价计算,工程造价信息未发布材料单价的材料,其价格应按市场调查确定的单价计算。

(4) 总承包服务费。编制招标控制价时,总承包服务费应按照省级或行业建设主管部门的规定,并根据招标文件列处的内容和要求估算。在计算式可参考以下标准:招标人仅要求对分包的专业工程进行总承包管理和协调时,按分包的专业工程估算造价的 1.5%计算;招标人要求对分包的专业工程进行总承包管理和协调,并同时要求提供配合服务时,根据招标文件列出的配合服务内容和提出的要求,按分包的专业工程估算造价的 3%~5%计算;招标人自行供应材料的,按招标人供应材料价值的 1%计算。

(5) 规费和税金的编制。规费和税金应按国家或省级、行业建设主管部门规定的标准计算，不作为竞争性费用。

6.2.4 招标控制价的编制程序与综合单价的确定

1. 招标控制价的编制程序

招标控制价的编制必须遵循一定的程序才能保证招标控制价的正确性和科学性，其编制程序如下。

(1) 招标控制价编制前的准备工作。它包括熟悉施工图纸及说明，如发现图纸中有问题或不明确之处，可要求设计单位进行交底、补充；要进行现场踏勘，实地了解施工现场情况及周围环境；要了解工程的工期要求；要进行市场调查，掌握材料、设备的市场价格。

(2) 确定计价方法。判断招标控制价是按传统的定额计价法编制，还是按工程量清单计价法编制。

(3) 计算招标控制价格(见 2.2.3 节建筑安装工程计价程序)。

(4) 审核招标控制价，定稿。

2. 综合单价的确定

招标控制价的分部分项工程费应由各单位工程的招标工程量清单乘以其相应综合单价汇总而成。综合单价的确定应按照招标文件中的分部分项工程量清单的项目名称、工程量、项目特征描述，依据工程所在地区颁发的计价定额和人工、材料、机械台班价格信息等进行编制，并应编制工程量清单综合单价分析表。

编制招标控制价在确定其综合单价时，应考虑一定范围内的风险因素。在招标文件中应通过预留一定的风险费用，或明确说明风险所包含的范围及超出该范围的价格调整方法。对于招标文件中未做要求的可按以下原则确定。

(1) 对于技术难度大和管理复杂的项目，可考虑一定的风险费用，并纳入到综合单价中。

(2) 对于工程设备、材料价格的市场风险，应依据招标文件的规定、工程所在地或行业工程造价管理机构的有关规定，以及市场价格趋势考虑一定率值的风险费用，纳入到综合单价中。

(3) 税金、规费等法律、法规、规章和政策变化的风险和人工单价等风险费用不应纳入综合单价。

6.2.5 招标控制价计价文件的组成内容及格式

招标控制价计价文件由下列内容组成：封面、总说明、招标控制价汇总表、分部分项工程量清单计价表、措施项目清单计价表、其他项目清单计价表、规费、税金项目清单计价表、工程量清单综合单价分析表、措施项目清单综合单价分析表。文件格式除封面外，与投标报价文件格式相同。详细格式文件见《建设工程工程量清单计价规范》。

6.2.6 编制招标控制价需要考虑的其他因素

根据上述方式确定的招标控制价，只是理论计算值，而在实际工程中，还需在理论计算值的基础上考虑以下因素。

(1) 必须反映工期要求，对于合理的工期提前应给予必要的赶工费和奖励，并列入招标控制价。

(2) 必须反映招标方的质量要求，对工程质量的优劣程度要在标底中体现。
(3) 必须考虑不可预测的风险因素带来的成本的提高。
(4) 必须考虑招标工程的自然地理条件等影响施工正常进行的因素。

6.2.7 编制招标控制价时应注意的问题

(1) 采用的材料价格应是工程造价管理机构通过工程造价信息发布的材料价格，工程造价信息未发布材料单价的材料，其材料价格应通过市场调查确定。

(2) 施工机械设备的选型直接关系到综合单价水平，应根据工程项目特点和施工条件，本着经济实用、先进高效的原则确定。

(3) 应该正确、全面地使用行业和地方的计价定额和相关文件。

(4) 不可竞争的措施费和规费、税金等费用的计算均属于强制性条款，编制招标控制价时应按国家有关规定计算。

(5) 不同工程项目、不同施工单位会有不同的施工组织方法，所发生的措施费也会有所不同，因此对于竞争性措施费用的确定，招标人应首先编制常规的施工组织设计或施工方案，然后经专家论证确认后再进行合理的措施项目与费用的确定。

课题 6.3 投标报价分析

6.3.1 建设工程施工投标与报价

1. 我国投标报价的模式

我国工程造价改革的总体目标是形成以市场价格为主的价格体系。但目前尚处于过渡时期，总的来讲我国投标报价的模式有定额计价模式和工程量清单计价模式。

1) 以定额计价模式投标报价

一般是采用消耗量定额来编制，即按照定额规定的分部分项工程子目逐项计算工程量，套用定额基价或根据市场价格确定直接费，然后再按规定的费用定额计取各项费用，最后汇总形成标价。这种方法在我国大多数省市现行的报价编制中比较常用。

2) 以工程量清单计价模式投标报价

这是与市场经济相适应的投标报价方法，也是国际通用的竞争性招标方式所要求的。一般是由业主或受业主委托的工程造价咨询机构，将拟建招标工程全部项目和内容按相关的计算规则计算出工程量，列在清单上作为招标文件的组成部分，供投标人逐项填报单价，计算出总价，作为投标报价，然后通过评标竞争，最终确定合同价。工程量清单报价由招标人给出工程量清单，投标者填报单价，单价应完全依据企业技术、管理水平等企业实力而定，以满足市场竞争的需要。

2. 工程投标报价的影响因素

投标前进行调查研究，找出影响工程投标报价的因素，进行分析，以利于正确投标；主要是对投标和中标后履行合同有影响的各种客观因素、业主和监理工程师的资信以及工程项目的具体情况等进行深入细致的了解和分析。影响工程投标报价的因素具体包括以下内容。

1) 政治和法律方面

投标人首先应当了解在招标投标活动中以及在合同履行过程中有可能涉及的法律，也应当了解与项目有关的政治形势、国家政策等，即国家对该项目采取的是鼓励政策还是限制政策。

2) 自然条件

自然条件包括工程所在地的地理位置和地形、地貌，气象状况，包括气温、湿度、主导风向、年降水量等，洪水、台风及其他自然灾害状况等。

3) 市场状况

投标人调查市场情况是一项非常艰巨的工作，其内容也非常多，主要包括：建筑材料、施工机械设备、燃料、动力、水和生活用品的供应情况、价格水平、物价指数以及今后的变化趋势和预测；劳务市场情况，如工人技术水平、工资水平、有关劳动保护和福利待遇的规定等；金融市场情况，如银行贷款的难易程度以及银行贷款利率等。

对材料设备的市场情况尤需详细了解，包括原材料和设备的来源方式、购买的成本、来源国或厂家供货情况；材料、设备购买时的运输、税收、保险等方面的规定、手续、费用；施工设备的租赁、维修费用；使用投标人本地原材料、设备的可能性以及成本比较。

4) 工程项目方面的情况

工程项目方面的情况包括工作性质、规模、发包范围；工程的技术规模和对材料性能及工人技术水平的要求；总工期及分批竣工交付使用的要求；施工场地的地形、地质、地下水位、交通运输、给排水、供电、通信条件的情况；工程项目资金来源；对购买器材和雇佣工人有无限制条件；工程价款的支付方式、外汇所占比例；监理工程师的资历、职业道德和工作作风等。

5) 业主情况

业主情况包括业主的资信情况、履约态度、支付能力，在其他项目上有无拖欠工程款的情况，对实施的工程需求的迫切程度等。

6) 投标人自身情况

投标人对自己内部情况、资料也应当进行归纳管理。这类资料主要用于招标人要求的资格审查和本企业履行项目的可能性。

7) 竞争对手资料

掌握竞争对手的情况，是投标策略中的一个重要环节，也是投标人参加投标能否获胜的重要因素。投标人在制定投标策略时必须考虑到竞争对手的情况。

6.3.2 投标报价的编制

1. 投标报价的编制依据

(1) 招标单位提供的招标文件。

(2) 招标单位提供的设计图纸及有关的技术说明书等。

(3) 国家及地区颁发的现行建筑、安装工程预算定额及与之相配套执行的各种费用定额、规定等。

(4) 地方现行材料预算价格、采购地点及供应方式等。

(5) 因招标文件及设计图纸等不明确，经咨询后由招标单位书面答复的有关资料。

(6) 企业内部制定的有关取费、价格等的规定、标准。

(7) 其他与报价计算有关的各项政策、规定及调整系数等。

在标价的计算过程中，对于不可预见费用的计算必须慎重考虑，不要遗漏。

2. 投标报价的编制方法

投标报价的编制主要是投标单位对承建招标工程所要发生的各种费用的计算。目前，我国建设工程大多采用工程量清单招投标，因此，投标报价的编制以工程量清单计价方式为主。从计价方法上讲，工程量清单计价方式下投标报价的编制方法与以工程量清单计价法编制招标控制价的方法相似，都是采用综合单价计价的方法。

但是，投标报价的编制与招标控制价的编制也有不同，工程招标控制价反映了各个施工企业的平均生产力水平，而工程投标方要使自己的报价具有竞争性，必须要反映出投标企业自身的生产力水平，企业要采取先进的生产技术措施，提高生产效率，降低成本，降低消耗。因此，在根据各工程内容的计价工程量计算各工程内容的工程单价及计算完成其中一项工程内容所耗人工费、材料费、机械使用费时，企业是参照自己的企业消耗量定额来确定的，以此体现企业自身的施工特点，使投标报价具有个性。

依据上述方法确定的施工投标报价只是理论数值，在最后确定报价的决策阶段，投标方还须对此理论值配以相应的报价策略，最终得到合理的投标报价方案。此时，工程投标人应在投标报价理论数值的计算结果的基础上，根据工程实际情况及竞争对手情况进行调整。投标方的决策者应明确：低报价虽然是中标的重要因素，但不是唯一因素。因此，在对报价做最后调整时，不能一味地追求低报价(甚至报出低于成本的价格)，要重点考虑本单位在哪些方面可以战胜竞争对手。例如，投标单位可以从工程设计和施工等方面提出一些合理化建议，在工程实施中达到降低成本、缩短工期的目的，从而提高企业投标报价方案的竞争性。总之，投标方通过对报价的最后审定，其目的是最终确定一个合适的投标报价，使投标者既能中标又能赢利。

3. 投标报价的编制程序

1) 复核或计算工程量

工程招标文件中若提供有工程量清单，投标价格计算之前，要对工程量进行校核。若招标文件中没有提供工程量清单，则必须根据图纸计算全部工程量。

2) 确定单价，计算合价

计算单价时，应将构成分部分项工程的所有费用项目都归入其中。人工费、材料费、机械费应该是根据分部分项工程的人工、材料、机械消耗量及其相应的市场价格计算而得。一般来说，承包企业应用自己的企业定额对某一具体工程进行投标报价时，需要对选用的单价进行审核评价与调整，使之符合拟投标工程的实际情况，反映市场价格的变化。

3) 确定分包工程费

来自分包人的工程分包费用是投标价格的一个重要组成部分，在编制投标价格时需要熟悉分包工程的范围，对分包人的能力进行评估，从而确定一个合适的价格来衡量分包人的价格。

4) 确定利润

利润指的是承包人的预期利润，确定利润取值的目标是考虑既可以获得最大的可能利

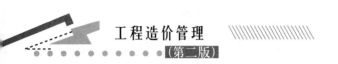

润,又要保证投标价格具有一定的竞争性。投标报价时承包人应根据市场竞争情况确定在该工程上的利润率。

5) 确定风险费

风险费对承包人来说是一个未知数,在投标时应该根据该工程规模及工程所在地的实际情况,由有经验的专业人员对可能的风险因素进行逐项分析后确定一个比较合理的费用比率。

6) 确定投标价格

将所有的分部分项工程的合价汇总后就可以计算出工程的总价。由于计算出来的价格可能重复也可能漏算,甚至某些费用的预估有偏差等,因而还必须对计算出来的工程总价进行调整。调整总价应采用多种方法从多角度对工程进行盈亏分析及预测,找出计算中的问题,以及分析可以通过采取哪些措施降低成本、增加盈利,确定最后的投标报价。

6.3.3 投标报价的策略

投标报价策略是指承包商在投标竞争中的系统工作部署及其参与投标竞争的方式和手段。

投标人的决策活动贯穿于投标全过程,是工程竞标的关键。投标的实质是竞争,竞争的焦点是技术、质量、价格、管理、经验和信誉等综合实力。因此,必须随时掌握竞争对手的情况和招标业主的意图,及时制定正确的策略,争取主动。投标策略主要有投标目标策略、技术方案策略、投标方式策略、经济效益策略等。

1. 投标目标策略

投标目标策略指导投标人应该重点对哪些项目去投标。

2. 技术方案策略

技术方案和配套设备的档次(品牌、性能和质量)的高低决定了整个工程项目的基础价格,投标前应根据业主投资额的大小和意图进行技术方案决策,并指导报价。

3. 投标方式策略

投标方式策略指导投标人是否联合合作伙伴投标。中小型企业依靠大型企业的技术、产品和声誉的支持进行联合投标是提高其竞争力的一种良策。

4. 经济效益策略

经济效益策略直接指导投标报价。制定报价策略必须考虑投标者的数量、主要竞争对手的优势、竞争实力的强弱和支付条件等因素,根据不同情况可计算出高、中、低三套报价方案。

(1) 常规价格策略。常规价格即中等水平的价格,根据系统设计方案,核定施工工作量,确定工程成本,经过风险分析,确定应得的预期利润后进行汇总。然后再结合竞争对手的情况及招标方的心理底价对不合理的费用和设备配套方案进行适当调整,以确定最终投标价。

(2) 保本微利策略。如果夺标的目的是为了在该地区打开局面、树立信誉、占领市场和建立样板工程,则可采取微利保本策略。甚至不排除承担风险,宁愿先亏后盈。此策略适用于以下情况。

① 投标对手多、竞争激烈、支付条件好、项目风险小。
② 技术难度小、工作量大、配套数量多、都乐意承揽的项目。
③ 为开拓市场，急于寻找客户或解决企业目前的生产困境。
(3) 高价策略。符合下列情况的投标项目可采用高价策略。
① 专业技术要求高、技术密集型的项目。
② 支付条件不理想、风险大的项目。
③ 竞争对手少，各方面自己都占绝对优势的项目。
④ 交工期甚短，设备和劳力超常规的项目。
⑤ 特殊约定(如要求保密等)需有特殊条件的项目。

6.3.4 报价技巧

报价技巧是指在投标报价中采用一定的手法或技巧使业主可以接受，而中标后可能获得更多的利润，常采用的报价技巧有以下几种。

1. 不平衡报价法

不平衡报价法是指一个工程项目总报价基本确定后，通过调整内部各个项目的报价，以期既不提高总报价、不影响中标，又能在结算时得到更理想的经济效益。

一般可以考虑在以下几方面采用不平衡报价。

(1) 能够早日结账收款的项目可适当提高其综合单价。

(2) 预计今后工程量会增加的项目，单价适当提高；将工程量可能减少的项目单价降低。

(3) 设计图纸不明确，估计修改后工程量要增加的，可以提高单价；而工程内容解说不清楚的，则可适当降低一些单价，待澄清后可再要求提价。

(4) 暂定项目，又叫任意项目或选择项目，对这类项目要具体分析。

2. 多方案报价法

对于一些招标文件，如果发现工程范围不很明确，条款不清楚或很不公正，或技术规范要求过于苛刻时，则要在充分估计投标风险的基础上，按多方案报价法处理。即按原招标文件报一个价，然后再提出，如某某条款做某些变动，报价可降低多少，由此可报出一个较低的价。这样，可以降低总价，吸引业主。

3. 增加建议方案法

有时招标文件中规定，可以提一个建议方案，即可以修改原设计方案，提出投标者的方案。投标者这时应抓住机会，组织一批有经验的设计和施工工程师，对原招标文件的设计和施工方案仔细研究，提出更为合理的方案以吸引业主，促成自己的方案中标。建议方案不要写得太具体，要保留方案的技术关键，防止业主将此方案交给其他承包商。同时要强调的是，建议方案一定要比较成熟，有很好的可操作性。

4. 采用分包商报价

总承包商在投标前找 2～3 家分包商分别报价，而后选择其中一家信誉较好、实力较强、报价合理的分包商签订协议，同意该分包商作为本分包工程的唯一合作者，并将分包商的姓名列到投标文件中，但要求该分包商相应地提交投标保函。如果该分包商认为这家总承包商确实有可能中标，他也许愿意接受这一条件。这种把分包商的利益同投标人捆在一起的做法，不但可以防止分包商事后反悔和涨价，还可能迫使分包商报出较合理的价格，以便共同争取中标。

5. 突然降价法

投标报价中各竞争对手往往通过多种渠道和手段来获得对手的情况，因而在报价时可以采取迷惑对手的方法。即先按一般情况报价或表现出自己对该工程兴趣不大，到快投标截止时再突然降价，为最后中标打下基础，采用这种方法时，一定要在准备投标限价的过程中考虑好降价的幅度，在临近投标截止日期前，根据情报信息与分析判断，再做最后决策。如果中标，因为开标只降总价，在签订合同后可采用不平衡报价的思想调整工程量表内的各项单价或价格，以取得更高效益。

6. 根据招标的不同特点采用不同的报价

投标报价时，既要考虑自身的优势和劣势，也要分析招标项目的特点。按照工程项目的不同特点、类别和施工条件等来选择报价策略。

1) 报价可以高一些的情况

施工条件差的项目；专业要求高的技术密集型工程，而本公司在这些方面又有专长，声望也较高；总价低的小工程，以及自己不愿做、又不方便不投标的工程；特殊的工程，如港口码头、地下开挖工程等；工期要求急的工程；投标对手少的工程；支付条件不理想的工程等。

2) 报价可以低一些的情况

施工条件好的工程；工作简单、工程量大而一般公司都可以做的工程；本公司目前急于打入某一市场、某一地区，或在该地区面临工程结束，机械设备等无工地转移时；本公司在附近有工程，而本项目又可以用该工程的设备、劳务，或有条件短期内突击完成的工程；投标对手多，竞争激烈的工程；非急需工程；支付条件好的工程等。

7. 计日工单价的报价

如果是单纯报计日工单价，而且不计入总价中，则可以报高些，以便在业主额外用工或使用施工机械时可多盈利。但如果计日工单价要计入总报价时，则需具体分析是否报高价，以免抬高总报价。总之，要分析业主在开工后可能使用的计日工数量，再来确定报价方针。

8. 可供选择的项目的报价

有些工程项目的分项工程，业主可能要求按某一方案报价，而后再提供几种可供选择方案的比较报价。例如，某住房工程的地面水磨石砖，工程量表中要求按25cm×25cm×2cm的规格报价。另外，还要求投标人用更小规格的砖(20cm×20cm×2cm)和更大规格的砖(30cm×30cm×3cm)作为可供选择的项目报价。投标时除对几种水磨石地面砖调查询价外，还应对当地习惯用砖情况进行调查。对于将来有可能使用的地面砖铺砌应适当提高其报价；对于当地难以供货的某些规格的地面砖，可将价格有意抬高得更多一些，以阻挠业主选用。但是，所谓"供选择项目"并非由承包商任意选择，而是业主才有权选择。因此，我们虽然提高了可供选择项目的报价，并不意味着肯定取得较好的利润；只是提供了一种可能性；一旦业主今后选用，承包商即可得到额外加价的利益。

9. 暂定工程量的报价

暂定工程量有三种：第一种是业主规定了暂定工程量的分项内容和暂定总价款，并规定所有投标人都必须在总报价中加入这笔固定金额，但由于分项工程量不很准确，允许将来按投标人所报单价和实际完成的工程量付款；第二种是业主列出了暂定工程量的项目和数量，但并没有限制这些工程量的估价总价款，要求投标人既列出单价，也应按暂定项目的数量计算总价，当将来结算付款时可按实际完成的工程量和所报单价支付；第三种是只有暂定工程的一笔固定总金额，将来这笔金额作什么用，由业主确定。第一种情况由于暂定总价款是固定的，对各投标人的总报价水平、竞争力没有任何影响，因此，投标时应当对暂定工程量的单价适当提高。这样做，既不会因今后工程量变更而吃亏，也不会削弱投标报价的竞争力。第二种情况投标人必须慎重考虑。如果单价定得高了，将会增大总报价，将影响投标报价的竞争力；如果单价定得低了，将来这类工程量增大，将会影响收益。一般来说，这类工程量可以采用正常价格，如果承包商估计今后实际工程量肯定会增大，则可适当提高单价，使将来可增加额外收益。第三种情况对投标竞争没有实际意义，按招标文件要求将规定的总报价款列入总报价即可。

10. 无利润算标

缺乏竞争优势的承包商，在不得已的情况下，只好在做标中不考虑利润，以期夺标。这种办法一般是处于以下条件时采用。

(1) 有可能在中标后，将部分工程分包给索价较低的一些分包商。

(2) 对于分期建设的项目，先以低价获得首期工程，而后创造机会赢得第二期工程中的竞争优势，并在以后实施中赚得利润。

(3) 较长时期内，承包商没有在建的工程项目，如果再不中标就难以维持生存。因此，虽然本工程无利可图，但能维持公司的正常运转，渡过暂时的困难，以求将来的发展。

课题 6.4 工程合同价款的确定

6.4.1 工程合同价确定

工程合同价款是发包人、承包人在协议书中约定，发包人用以支付承包人按照合同约定完成承包范围内全部工程并承担质量保修责任的价款。合同价款是双方当事人关心的核心条款。招标工程的合同价款由发包人、承包人依据中标通知书中的中标价格在协议书内约定。合同价款在协议书内约定后，任何一方不能擅自改变。

根据《中华人民共和国合同法》《建设工程施工合同(示范文本)》及住建部的有关规定，依据招标文件、投标文件，双方在签订施工合同时，按计价方式的不同，双方可选择下列确定合同价款的方式。

1. 固定合同价格

这是指在约定的风险范围内价款不再调整的合同。双方须在专用条款内约定合同价款包含的风险范围、风险费用的计算方法以及承包风险范围以外的合同价款调整方法，在约定的风险范围内合同价款不再调整。固定合同价可分为固定合同总价和固定合同单价两种方式。

1) 固定合同总价

这种合同确定的总价为包死的固定总价。合同总价只有在设计和工程范围变更的情况下才能做相应的调整，除此之外，合同总价是不能变动的。因此，作为合同价格计算依据的图纸和计量规则、规范必须对工程做出详尽的描述。在合同执行过程中，合同双方都不能因工程量、设备、材料价格、工资等变动和气候条件恶劣等原因，提出对合同总价调整的要求，这就意味着承包商要承担实物工程量变化、单价变化等因素带来的风险。因此，承包商必然会在投标时对可能发生的造成费用上升的各种因素进行估计并包含在投标报价中，在报价中加大不可预见费。这样，往往会导致合同价更高，并不能真正降低工程造价。

这种合同适用于工期较短(一般不超过1年)，对工程项目要求十分明确，设计图纸完整齐全，项目工作范围及工程量计算依据确切的项目。

2) 固定合同单价

固定合同单价是合同中确定的各项单价在工程实施期间不因价格变化而调整。这种合同是以工程量表中所列工程量和承包商所报出的单价为依据来计算合同价的。通常招标人在准备此类合同的招标文件时，委托咨询单位按分部分项工程列出工程量表并填入估算的工程量，承包商投标时在工程量表中填入各项的单价，据之计算出总价作为投标报价之用。但在每月结算时，以实际完成的工程量结算。在工程全部完成时以竣工图进行最终结算。

采用这种合同时，要求实际完成的工程量与原估计的工程量不能有实质性的变化。因为投标人报出的单价是以招标文件给出的工程量为基础计算的，工程量大幅度地增加或减少，会使得投标人按比例分摊到单价中的一些固定费用与实际严重不符，要么使投标人获得超额利润，要么使许多固定费用收不回来。所以有的单价合同规定，如果最终结算时实际工程量与工程量清单中的估算工程量相差超过±10%时，允许调整合同单价。FIDIC的"土木工程施工合同条件"中则提倡工程结束时总体结算超过±15%时对单价进行调整，或者当某一分部或分项工程的实际工程量与招标文件的工程量相差超过±25%且该分项目的价格占有效合同2%以上时，该分项也应调整单价。总之，不论如何调整，在签订合同时必须写明具体的调整方法，以免以后发生纠纷。

在设计单位来不及提供施工详图，或虽有施工图但由于某些原因不能比较准确地计算工程量时，招标文件也可只向投标人给出各分项工程内的工作项目一览表、工程范围及必要的说明，而不提供工程量，承包商只要给出表中各项目的单价即可，将来施工时按实际工程量计算。有时也可由业主一方在招标文件中列出单价，而投标一方提出修正意见，双方磋商后确定最后的承包单价。

2. 可调合同价格

可调合同价格是针对固定价格而言的，通常用于工期较长的施工合同。对于工期较短的合同，专用条款内也要约定因外部条件变化对施工产生成本影响可以调整合同价款的内容。这种合同的总价一般也是以图纸及规定、规范等为基础，但它是按"时价"，即投标时的工、料、机市场价为基础计算的，这是一种相对固定的价格。在合同执行过程中，由于通货膨胀而使工料成本增加，按照合同中列出的调价条款，可对合同总价进行调整。这种合同与固定价格合同不同之处在于：它对合同实施中出现的风险做了分摊，招标人承担了通货膨胀这一不可预见的费用因素的风险，而固定价格合同中的其他风险仍由投标人承担。一般适合于工期较长(如1年以上)的项目。

3. 成本加酬金合同

合同中确定的工程合同价，其工程成本中的直接费(一般包括人工、材料及机械设备费)按实支付，管理费及利润按事先协议好的某一种方式支付。

这种合同形式主要适用于：在工程内容及技术指标尚未全面确定，报价依据尚不充分的情况下，业主方又因工期要求紧迫急于上马的工程；施工风险很大的工程，或者业主和承包商之间具有良好的合作经历和高度的信任，承包商在某方面具有独特的技术、特长和经验的工程。这种合同形式的缺点是发包单位对工程总造价不易控制，而承包商在施工中也不注意精打细算，因为是按照一定比例提取管理费及利润，往往成本越高，管理费及利润也越高。成本加酬金合同有多种形式，部分形式如下所述。

1) 成本加固定百分比酬金合同

这种合同形式，承包商实际成本实报实销，同时按照实际直接成本的固定百分比付给承包商相应的酬金。因此该类合同的工程总造价及付给承包方的酬金随工程成本而水涨船高，这不利于鼓励承包商降低成本，正是由于这种弊病所在，使得这种合同形式很少被采用。

2) 成本加固定费用合同

这种合同形式与成本加固定百分比酬金合同相似，其不同之处在于酬金一般是固定不变的。它是根据双方讨论同意的工程规模、估计工期、技术要求、工作性质及复杂性，以及所涉及的风险等来考虑确定一笔固定数目的报酬金额作为管理费及利润。对人工、材料、机械台班费等直接成本则实报实销。如果设计变更或增加新项目，即直接费用超过原定估算成本的10%左右时，固定的报酬费也要增加。这种方式也不能鼓励承包商关心降低成本，因此也可在固定费用之外根据工程质量、工期和节约成本等因素，给承包商另加奖金，以鼓励承包商积极工作。

3) 成本加奖罚合同

采用这种形式的合同，首先要确定一个目标成本，这个目标成本是根据粗略估算的工程量和单价表编制出来的。在此基础上，根据目标成本来确定酬金的数额，可以是百分比的形式，也可以是一笔固定酬金，同时以目标成本为基础确定一个奖罚的上下限。在项目实施过程中，当实际成本低于确定的下限时，承包商在获得实际成本、酬金补偿外，还可根据成本降低额来得到一笔奖金。当实际成本高于上限成本时，承包方仅能从发包方得到成本和酬金的补偿，并对超出合同规定的限额，还要处以一笔罚金。

这种合同形式可以促使承包商关心成本的降低和工期的缩短，而且目标成本是随着设计的进展而加以调整的，承发包双方都不会承担太大风险，故这种合同形式应用较多。

4) 最高限额成本加固定最大酬金合同

在这种形式的合同中，首先要确定最高限额成本、报价成本和最低成本，当实际成本没有超过最低成本时，承包商发生的实际成本费用及应得酬金等都可得到业主的支付，并可与业主分享节约额；如果实际工程成本在最低成本和报价成本之间，承包商只有成本和酬金可以得到支付；如果实际工程成本在报价成本与最高限额成本之间，则承包商只有全部成本可以得到支付；实际工程成本超过最高限额成本时，则超过部分业主不予支付。

这种合同形式有利于控制工程造价，并能鼓励承包商最大限度地降低工程成本。

具体工程承包的计价方式不一定是单一的方式，在合同内可以明确约定具体工作内容采用的计价方式,也可以采用组合计价方式。

6.4.2 施工合同的签订

1. 施工合同格式的选择

合同是双方对招标成果的认可,是招标之后、开工之前双方签订的工程施工、付款和结算的凭证。合同的形式应在招标文件中确定,投标人应在投标文件中做出响应。目前的建筑工程施工合同格式一般采用如下几种方式。

1) 参考FIDIC合同格式订立的合同

FIDIC合同是国际通用的规范合同文本。它一般用于大型的国家投资项目和世界银行贷款项目。采用这种合同格式,可以避免工程竣工结算时的经济纠纷;但因其使用条件较严格,因而在一般中小型项目中较少采用。

2) 《建设工程施工合同(示范文本)》(简称示范文本合同)

按照国家工商行政管理总局和住建部推荐的《建设工程施工合同(示范文本)》格式订立的合同是比较规范,也是公开招标的中小型工程项目采用最多的一种合同格式。该合同由4部分组成:协议书、通用条款、专用条款、附件。协议书明确了双方最主要的权利义务,经当事人签字盖章,具有最高的法律效力;通用条款具有通用性,基本适用于各类建筑施工和设备安装;专用条款是对通用条款必要的修改与补充,其与通用条款相对应,多为空格形式,需双方协商完成,更好地针对工程的实际情况,体现了双方的统一意志;附件对双方的某项义务以确定格式予以明确,便于实际工作中的执行与管理。整个示范文本合同是招标文件的延续,故一些项目在招标文件中就拟定了补充条款内容以表明招标人的意向;投标人若对此有异议时,可在招标答疑(澄清)会上提出,并在投标函中提出施工单位能接受的补充条款;双方对补充条款再有异议时可在询标时得到最终统一。但是,也有项目虽然在招标中采用了示范文本合同,但并没有在协议书中写明工程造价,或者协议书中写明的造价与中标通知书上的中标价不相一致,或者在补充条款中未对招标文件内容有实质性响应,甚至在补充条款中提出与招标文件内容相矛盾的款项,那么一方面不能体现招标对所有潜在中标人的公平和公正,另一方面也使最终的工程审价工作难以开展,导致双方利益(大多情况下是建设单位利益)的损失。

3) 自由格式合同

自由格式合同是由建设单位和施工单位协商订立的合同,它一般适用于通过邀请招标或议标发包而定的工程项目。这种合同是一种非正规的合同形式,往往由于一方(主要是建设单位)对建筑工程的复杂性、特殊性等方面考虑不周,从而使其在工程实施阶段陷于被动。

2. 施工合同签订过程中的注意事项

1) 关于合同文件部分

招投标过程中形成的补遗、修改、书面答疑、各种协议等均应作为合同文件的组成部分。特别应注意作为付款和结算依据的工程量和价格清单,应根据评标阶段做出的修正稿重新整理、审定,并且应标明按完成的工程量测算付款和按总价付款的内容。

2) 关于合同条款的约定

在编制合同条款时,应注重有关风险和责任的约定,将项目管理的理念融入合同条款中,尽量将风险量化,责任明确,公正地维护双方的利益。其中主要重视以下几类条款。

(1) 程序性条款。目的在于规范工程价款结算依据的形成，预防不必要的纠纷。程序性条款贯穿于合同行为的始终，包括信息往来程序、计量程序、工程变更程序、索赔处理程序、价款支付程序、争议处理程序等。编写程序性条款时注意明确具体步骤，约定时间期限。

(2) 有关工程计量的条款。注重计算方法的约定，应严格确定计量内容(一般按净值计量)，加强隐蔽工程计量的约定。计量方法一般按工程部位和工程特性确定，以便于核定工程量及便于计算工程价款为原则。

(3) 有关估价的条款。应特别注意价格调整条款，如对未标明价格或无单独标价的工程，是采用重新报价方法，还是采用定额及取费方法，或者协商解决，在合同中应约定相应的计价方法。对工程量变化的价格调整，应约定费用调整公式；对工程延期的价格调整、材料价格上涨等因素造成的价格调整，是采用补偿方式，还是变更合同价，应在合同中约定。

(4) 有关双方职责的条款。为进一步划清双方责任，量化风险，应对双方的职责进行恰当的描述。对那些未来很可能发生并影响工作、增加合同价格及延误工期的事件和情况应加以明确，防止索赔、争议的发生。

(5) 工程变更的条款。适当规定工程变更和增减总量的限额及时间期限。如在 FIDIC 合同条款中规定，单位工程的增减量超过原工程量15%时应相应调整该项的综合单价。

(6) 索赔条款。明确索赔程序、索赔的支付、争端解决方式等。

6.4.3 不同计价模式对合同价和合同签订的影响

采用不同的计价模式会直接影响到合同价的形成方式，从而最终影响合同的签订和实施。目前国内使用的定额计价方法在以上方面存在诸多弊端，相比之下，工程量清单的计价方法能确定更为合理的合同价，并且便于合同的实施。

首先，工程量清单计价的合同价的形成方式使工程造价更接近工程实际价值。因为确定合同价的两个重要因素——投标报价和标底价都以实物法编制，采用的消耗量、价格、费率都是市场波动值，因此使合同价能更好地反映工程的性质和特点，更接近市场价值。

其次，易于对工程造价进行动态控制。在定额计价模式下，无论合同是采用固定价格还是可调价格，无论工程量变化多大，无论施工工期多长，双方只要约定采用国家定额、国家造价管理部门调整的材料指导价和颁布的价格调整系数，便适用于合同内外项目的结算。在工程量清单计价模式下，工程量由招标人提供，报价人的竞争性报价是基于工程量清单上所列的量值，招标人为避免由于对图纸理解不同而引起的问题，一般不要求报价人对工程量提出意见或作出判断。但是工程量变化会改变施工组织、改变施工现场情况，从而引起施工成本、利润率、管理费率的变化，因此带来项目单价的变化。工程量清单计价模式能实现真正意义上的工程造价动态控制。

在合同条款的约定上，双方的风险和责任意识加强。在定额计价模式下，由于计价方法单一，承发包双方对有关风险和责任意识不强；在工程量清单计价模式下，招投标双方对合同价的确定共同承担责任。招标人提供工程量，承担工程量变更或计算错误的责任，投标单位只对自己所报的成本、单价负责。工程量结算时，根据实际完成的工程量，按约定的办法调整。双方对工程情况的理解以不同的方式体现在合同价中，招标方以工程量清单表现，投标方则体现在则报价中。另外，一般工程项目造价已通过清单报价明确下来，在日后的施工过程中，施工企业为获取最大的利益，会利用工程变更和索赔手段追求额外的费用。因此，双方对合同管理的意识会大大加强，合同条款的约定也会更加周密。

工程量清单计价模式赋予造价控制工作新的内容和新的侧重点。工程量清单成为报价的统一基础，使获得竞争性投标报价得到有力保证，无标底合理低价中标评标方式使评选的中标价更为合理，合同条款更注重风险的合理分摊，更注重对造价的动态控制，更注重对价格调整及工程变更、索赔等方面的约定。

应用案例 6-2

某建设单位(甲方)拟建造一栋职工住宅，采用招标方式由某施工单位(乙方)承建。甲、乙双方签订的施工合同摘要如下。

一、协议书中的部分条款

(一) 工程概况

工程名称：职工住宅楼

工程地点：市区

工程规模：建筑面积 7850m²，共 15 层，其中地下 1 层，地上 14 层。

结构类型：剪力墙结构

(二) 工程承包范围

承包范围：某市规划设计院设计的施工图所包括的全部土建，照明配电(含通信、闭路埋管)，给排水(计算至出墙 1.5m)工程施工。

(三) 合同工期

开工日期：2015 年 2 月 1 日

竣工日期：2015 年 9 月 30 日

合同工期总日历天数：240 天(扣除 5 月 1—3 日)

(四) 质量标准

工程质量标准：达到甲方规定的质量标准

(五) 合同价款

合同总价：陆佰叁拾玖万元人民币

(六) 乙方承诺的质量保修

在该项目设计规定的使用年限(50 年)内，乙方承担全部保修责任。

(七) 甲方承诺的合同价款支付期限与方式

本工程没有预付款，工程款按月进度支付，施工单位应在每月 25 日前，向建设单位及监理单位报送当月工作量报表，经建设单位代表和监理工程师就质量和工程量进行确认，报建设单位认可后支付，每次支付完成量的 80%。累计支付到工程合同价款的 75%时停止拨付，工程基本竣工后一个月内再付 5%，办理完审计一个月内再付 15%，其余 5%待保修期满后 10 日内一次付清。为确保工程如期竣工，乙方不得因甲方资金的暂时不到位而停工和拖延工期。

(八) 合同生效

合同订立时间：2015 年 1 月 15 日

合同订立地点：市区街号

本合同双方约定：经双方主管部门批准及公证后生效。

二、专用条款

(一) 甲方责任

1. 办理土地征用、房屋拆迁等工作，使施工现场具备施工条件。
2. 向乙方提供工程地质和地下管网线路资料。
3. 负责编制工程总进度计划，对各专业分包的进度进行全面统一安排、统一协调。
4. 采取积极措施做好施工现场地下管线和邻近建筑物、构筑物的保护工作。

(二) 乙方责任

1. 负责办理投资许可证、建设规划许可证、委托质量监督、施工许可证等手续。
2. 按工程需要提供和维修一切与工程有关的照明、围栏、看守、警卫、消防、安全等设施。
3. 组织承包方、设计单位、监理单位和质量监督部门进行图纸交底与会审，并整理图纸会审和交底纪要。
4. 在施工中尽量采取措施减少噪声及振动，不干扰居民。

(三) 合同价款与支付

本合同价款采用固定价格合同方式确定。

合同价款包括的风险范围：

1. 工程变更事件发生导致工程造价增减不超过合同总价的 10%；
2. 政策性规定以外的材料价格涨落等因素造成工程成本变化。

风险费用的计算方法：风险费用已包括在合同总价中。

风险范围以外合同价款调整方法：按实际竣工建筑面积 950 元/m^2 调整合同价款。

三、补充协议条款

钢筋、商品混凝土的计价方式按当地造价信息价格下调 5% 计算。

【问题】

(1) 上述合同属于哪种计价方式合同类型？

(2) 该合同签订的条款有哪些不妥当之处？应如何修改？

(3) 对合同中未规定的承包商义务，合同实施过程中又必须进行的工程内容，承包商应如何处理？

【案例解析】

问题(1)：

从甲、乙双方签订的合同条款来看，该工程施工合同应属于固定价格合同。

问题(2)：

该合同条款存在的不妥之处及其修改如下。

① 合同工期总日历天数不应扣除节假日，应该将该节假日时间加到总日历天数中。

② 不应以甲方规定的质量标准作为该工程的质量标准，而应以《建筑工程施工质量验收统一标准》中规定的质量标准作为该工程的质量标准。

③ 质量保修条款不妥，应按《建设工程质量管理条例》的有关规定进行修改。

④ 工程价款支付条款中的"基本竣工时间"不明确，应修订为具体明确的时间；"乙方不得因甲方资金的暂时不到位而停工和拖延工期"条款显失公平，应说明甲方资金不到位在什么期限内乙方不得停工和拖延工期，且应规定逾期支付的利息如何计算。

⑤ 从该案例背景来看，合同双方是合法的独立法人单位，不应约定经双方主管部门批准后该合同生效。

⑥ 专用条款中关于甲、乙方责任的划分不妥。甲方责任中的第 3 条"负责编制工程总进度计

划,对各专业分包的进度进行全面统一安排、统一协调"和第 4 条"采取积极措施做好施工现场地下管线和邻近建筑物、构筑物的保护工作"应写入乙方责任条款中。乙方责任中的第 1 条"负责办理投资许可证、建设规划许可证、委托质量监督、施工许可证等手续"和第 3 条"组织承包方、设计单位、监理单位和质量监督部门进行图纸交底与会审,并整理图纸会审和交底纪要"应写入甲方责任条款中。

⑦ 专用条款中有关风险范围以外合同价款调整方法(按实际竣工建筑面积 950 元/m² 调整合同价款)与合同的风险范围、风险费用的计算方法相矛盾,该条款应针对可能出现的除合同价款包括的风险范围以外的内容约定合同价款调整方法。

问题(3):
首先应及时与甲方协商,确认该部分工程内容是否由乙方完成。如果需要由乙方完成,则应与甲方商签补充合同条款,就该部分工程内容明确双方各自的权利义务,并对工程计划做出相应的调整;如果由其他承包商完成,乙方也要与甲方就该部分工程内容的协作配合条件及相应的费用等问题达成一致意见,以保证工程的顺利进行。

单元小结

本单元首先介绍了建设工程承发包阶段造价控制的相关知识,接着介绍了招标控制价、投标报价、合同价款确定的相关知识。通过本单元的学习,应初步具备交易阶段造价控制的能力,掌握建设工程合同的有关知识。

综合案例

【综合应用案例】

某办公楼的招标人于 2014 年 10 月 8 日向具备承担该项目能力的 A、B、C、D、E 共 5 家承包商发出投标邀请书,其中说明,10 月 12—18 日 9:00—16:00 在该招标人总工办领取招标文件,11 月 8 日 14:00 为投标截止时间。该 5 家承包商均接受邀请,并按规定时间提交了投标文件。但承包商 A 在送出投标文件后发现报价估算有较严重的失误,遂赶在投标截止时间前 10 分钟递交了一份书面声明,撤回已提交的投标文件。

开标时,由招标人委托的市公证处人员检查投标文件的密封情况,确认无误后,由工作人员当众拆封。由于承包商 A 已撤回投标文件,故招标人宣布有 B、C、D、E 共 4 家承包商投标,并宣读了该 4 家承包商的投标价格、工期和其他主要内容。

评标委员会委员由招标人直接确定,共由 7 人组成,其中招标人代表 2 人,本系统技术专家 2 人、经济专家 1 人,外系统技术专家 1 人、经济专家 1 人。

在评标过程中,评标委员会要求 B、D 两个投标人分别对其施工方案作详细说明,并对若干技术要点和难点提出问题,要求其提出具体可靠的实施措施。作为评标委员的招标人代表希望承包商 B 再适当考虑一下降低报价的可能性。

按照招标文件中确定的综合评标标准,4 个投标人综合得分从高到低的顺序依次为 B、D、C、E。故评标委员会确定承包商 B 为中标人。承包商 B 为外地企业,招标人于 11 月

10日将中标通知书以挂号信方式寄出,承包商B于11月14日收到中标通知书。

由于从报价情况来看,4个投标人的报价从低到高的顺序依次为D、C、B、E。因此,11月16日—12月11日招标人与承包商B就合同价格进行了多次谈判,结果承包商B将价格降到略低于承包商C的报价水平,最终双方于12月12日签订了书面合同。

【问题】

(1) 从招标投标的性质来看,本案例中的要约邀请、要约和承诺的具体表现是什么?

(2) 从所介绍的背景资料来看,在该项目的招标投标程序中有哪些不妥之处?请逐一说明原因。

【案例解析】

问题(1):

在本案例中,要约邀请是招标人的投标邀请书,要约是投标人的投标文件,承诺是招标人发出的中标通知书。

问题(2):

在该项目招标投标程序中有以下不妥之处,分述如下。

① "招标人宣布B、C、D、E共4家承包商参加投标"不妥。因为A承包商虽然已撤回投标文件,但仍应作为投标人加以宣布。

② "评标委员会委员由招标人直接确定"不妥。因为办公楼属于一般项目,招标人可选派2名相当专家资质人员参加,但另外5名专家应采取(从专家库中)随机抽取的方式确定。

③ "评标委员会要求投标人提出具体、可靠的实施措施"不妥。因为按规定,评标委员会可以要求投标人对投标文件中含义不明确的内容作必要的澄清或者说明,但是澄清或者说明不得超出投标文件的范围或者改变投标文件的实质性内容,因此,不能要求投标人就实质性内容进行补充。

④ "作为评标委员的招标人代表希望承包商B再适当考虑一下降低报价的可能性"不妥。因为在确定中标人前,招标人不得与投标人就投标价格、投标方案的实质性内容进行谈判。

⑤ 对"评标委员会确定承包商B为中标人"要进行分析。如果招标人授权评标委员会直接确定中标人,由评标委员会定标是对的,否则,就是错误的。

⑥ 发出中标通知书的时间不妥。因为在确定中标人之后,招标人应在15日内向有关政府部门提交招标投标情况的报告,建设主管部门自收到招标人提交的招标投标情况的书面报告之日起5日内未通知招标人在招标投标活动中有违法行为的,招标人方可向中标人发出中标通知书。

⑦ "中标通知书发出后招标人与中标人就合同价格进行谈判"不妥。因为招标人和中标人应按照招标文件和投标文件订立书面合同,不得再行订立背离合同实质性内容的其他协议。

⑧ 订立书面合同的时间不妥。因为招标人和中标人应当自中标通知书发出之日(不是中标人收到中标通知书之日)起30日内订立书面合同,而本案例为32日。

技能训练题

一、单选题

1. 依据《中华人民共和国招标投标法》规定，允许的招标方式有公开招标和( )。
   A. 公开招标　　B. 邀请招标　　C. 竞争性谈判　　D. 有限竞争招标

2. 有助于承包人公平竞争，提高工程质量，缩短工期和降低建设成本的招标方式是( )。
   A. 邀请招标　　B. 邀请议标　　C. 公开招标　　D. 有限竞争招标

3. 我国工程造价改革的总体目标是形成以市场价格为主的价格体系。但目前尚处于过渡时期，总的来讲，我国投标报价模式有定额计价模式和( )。
   A. 工程量清单计价模式　　　　　B. 预算模式
   C. 概算模式　　　　　　　　　　D. 决算模式

4. 工程量清单计价方式下投标报价的编制方法与以工程量清单计价法编制招标控制价的方法相似，都是采用( )的方法。
   A. 综合单价计价　B. 工料单价法　C. 实物法　　D. 预算法

5. 按照国家工商部和住建部推荐的《建设工程施工合同(示范文本)》格式订立的合同是比较规范，也是公开招标的中小型工程项目采用最多的一种合同格式。该合同由4部分组成：( )。
   A. 协议书、通用条款、专用条款、附件
   B. 说明书、通用条款、专用条款、附件
   C. 协议书、格式条款、专用条款、附件
   D. 协议书、通用条款、专用条款、其他

二、多选题

1. 下列投标策略选择正确的是( )。
   A. 如果是单纯报计日工单价，而且不计入总价中，可以报低些
   B. 单价与包干混合制合同中，招标人要求有些项目采用包干报价时，宜报低价
   C. 设计图纸不明确、估计修改后工程量要增加的，可以提高单价
   D. 能够早日结算的项目(如前期措施费、基础工程、土石方工程等)可以适当提高报价
   E. 对于技术难度大或其他原因导致的难以实现的规格，可将价格有意抬高得更多一些

2. 采用工程量清单计价时，招标控制价的编制内容包括( )。
   A. 分部分项工程费　　　　　B. 措施项目费
   C. 其他项目费　　D. 规费　　E. 税金

3. 不可抗力导致的人员伤亡、财产损失、费用增加和(或)工期延误等后果，由合同双方按( )原则承担。
   A. 永久工程，包括已运至施工场地的材料和工程设备的损害，以及因工程损害造成的第三者人员伤亡和财产损失由承包人承担

B．承包人设备的损坏由发包人承担

　　C．发包人和承包人各自承担其人员伤亡和其他财产损失及其相关费用

　　D．承包人的停工损失由承包人承担，但停工期间应监理人要求照管工程和清理、修复工程的金额由发包人承担

　　E．不能按期竣工的，应合理延长工期，承包人不需支付逾期竣工违约金。发包人要求赶工的，承包人应采取赶工措施，赶工费用由发包人承担

4．对于 FIDIC 合同中的工程师一方，下列阐述正确的是(　　)。

　　A．工程师履行或者行使合同规定或隐含的职责或权力时，应当视为代表业主执行

　　B．工程师有权解除任何一方根据合同规定的任何任务、义务或者职责

　　C．工程师可以向其助手指派任务和委托权力

　　D．除得到承包商同意外，业主承诺不对工程师的权力作进一步的限制

　　E．如果业主准备替换工程师，必须提前不少于 56 天发出通知以征得承包商的同意

5．在 FIDIC 合同中关于工程款支付问题，下列阐述正确的是(　　)。

　　A．承包商需首先将银行出具的履约保函和预付款保函交给业主并通知工程师，工程师在 21 天内签发"预付款支付证书"

　　B．每个月的月末，承包商应按工程师规定的格式提交一式 3 份的本月支付报表，内容包括提出本月已完成合格工程的应付款要求和对应扣款的确认

　　C．在收到承包商的支付报表的 28 天内，按核查结果以及总价承包分解表中核实的实际完成情况签发支付证书

　　D．承包商的报表经工程师认可并签发工程进度款的支付证书后，业主应在接到证书后及时给承包商付款。业主的付款时间不应超过工程师收到承包商的月进度付款申请单后的 28 天

　　E．每次月进度款支付时扣留保留金的百分比一般为 5%~10%，累计扣留的最高限额为合同价的 5%~8%

三、简答题

1．简述招标控制价编制的依据、程序和编制方法。

2．简述以工程量清单计价模式投标报价的计算过程。

3．简述工程投标报价编制的一般程序。

4．投标报价可以采取哪些策略？

四、案例分析题

某工程项目由政府投资建设，业主委托某招标代理公司代理施工招标。在发布的招标公告中规定：①投标人必须为国家一级总承包企业，且近三年至少获得一项该项目所在省优质工程奖。②若采用联合体形式投标，必须在投标文件中明确牵头人并提交联合体投标协议，若联合体中标，招标人将与该联合体牵头人订立合同。该项目的招标文件中规定，开标前投标人可修改或撤回投标文件，但开标后投标人不得撤回投标文件；采用固定总价合同；每月工程款在下月末支付；工期不得超过 12 个月，提前竣工奖为 30 万元/月，在竣工时支付。

某承包商准备参与该工程的投标。经造价师估算，总成本为 1000 万元，其中材料费占 60%。

预计该工程在施工过程中，建筑材料涨价 10%的概率为 0.3，涨价 5%的概率为 0.5，不涨价的概率为 0.2。

【问题】

(1) 该项目的招标活动中有哪些不妥之处？请说明理由。

(2) 按预计发生的成本计算，若希望中标后能实现 3%的利润，不含税报价应为多少？该报价按承包商原估算成本计算的利润率是多少？

(3) 若承包商以 1100 万元的报价中标，合同工期为 11 个月，合同工期内不考虑物价变化，承包商工程款的现值是多少？

单元 7

建设项目施工阶段工程造价管理

教学目标

本单元内容是建设项目施工阶段的工程造价管理。通过学习，熟悉施工阶段工程造价管理的内容，掌握工程合同价款调整的方法；掌握工程索赔的处理和计算；掌握工程计量与合同价款的计算；熟悉资金使用计划编制的方法及投资偏差分析的基本方法；学会利用基本理论解决实际问题的方法，培养分析问题和解决问题的能力。

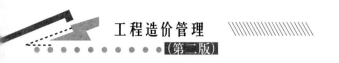

本单元知识架构

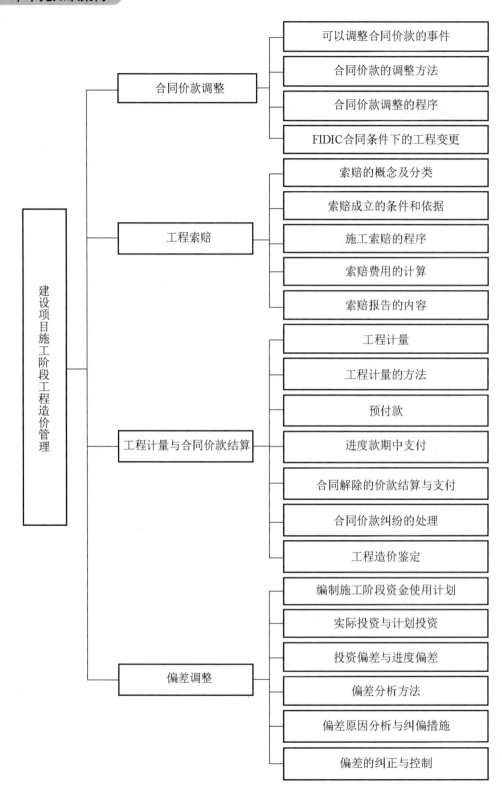

单元 7　建设项目施工阶段工程造价管理

引　例

施工阶段是投入资金最多、最直接的阶段,也是实现建设工程价值的主要阶段。这个阶段工程造价管理的内容包括组织工作、经济工作、技术工作、合同工作等多方面的内容,主要工作任务为:首先通过编制资金使用计划,确定、分解工程造价控制目标,然后通过工程预付款控制,工程变更控制,预防并处理好费用索赔问题,做好工程进度款支付和其他价款的结算工作,挖掘节约工程造价潜力来使实际发生的费用不超过计划投资。

本单元将针对以上任务详细讲解了施工阶段工程造价管理的相关内容,其中竣工结算相关内容放在单元 8 中讲解。

课题 7.1　合同价款调整

发承包双方应当在施工合同中约定合同价款,实行招标工程的合同价款由合同双方依据中标通知书的中标价款在合同协议书中约定,不实行招标工程的合同价款由合同双方依据双方确定的施工图预算的总造价在合同协议书中约定。在工程施工阶段,由于项目实际情况的变化,发承包双方在施工合同中约定的合同价款可能会出现变动。为合理分配双方的合同价款变动风险,有效地控制工程造价,发承包双方应当在施工合同中明确约定合同价款的调整事件、调整方法及调整程序。

7.1.1　可以调整合同价款的事件

以下事项(但不限于)发生,发承包双方应当按照合同约定调整合同价款:①法律法规变化;②工程变更;③项目特征不符;④工程量清单缺项;⑤工程量偏差;⑥计日工;⑦物价变化;⑧暂估价;⑨不可抗力;⑩提前竣工(赶工补偿);⑪误期赔偿;⑫索赔;⑬现场签证;⑭暂列金额;⑮发承包双方约定的其他调整事项。

7.1.2　合同价款的调整方法

1. 法律法规变化引起调整

因国家法律、法规、规章和政策发生变化影响合同价款的风险,发承包双方应在合同中约定由发包人承担。

施工合同履行期间,国家颁布的法律、法规、规章和有关政策在合同工程基准日之后发生变化,且因执行相应的法律、法规、规章和政策引起工程造价发生增减变化的,合同双方当事人应当依据法律、法规、规章和有关政策的规定调整合同价款。但是,如果有关价格(如人工、材料和工程设备等价格)的变化已经包含在物价波动事件的调价公式中,则不再予以考虑。

如果由于承包人的原因导致的工期延误,在工程延误期间国家的法律、法规、规章和相关政策发生变化引起工程造价变化,造成合同价款增加的,合同价款不予调整;造成合同价款减少的,合同价款予以调整。

基准日是指为了合理划分发承包双方的合同风险,施工合同中约定的分担风险的一个日期。对

于基准日之后发生的、作为一个有经验的承包人在招标投标阶段不可能合理预见的风险,应当由发包人承担。对于实行招标的建设工程,一般以施工招标文件中规定的提交投标文件的截止时间前的第 28 天作为基准日;对于不实行招标的建设工程,一般以建设工程施工合同签订前的第 28 天作为基准日。

2. 工程变更

工程变更是指合同工程实施过程中由发包人提出或由承包人提出经发包人批准的合同工程任何一项工作的增、减、取消或施工工艺、顺序、时间的改变;设计图纸的修改;施工条件的改变;招标工程量清单的错、漏从而引起合同条件的改变或工程量的增减变化。

合同实施工程变更引起已标价工程量清单项目或其工程数量发生变化,应按照下列规定调整。

(1) 已标价工程量清单中有适用于变更工程项目的,采用该项目的单价;但当工程变更导致该清单项目的工程数量发生变化,且工程量偏差超过 15%,此时,该项目单价的调整应按照规范的规定调整。

(2) 已标价工程量清单中没有适用、但有类似于变更工程项目的,可在合理范围内参照类似项目的单价。

(3) 已标价工程量清单中没有适用也没有类似于变更工程项目的,由承包人根据变更工程资料、计量规则、计价办法、工程造价管理机构发布的信息价格和承包人报价浮动率提出变更工程项目的单价,报发包人确认后调整。承包人报价浮动率的计算公式如下。

① 实行招标的工程。

$$承包人报价浮动率(L)=(1-中标价/招标控制价)\times100\% \qquad (7.1)$$

② 不实行招标的工程。

$$承包人报价浮动率(L)=(1-报价/施工图预算)\times100\% \qquad (7.2)$$

(4) 已标价工程量清单中没有适用也没有类似于变更工程项目,且工程造价管理机构发布的信息价格缺价的,由承包人根据变更工程资料、计量规则、计价办法和通过市场调查等取得有合法依据的市场价格,提出变更工程项目的单价,报发包人确认后调整。

(5) 工程变更引起施工方案改变,并使措施项目发生变化的,承包人提出调整措施项目费的,应事先将拟实施的方案提交发包人确认,并详细说明与原方案措施项目相比的变化情况。拟实施的方案经发承包双方确认后执行。该情况下,应按照下列规定调整措施项目费。

① 安全文明施工费,按照实际发生变化的措施项目调整,不得浮动。

② 采用单价计算的措施项目费,按照实际发生变化的措施项目按规范的规定确定单价。

③ 按总价(或系数)计算的措施项目费,按照实际发生变化的措施项目调整,但应考虑承包人报价浮动因素,即调整金额按照实际调整金额乘以规范规定的承包人报价浮动率计算。

如果承包人未事先将拟实施的方案提交给发包人确认,则视为工程变更不引起措施项目费的调整或承包人放弃调整措施项目费的权利。

(6) 如果工程变更项目出现承包人在工程量清单中填报的综合单价与发包人招标控制价或施工图预算相应清单项目的综合单价偏差超过 15%,则工程变更项目的综合单价可由发承包双方按照下列规定调整。

① 当 $P_0<P_1\times(1-L)\times(1-15\%)$ 时,该类项目的综合单价按照 $P_1\times(1-L)\times(1-15\%)$ 调整;

② 当 $P_0> P_1\times(1+15\%)$ 时,该类项目的综合单价按照 $P_1\times(1+15\%)$ 调整。

式中:P_0——承包人在工程量清单中填报的综合单价;

P_1——发包人招标控制价或施工预算相应清单项目的综合单价;

L ——承包人报价浮动率。

(7) 如果发包人提出的工程变更,非承包人原因删减了合同中的某项原定工作或工程,致使承包人发生的费用或(和)得到的收益不能被包括在其他已支付或应支付的项目中,也未被包含在任何替代的工作或工程中,则承包人有权提出并得到合理的利润补偿。

3. 项目特征不符

承包人在招标工程量清单中对项目特征的描述,应被认为是准确和全面的,并且与实际施工要求相符合。承包人应按照发包人提供的工程量清单,根据其项目特征描述的内容及有关要求实施合同工程,直到其被改变为止。承包人应按照发包人提供的设计图纸实施合同工程。合同履行期间,出现实际施工设计图纸(含设计变更)与招标工程量清单任一项目的特征描述不符,且该变化引起该项目的工程造价有增减变化的,应按照实际施工的项目特征重新确定相应工程量清单项目的综合单价,再计算调整的合同价款。

4. 工程量清单缺项

合同履行期间,出现招标工程量清单项目缺项的,发承包双方应调整合同价款。招标工程量清单中出现缺项,造成新增工程量清单项目的,应按照规范规定确定单价,调整分部分项工程费。由于招标工程量清单中分部分项工程出现缺项,引起措施项目发生变化的,应按照规范的规定,在承包人提交的实施方案被发包人批准后,计算调整的措施费用。

5. 工程量偏差

合同履行期间,对于任一项招标工程量清单项目,非承包人原因导致工程量偏差超过15%时,调整的原则为:当工程量增加 15 %以上时,其增加部分的工程量的综合单价应予调低;当工程量减少 15%以上时,减少后剩余部分的工程量的综合单价应予调高。此时,按下列公式调整结算分部分项工程费。

$$当 Q_1>1.15Q_0 时,S=1.15Q_0\times P_0+(Q_1-1.15Q_0)\times P_1 \qquad (7.3)$$

$$当 Q_1<0.85Q_0 时,S=Q_1\times P_1 \qquad (7.4)$$

式中: S——调整后的某一分部分项工程费结算价;

Q_1——最终完成的工程量;

Q_0——招标工程量清单中列出的工程量;

P_1——按照最终完成工程量重新调整后的综合单价;

P_0——承包人在工程量清单中填报的综合单价。

应用案例 7-1

某独立土方工程,招标文件中估计工程量为 27 万 m^3。合同中规定,土方工程单价为 12.5 元/m^3;当实际工程量超过估计工程量 15%时,调整单价为 9.8 元/m^3。工程结束时实际完成土方工程量 35

万 m³，则土方工程款为( )万元。

A. 437.535　　　B. 426.835　　　C. 415.900　　　D. 343.055

答案：B

【解】

计算过程如下：

12.5×27×(1+15%)+9.8×[35-27×(1+15%)]=426.835(万元)

6. 计日工

发包人通知承包人以计日工方式实施的零星工作，承包人应予执行。采用计日工计价的任何一项变更工作，承包人应在该项变更的实施过程中，每天提交以下报表和有关凭证送发包人复核。

(1) 工作名称、内容和数量。

(2) 投入该工作所有人员的姓名、工种、级别和耗用工时。

(3) 投入该工作的材料名称、类别和数量。

(4) 投入该工作的施工设备型号、台数和耗用台时。

(5) 发包人要求提交的其他资料和凭证。

任一计日工项目持续进行时，承包人应在该项工作实施结束后的 24 小时内，向发包人提交有计日工记录汇总的现场签证报告一式 3 份。发包人在收到承包人提交现场签证报告后的 2 天内予以确认并将其中一份返还给承包人，作为计日工计价和支付的依据。发包人逾期未确认也未提出修改意见的，视为承包人提交的现场签证报告已被发包人认可。任一计日工项目实施结束，发包人应按照确认的计日工现场签证报告核实该类项目的工程数量，并根据核实的工程数量和承包人已标价工程量清单中的计日工单价计算，提出应付价款；已标价工程量清单中没有该类计日工单价的，由发承包双方按规范规定商定计日工单价计算。每个支付期末，承包人应按照规范的规定向发包人提交本期间所有计日工记录的签证汇总表，以说明本期间自己认为有权得到的计日工价款，列入进度款支付。

7. 物价变化

合同履行期间，工程造价管理机构发布的人工、材料、工程设备和施工机械台班单价或价格与合同工程基准日期相应单价或价格比较，出现涨落影响合同价款时，发承包双方可以根据合同约定的调整方法，对合同价款进行调整。

因物价变化引起的合同价款调整方法有两种：一种是采用价格指数调整价格差额，另一种是采用造价信息调整价格差额。承包人采购材料和工程设备的，应在合同中约定可调材料、工程设备价格变化的范围或幅度，如没有约定，则按照规范规定的材料、工程设备单价变化超过 5%，施工机械台班单价变化超过 10%，超过部分的价格按上述两种方法之一进行调整。

1) 采用价格指数调整价格差额

采用价格指数调整价格差额的方法，主要适用于施工中所用的材料品种较少，但每种材料使用量较大的土木工程，如公路、水坝等。其计算公式为：

$$\Delta P = P_0 \left[A + \left(B_1 \times \frac{F_{t1}}{F_{01}} + B_2 \times \frac{F_{t2}}{F_{02}} + B_3 \times \frac{F_{t3}}{F_{03}} + \cdots + B_n \times \frac{F_{tn}}{F_{0n}} \right) - 1 \right] \quad (7.5)$$

式中：ΔP——需调整的价格差额；

R——根据进度付款、竣工付款和最终结清等付款证书中，承包人应得到的已完成工程量的金额(此项金额应不包括价格调整、不计质量保证金的扣留和支付、预付款的支付和扣回；变更及其他金额已按现行价格计价的，也不计在内)；

A——定值权重(即不调部分的权重)；

$B_1, B_2, B_3, \cdots, B_n$——各可调因子的变值权重(即可调部分的权重)为各可调因子在投标函投标总报价中所占的比例；

$F_{t1}, F_{t2}, F_{t3}, \cdots, F_{tn}$——各可调因子的现行价格指数，指根据进度付款、竣工付款和最终结清等约定的付款证书相关周期最后一天前42天的各可调因子的价格指数；

$F_{01}, F_{02}, F_{03}, \cdots, F_{0n}$——各可调因子的基本价格指数，指基准日的各可调因子的价格指数。

以上价格调整公式中的各可调因子、定值和变值权重，以及基本价格指数及其来源在投标函附录价格指数和权重表中约定。价格指数应首先采用工程造价管理机构提供的价格指数，缺乏上述价格指数时，可采用工程造价管理机构提供的价格代替。

在计算调整差额时得不到现行价格指数的，可暂用上一次价格指数计算，并在以后的付款中再按实际价格指数进行调整。

按变更范围和内容所约定的变更，导致原定合同中的权重不合理时，由承包人和发包人协商后进行权重的调整。

由于发包人原因导致工期延误的，则对于计划进度日期(或竣工日期)后续施工的工程，在使用价格调整公式时，应采用计划进度日期(或竣工日期)与实际进度日期(或竣工日期)的两个价格指数中的较高者作为现行价格指数。

由于承包人原因导致工期延误的，则对于计划进度日期(或竣工日期)后续施工的工程，在使用价格调整公式时，应采用计划进度日期(或竣工日期)与实际进度日期(或竣工日期)的两个价格指数中的较低者作为现行价格指数。

应用案例 7-2

广东某城市某土建工程，合同规定结算款为100万元，合同原始报价日期为2013年3月，工程于2014年2月建成交付使用。根据表7-1中所列工程人工费、材料费构成比例及有关价格指数，计算需要调整的价格差额。

表7-1 工程人工费、材料费构成比例及有关价格指数

项　　目	人工费	钢材	水泥	集料	一级红砖	砂	木材	不调值费用
比例	45%	11%	11%	5%	6%	3%	4%	15%
2013年3月指数	100	100.8	102.0	93.6	100.2	95.4	93.4	—

| 2014年2月指数 | 110.1 | 98.0 | 112.9 | 95.9 | 98.9 | 91.1 | 117.9 | — |

【解】

需要调整的价格差额=100×[0.15+(0.45×110.1/100+0.11×98.0/100.08+0.11×112.9/102.0+0.05×95.9/93.6+0.06×98.9/100.2+0.03×91.1/95.4+0.04×117.9/93.4−1)≈100×0.0642=6.42(万元)

通过调整，2014年2月实际结算的工程价款，比原始合同应多结6.42万元。

2) 采用造价信息调整价格差额

采用造价信息调整价格差额的方法，主要适用于使用的材料品种较多，相对而言每种材料使用量较小的房屋建筑与装饰工程。

施工合同履行期间，因人工、材料、工程设备和施工机械台班价格波动影响合同价格时，人工、施工机械使用费按照国家或省、自治区、直辖市建设行政管理部门、行业建设管理部门或其工程造价管理机构发布的人工成本信息、施工机械台班单价或施工机械使用费系数进行调整；需要进行价格调整的材料，其单价和采购数量应由发包人复核，发包人确认需调整的材料单价及数量，作为调整合同价款差额的依据。

(1) 人工单价发生变化时，发承包双方应按省级或行业主管部门或其授权的工程造价管理机构发布的人工成本文件调整工程价款。

(2) 材料、工程设备价格变化时，由发承包双方约定的风险范围按下列规定调整合同价款。

① 承包人投标报价中材料单价低于基准单价：施工期间材料单价涨幅以基准单价为基础超过合同约定的风险幅度值，或材料单价跌幅以投标报价为基础超过合同约定的风险幅度值时，其超过部分按实调整。

② 承包人投标报价中材料单价高于基准单价：施工期间材料单价跌幅以基准单价为基础超过合同约定的风险幅度值，或材料单价涨幅以投标报价为基础超过合同约定的风险幅度值时，其超过部分按实调整。

③ 承包人投标报价中材料单价等于基准单价：施工期间材料单价涨、跌幅以基准单价为基础超过合同约定的风险幅度值时，其超过部分按实调整。

④ 承包人应在采购材料前将采购数量和新的材料单价报送发包人核对，确认用于本合同工程时，发包人应确认采购材料的数量和单价。发包人在收到承包人报送的确认资料后3个工作日不予答复的视为已经认可，作为调整合同价款的依据。如果承包人未报经发包人核对即自行采购材料，再报发包人确认调整合同价款的，如发包人不同意，则不作调整。

(3) 施工机械台班单价或施工机械使用费发生变化超过省级或行业建设主管部门或其授权的工程造价管理机构规定的范围时，按其规定调整合同价款。

8. 暂估价

发包人在招标工程量清单中给定暂估价的材料、工程设备属于依法必须招标的，由发承包双方以招标的方式选择供应商。中标价格与招标工程量清单中所列的暂估价的差额以及相应的规费、税金等费用，应列入合同价格。发包人在招标工程量清单中给定暂估价的材料和工程设备不属于依法必须招标的，由承包人按照合同约定采购。经发包人确认的材料和工程设备价格与招标工程量清单中所列的暂估价的差额以及相应的规费、税金等费用，应列入合同价格。发包人在工程量清单中给定暂估价的专业工程不属于依法必须招标的，应按照规范相应条款的规定确定专业工程价款。经发包人确认的专业工程价款与招标工程量清单中所列的暂估价的差额以及相应的规费、税金等费用，应列入合同价格。发包人在招标工程量清单中给定暂估价的专业工程，依法必须招标的，应当由发承包双方依法组织招标选择专业分包人，并接受有管辖权的建设工程招标投标管理机构的监督。除合同另有约定外，承包人不参与投标的专业工程分包招标，应由承包人作为招标人，但招标文件评标工作、评标结果应报送发包人批准。与组织招标工作有关的费用应当被认为已经包括在承包人的签约合同价(投标总报价)中。承包人参加投标的专业工程分包招标，应由发包人作为招标人，与组织招标工作有关的费用由发包人承担。同等条件下，应优先选择承包人中标。专业工程分包中标价格与招标工程量清单中所列的暂估价的差额以及相应的规费、税金等费用，应列入合同价格。

9. 不可抗力

因不可抗力事件导致的费用，发承包双方应按以下原则分别承担并调整工程价款。

(1) 工程本身的损害、因工程损害导致第三方人员伤亡和财产损失以及运至施工场地用于施工的材料和待安装的设备的损害，由发包人承担。

(2) 发包人、承包人人员伤亡由其所在单位负责，并承担相应费用。

(3) 承包人的施工机械设备损坏及停工损失，由承包人承担。

(4) 停工期间，承包人应发包人要求留在施工场地的必要的管理人员及保卫人员的费用由发包人承担。

(5) 工程所需清理、修复费用，由发包人承担。

10. 提前竣工(赶工补偿)

发包人要求承包人提前竣工，应征得承包人同意后与承包人商定采取加快工程进度的措施，并修订合同工程进度计划。合同工程提前竣工，发包人应承担承包人由此增加的费用，并按照合同约定向承包人支付提前竣工(赶工补偿)费。发承包双方应在合同中约定提前竣工每日历天应补偿额度。除合同另有约定外，提前竣工补偿的最高限额为合同价款的5%。此项费用列入竣工结算文件中，与结算款一并支付。

11. 误期赔偿

如果承包人未按照合同约定施工，导致实际进度迟于计划进度的，发包人应要求承包人加快进度，实现合同工期。合同工程发生误期，承包人应赔偿发包人由此造成的损失，并按照合同约定向发包人支付误期赔偿费。即使承包人支付误期赔偿费，也不能免除承包人按照合同约定应承担的任何责任和应履行的任何义务。发承包双方应在合同中约定误期赔偿费，明确每日历天应赔额度。除合同另有约定外，误期赔偿费的最高限额为合同价款的5%。误期赔偿费列入竣工结算文件中，在结算款中扣除。如果在工程竣工之前，合同工程内的某单位工程已通过了竣工验收，且该单位工程接收证书中表明的竣工日期并未延误，而是合同工程的其他部分产生了工期延误，则误期赔偿费应按照已颁发工程接收证书的单位工程造价占合同价款的比例幅度予以扣减。

12. 索赔

索赔是指在工程合同履行过程中，合同当事人一方因非己方的原因而遭受损失，按合同约定或法律法规规定应由对方承担责任，从而向对方提出补偿的要求。本部分详细内容在课题 7.2 中介绍。

13. 现场签证

承包人应发包人要求完成合同以外的零星项目、非承包人责任事件等工作的，发包人应及时以书面形式向承包人发出指令，提供所需的相关资料；承包人在收到指令后，应及时向发包人提出现场签证要求。承包人应在收到发包人指令后的 7 天内，向发包人提交现场签证报告，报告中应写明所需的人工、材料和施工机械台班的消耗量等内容。发包人应在收到现场签证报告后的 48 小时内对报告内容进行核实，予以确认或提出修改意见。发包人在收到承包人现场签证报告后的 48 小时内未确认也未提出修改意见的，视为承包人提交的现场签证报告已被发包人认可。现场签证的工作如已有相应的计日工单价，则现场签证中应列明完成该类项目所需的人工、材料、工程设备和施工机械台班的数量。如现场签证的工作没有相应的计日工单价，应在现场签证报告中列明完成该签证工作所需的人工、材料设备和施工机械台班的数量及其单价。合同工程发生现场签证事项，未经发包人签证确认，承包人便擅自施工的，除非征得发包人同意，否则发生的费用由承包人承担。现场签证工作完成后的 7 天内，承包人应按照现场签证内容计算价款，报送发包人确认后，作为追加合同价款，与工程进度款同期支付。

知 识 链 接

经承包人提出，发包人核实并确认后的现场签证表见表 7-2。

表 7-2 现场签证表

工程名称：		标段：		编号：	
施工部位		日期			

致：_____(发包人全称)

　　根据_____(指令人姓名) 年 月 日的口头指令或你方_____(或监理人) 年 月 日的书面通知，我方要求完成此项工作应支付价款金额为(大写)_____(小写_____)，请予核准。
　　附：1. 签证事由及原因
　　　　2. 附图及计算式

承包人(章)

造价人员_____ 承包人代表_____ 日　期_____

复核意见： 你方提出的此项签证申请经复核： □不同意此项签证，具体意见见附件 □同意此项签证，签证金额的计算，由造价工程师复核 　　　　　　　监理工程师_____ 　　　　　　　日　　　期_____	复核意见： □此项签证按承包人中标的计日工单价计算，金额为(大写)_____元(小写_____元 □此项签证因无计日工单价，金额为(大写)元(小写_____) 　　　　　　　造价工程师_____ 　　　　　　　日　　　期_____

审核意见：
　□不同意此项签证
　□同意此项签证，价款与本期进度款同期支付

发包人(章)
发包人代表_____
日　　　期_____

注：1. 在选择栏中的"□"内做标识"√"。

2. 本表一式四份，由承包人在收到发包人(监理人)的口头或书面通知后填写，发包人、监理人、造价咨询人、承包人各存一份。

14. 暂列金额

已签约合同价中的暂列金额由发包人掌握。发包人按照规范规定作出发支付后，暂列金额如有余额归发包人。

7.1.3 合同价款调整的程序

(1) 出现合同价款调增事项(不含工程量偏差、计日工、现场签证、施工索赔)后的 14 天内，承包人应向发包人提交合同价款调增报告并附上相关资料，若承包人在 14 天内未提交合同价款调增报告的，视为承包人对该事项不存在调整价款。

(2) 发包人应在收到承包人合同价款调增报告及相关资料之日起 14 天内对其核实，予以确认的应书面通知承包人。如有疑问，应向承包人提出协商意见。发包人在收到合同价款调增报告之日起 14 天内未确认也未提出协商意见的，视为承包人提交的合同价款调增报告已被发包人认可。发包人提出协商意见的，承包人应在收到协商意见后的 14 天内对其核实，予以确认的应书面通知发包人。如承包人在收到发包人的协商意见后 14 天内既不确认也未提出不同意见的，视为发包人提出的意见已被承包人认可。

(3) 如发包人与承包人对不同意见不能达成一致的，只要不实质影响发承包双方履约的，双方应实施该结果，直到其按照合同争议的解决被改变为止。

(4) 出现合同价款调减事项(不含工程量偏差、施工索赔)后的 14 天内，发包人应向承包人提交合同价款调减报告并附相关资料，若发包人在 14 天内未提交合同价款调减报告的，视为发包人对该事项不存在调整价款。

(5) 经发承包双方确认调整的合同价款，作为追加(减)合同价款，与工程进度款或结算款同期支付。

7.1.4 FIDIC 合同条件下的工程变更

在 FIDIC 合同条件下，业主提供的设计一般较为粗略，有的设计(施工图)是由承包商完成的，因此设计变更少于我国施工合同条件下的施工。

1. 工程变更的范围

由于工程变更属于合同履行过程中的正常管理工作，工程师可以根据施工进展的实际情况，在认为必要时就以下几个方面发布变更指令。

(1) 对合同中任何工作工程量的改变。
(2) 任何工作质量或其他特性的变更。
(3) 工程任何部分标高、位置和尺寸的改变。
(4) 删减任何合同约定的工作内容。
(5) 新增工程按单独合同对待。
(6) 改变原定的施工顺序或时间安排。

2. 变更程序

颁发工程接收证书前的任何时间，工程师可以通过发布变更指示或以要求承包商递交建议书的任何一种方式提出变更。

(1) 指令变更。工程师在业主授权范围内根据施工现场的实际情况，在确属需要时有权发布变更指示。指示的内容应包括详细的变更内容、变更工程量、变更项目的施工技术要求和有关部门文件图纸，以及变更处理的原则。

(2) 要求承包商递交建议书后再确定的变更。其程序如下。

① 工程师将计划变更事项通知承包商，并要求其递交实施变更的建议书。

② 承包商应尽快予以答复。

③ 工程师做出是否变更的决定，尽快通知承包商说明批准与否或提出意见。

④ 承包商在等待答复期间，不应延误任何工作。

⑤ 工程师发出每一项实施变更的指示，应要求承包商记录支出的费用。

⑥ 承包商提出的变更建议书，只是作为工程师决定是否实施变更的参考。

3. 变更估价

(1) 变更估价的原则。承包人按照工程师的变更指示实施变更工作后，往往会涉及对变更工程的估价问题。变更工程的价格或费率，往往是双方协商时的焦点。计算变更工程应采用的费率或价格，可分为3种情况。

① 变更工作在工程量表中有同种工作内容的单价或价格，应以该单价计算变更工程费用。实施变更工作未引起工程施工组织和施工方法发生实质性变动时，不应调整该项目的单价。

② 工程量表中虽然列有同类工作的单价或价格，但对具体变更工作而言已不适用，则应在原单价或价格的基础上制定合理的新单价或价格。

③ 变更工作的内容在工程量表中没有同类工作的单价或价格，应按照与合同单价水平相一致的原则，确定新的单价或价格。任何一方不能以工程量表中没有此项价格为借口，将变更工作的单价定得过高或过低。

(2) 可以调整合同工作单价的原则。具备以下条件时，允许对某一项工作规定的单价或价格加以调整。

① 此项工作实际测量的工程量比工程量表或其他报表中规定的工程量的变动大于10%。

② 工程量的变更与对该项工作规定的具体单价的乘积超过了接受的合同款额的0.01%。

③ 由此工程量的变更直接造成该项工作每单位工程量费用的变动超过1%。

(3) 删减原定工作后对承包商的补偿。工程师发布删减工作的变更指示后承包商不再实施部分工作，合同价款中包括的直接费部分没有受到损害，但摊销在该部分的间接费、税金和利润则实际不能合理回收。因此，承包商可以就其损失向工程师发出通知并提供具体的证明资料，工程师与合同双方协商后确定一笔补偿金额加入到合同价内。

课题 7.2　工　程　索　赔

7.2.1　索赔的概念及分类

索赔是指在工程合同履行过程中，合同当事人一方因非己方的原因而遭受损失，按合同约定或法律法规规定应由对方承担责任，从而向对方提出补偿的要求。索赔有较广泛的含义,可以概括为如下 3 个方面。

(1) 一方违约使另一方蒙受损失,受损方向对方提出赔偿损失的要求。

(2) 发生应由业主承担责任的特殊风险或遇到不利自然条件等情况,使承包人蒙受较大损失而向业主提出补偿损失要求。

(3) 承包人本人应当获得的正当利益,由于没能及时得到监理工程师的确认和业主应给予的支付,而以正式函件向业主索赔。

工程索赔从不同的角度可以进行不同的分类,但最常见的是按当事人的不同和索赔的目的不同进行分类。

1. 按索赔有关当事人不同分类

(1) 承包人同业主之间的索赔。这是承包施工中最普遍的索赔形式,最常见的是承包人向业主提出的工期索赔和费用索赔。有时,业主也向承包人提出经济赔偿的要求,即"反索赔"。

(2) 总承包人和分包人之间的索赔。总承包人和分包人按照他们之间所签订的分包合同,都有向对方提出索赔的权利,以维护自己的利益,获得额外开支的经济补偿。分包人向总承包人提出的索赔要求,经总承包人审核后,凡是属于业主方面责任范围内的事项,均由总承包人汇总后向业主提出;凡是属于总承包人责任范围内的事项,则由总承包人同分包人协商解决。

2. 按索赔的目的不同分类

(1) 工期索赔。承包人向发包人要求延长工期,合理顺延合同工期。由于合理的工期延长,可以使承包人免于承担误期罚款(或误期损害赔偿金)。

(2) 费用索赔。承包人要求取得合理的经济补偿,即要求发包人补偿不应该由承包人自己承担的经济损失或额外费用,或者发包人向承包人要求因为承包人违约导致业主的经济损失补偿。

3. 按索赔事件的性质不同分类

根据索赔事件的性质不同,工程索赔可以分为以下几类。

(1) 工程延误索赔。因发包人未按合同要求提供施工条件,或因发包人指令工程暂停或不可抗力事件等原因造成工期拖延的,承包人可以向发包人提出索赔;如果由于承包人原因导致工期拖延,发包人可以向承包人提出索赔。

(2) 加速施工索赔。由于发包人指令承包人加快施工速度、缩短工期,引起承包人的人力、物力、财力的额外开支,承包人就此提出的索赔。

(3) 工程变更索赔。由于发包人指令增加或减少工程量,或增加附加工程、修改设计、变更工程顺序等,造成工期延长或费用增加,承包人就此提出索赔。

(4) 合同终止的索赔。由于发包人违约或发生不可抗力事件等原因造成合同非正常终止,承包人因其遭受经济损失而提出索赔。如果由于承包人的原因导致合同非正常终止,或者合同无法继续履行,发包人可以就此提出索赔。

(5) 不可预见的不利条件索赔。承包人在工程施工期间,施工现场遇到一个有经验的承包人通常不能合理预见的不利施工条件或外界障碍,如地质条件与发包人提供的资料不符,出现不可预见的地下水、地质断层、溶洞、地下障碍物等,承包人可以就因此遭受的损失提出索赔。

(6) 不可抗力事件的索赔。工程施工期间,因不可抗力事件的发生而遭受损失的一方,可以根据合同中对不可抗力风险分担的约定,向双方当事人提出索赔。

(7) 其他索赔。如因货币贬值、汇率变化、物价上涨、政策法令变化等原因引起的索赔。

《标准施工招标文件》(2007年版)的通用合同条款中,按照引起索赔事件的原因不同,对一方当事人提出的索赔可能给予合理补偿工期、费用和(或)利润的情况,分别做出了相应的规定。其中,引起承包人索赔的事件以及可能得到的合理补偿内容见表7-3。

表7-3 《标准施工招标文件》中承包人的索赔事件及可补偿内容

序号	条款号	索赔事件	可补偿内容		
			工期	费用	利润
1	1.6.1	迟延提供图纸	√	√	√
2	1.10.1	施工中发现文物、古迹	√	√	
3	2.3	迟延提供施工场地	√	√	√
4	3.4.5	监理人指令迟延或错误	√	√	
5	4.11	施工中遇到不利物质条件	√	√	
6	5.2.4	提前向承包人提供材料、工程设备		√	
7	5.2.6	发包人提供材料、工程设备不合格或迟延提供或变更交货地点	√	√	√
8	5.4.3	发包人更换其提供的不合格材料、工程设备	√	√	
9	8.3	承包人依据发包人提供的错误资料导致测量放线错误	√	√	√
10	9.2.6	因发包人原因造成承包人人员工伤事故		√	
11	11.3	因发包人原因造成工期延误	√	√	√
12	11.4	异常恶劣的气候条件导致工期延误	√		
13	11.6	承包人提前竣工		√	
14	12.2	发包人暂停施工造成工期延误	√	√	√
15	12.4.2	工程暂停后因发包人原因无法按时复工	√	√	
16	13.1.1	因发包人原因导致承包人工程返工	√	√	
17	13.5.3	监理人对已经覆盖的隐蔽工程要求重新检查且检查结果合格	√	√	
18	13.6.2	因发包人提供的材料、工程设备造成工程不合格	√	√	
19	14.1.3	承包人应监理人要求对材料、工程设备和工程重新检验且检验结果合格	√	√	
20	16.2	基准日后法律的变化		√	
21	18.4.2	发包人在工程竣工前提前占用工程			
22	18.6.2	因发包人的原因导致工程试运行失败		√	√
23	19.2.3	工程移交后因发包人原因出现新的缺陷或损坏的修复		√	
24	19.4	工程移交后因发包人原因出现的缺陷修复后的试验和试运行		√	
25	21.3.1(4)	因不可抗力停工期间应监理人要求照管、清理、修复工程		√	
26	21.3.1(4)	因不可抗力造成工期延误	√		
27	22.2.2	因发包人违约导致承包人暂停施工	√	√	√

7.2.2 索赔成立的条件和依据

1. 索赔成立的条件

承包人工程索赔成立的基本条件如下。

(1) 索赔事件已造成了承包人直接经济损失或工期延误。
(2) 造成费用增加或工期延误的索赔事件是非承包人的原因发生的。
(3) 承包人已经按照工程施工合同规定的期限和程序提交了索赔意向通知、索赔报告及相关证明材料。

2. 索赔的依据

提出索赔和处理索赔都要依据下列文件或凭证。

(1) 工程施工合同文件。工程施工合同是工程索赔中最关键和最主要的依据,工程施工期间,发承包双方关于工程的洽商、变更等书面协议或文件,也是索赔的重要依据。

(2) 国家法律法规。国家制定的相关法律、行政法规,是工程索赔的法律依据。工程项目所在地的地方性法规或地方政府规章,也可以作为工程索赔的依据,但应当在施工合同专用条款中约定为工程合同的适用法律。

(3) 国家、部门和地方有关的标准、规范和定额。对于工程建设的强制性标准,是合同双方必须严格执行的;对于非强制性标准,必须在合同中有明确规定的情况下,才能作为索赔的依据。

(4) 工程施工合同履行过程中与索赔事件有关的各种凭证。这是承包人因索赔事件所遭受费用或工期损失的事实依据,它反映了工程的计划情况和实际情况。

7.2.3 施工索赔的程序

1. 我国《标准施工招标文件》中规定的索赔程序

1) 索赔的提出

根据合同约定,承包人认为有权得到追加付款和(或)延长工期的,应按以下程序向发包人提出索赔。

(1) 承包人应在知道或应当知道索赔事件发生后 28 天内,向监理人递交索赔意向通知书,并说明发生索赔事件的事由。承包人未在前述 28 天内发出索赔意向通知书的,丧失要求追加付款和(或)延长工期的权利。

(2) 承包人应在发出索赔意向通知书后 28 天内,向监理人正式递交索赔通知书。索赔通知书应详细说明索赔理由以及要求追加的付款金额和(或)延长的工期,并附必要的记录和证明材料。

(3) 索赔事件具有连续影响的,承包人应按合理时间间隔继续递交延续索赔通知,说明连续影响的实际情况和记录,列出累计的追加付款金额和(或)工期延长天数。

(4) 在索赔事件影响结束后的 28 天内,承包人应向监理人递交最终索赔通知书,说明最终要求索赔的追加付款金额和(或)延长的工期,并附必要的记录和证明材料。

2) 承包人索赔处理程序

(1) 监理人收到承包人提交的索赔通知书后,应及时审查索赔通知书的内容、查验承包人的记录和证明材料,必要时监理人可要求承包人提交全部原始记录副本。

(2) 监理人应按程序商定或确定追加的付款和(或)延长的工期，并在收到上述索赔通知书或有关索赔的进一步证明材料后的 42 天内，将索赔处理结果答复承包人。

(3) 承包人接受索赔处理结果的，发包人应在做出索赔处理结果答复后的 28 天内完成赔付。承包人不接受索赔处理结果的，按《标准施工投标文件》第 24 条的约定办理。

3) 承包人提出索赔的期限

承包人按约定接受了竣工付款证书后，应被认为已无权再提出在合同工程接收证书颁发前所发生的任何索赔。承包人按约定提交的最终结清申请单中，只限于提出工程接收证书颁发后发生的索赔。提出索赔的期限自接受最终结清证书时终止。

4) 在处理工程索赔时要注意的问题

(1) 若承包人的费用索赔与工程延期索赔要求相关联时，发包人在做出费用索赔的批准决定时，应结合工程延期的批准，综合做出费用索赔和工程延期的决定。

(2) 若发包人认为由于承包人的原因造成额外损失，发包人应在确认引起索赔的事件后，按合同约定向承包人发出索赔通知。

(3) 承包人在收到发包人索赔通知后并在合同约定时间内，未向发包人做出答复，视为该项索赔已经认可。

(4) 承包人应发包人要求完成合同以外的零星工作或非承包人责任事件发生时，承包人应 按合同约定及时向发包人提出现场签证。

(5) 发承包双方确认的索赔与现场签证费用与工程进度款同期支付。

2. FIDIC 合同条件规定的工程索赔程序

FIDIC 合同条件只对承包商的索赔做出了规定，包括以下方面。

(1) 承包商发出索赔通知。如果承包商认为有权得到竣工时间的任何延长期和(或)任何追加付款，承包商应当向工程师发出通知，说明索赔的事件或情况。该通知应当尽快在承包商察觉或者应当察觉该事件或情况后的 28 天内发出。

(2) 承包商未及时发出索赔通知的后果。如果承包商未能在上述 28 天期限内发出索赔通知，则竣工时间不得延长，承包商无权获得追加付款，而业主应免除有关该索赔的全部责任。

(3) 承包商递交详细的索赔报告。在承包商察觉或者应当察觉该事件或情况后的 42 天内，或在承包商可能建议并经工程师认可的其他期限内，承包商应当向工程师递交一份充分详细的索赔报告，包括索赔的依据、要求延长的时间和(或)追加付款的全部详细资料。如果引起索赔的事件或者情况具有连续影响，则：

① 上述充分详细的索赔报告应被视为中间的。

② 承包商应当按月递交进一步的中间索赔报告，说明累计索赔延误时间和(或)金额，以及所有可能的合理要求的详细资料。

③ 承包商应当在索赔事件或者情况产生影响结束后的 28 天内，或在承包商可能建议并经工程师认可的其他期限内，递交一份最终索赔报告。

(4) 工程师的答复。工程师在收到索赔报告或对过去索赔的任何进一步证明资料后的 42 天内，或在工程师可能建议并经承包商认可的其他期限内，做出回应，表示批准或不批准，并附具体意见。工程师应当商定或者确定应给予竣工时间的延长期及承包商有权得到的追加付款。

7.2.4 索赔费用的计算

1. 索赔费用的组成

索赔费用的内容与工程造价的构成基本类似,一般可以归结为人工费、材料费、施工机械使用费、现场管理费、总部(企业)管理费、保险费、保函手续费、利息、利润、分包费用等。

1) 人工费

人工费的索赔包括:由于完成合同之外的额外工作所花费的人工费用;超过法定工作时间加班劳动;法定人工费增长;非因承包商原因导致工效降低所增加的人工费用;非因承包商原因导致工程停工的人员窝工费和工资上涨费等。在计算停工损失中的人工费时,通常采取人工单价乘以折算系数计算。

2) 材料费

材料费的索赔包括:由于索赔事件的发生造成材料实际用量超过计划用量而增加的材料费;由于发包人原因导致工程延期期间的材料价格上涨和超期储存费用。材料费中应包括:运输费、仓储费以及合理的损耗费用。如果由于承包商管理不善,造成材料损坏失效,则不能列入索赔款项内。

3) 施工机械使用费

施工机械使用费的索赔包括:由于完成合同之外的额外工作所增加的机械使用费;非因承包人原因导致工效降低所增加的机械使用费;由于发包人或工程师指令错误或迟延导致机械停工的台班停滞费。在计算机械设备台班停滞费时,不能按机械设备台班费计算,因为台班费中包括设备使用费。如果机械设备是承包人自有设备,一般按台班折旧费计算;如果是承包人租赁的设备,一般按台班租金加上每台班分摊的施工机械进退场费计算。

4) 现场管理费

现场管理费的索赔包括承包人完成合同之外的额外工作以及由于发包人原因导致工期延期期间的现场管理费,包括管理人员工资、办公费、通信费、交通费等。现场管理费索赔金额的计算公式为:

$$\text{现场管理费索赔金额}=\text{索赔的直接成本费用}\times\text{现场管理费费率} \tag{7.6}$$

其中,现场管理费费率的确定可以选用下面的方法。

(1) 合同百分比法,即管理费比率在合同中规定。
(2) 行业平均水平法,即采用公开认可的行业标准费率。
(3) 原始估价法,即采用投标报价时确定的费率。
(4) 历史数据法,即采用以往相似工程的管理费费率。

5) 总部(企业)管理费

总部管理费的索赔主要是指由于发包人原因导致工程延期期间所增加的承包人向公司总部提交的管理费,包括总部职工工资、办公大楼折旧、办公用品、财务管理、通信设施以及总部领导人员赴工地检查指导工作等开支。总部管理费索赔金额的计算,目前还没有统一的方法,通常有以下几种方法。

(1) 按总部管理费的比率计算。

$$\text{总部管理费索赔金额}=(\text{直接费索赔金额}+\text{现场管理费索赔金额})\times\text{总部管理费比率}(\%) \tag{7.7}$$

其中，总部管理费的比率可以按照投标书中的总部管理费比率计算(一般为 3%~8%)，也可以按照承包人公司总部统一规定的管理费比率计算。

(2) 按已获补偿的工程延期天数为基础计算。该方法是在承包人已经获得工程延期索赔的批准后，进一步获得总部管理费索赔的计算方法。其计算步骤如下。

① 计算被延期工程应当分摊的总部管理费：

延期工程应分摊的总部管理费=同期公司计划总部管理费×延期工程合同价格/同期公司所有工程合同总价

② 计算被延期工程的日平均总部管理费：

延期工程的日平均总部管理费=延期工程应分摊的总部管理费/延期工程计划工期　　(7.8)

③ 计算索赔的总部管理费：

索赔的总部管理费=延期工程的日平均总部管理费×工程延期的天数　　(7.9)

6) 保险费

因发包人原因导致工程延期时，承包人必须办理工程保险、施工人员意外伤害保险等各项保险的延期手续，对于由此而增加的费用，承包人可以提出索赔。

7) 保函手续费

因发包人原因导致工程延期时，承包人必须办理相关履约保函的延期手续，对于由此而增加的手续费，承包人可以提出索赔。

8) 利息

利息的索赔包括：发包人拖延支付工程款的利息；发包人迟延退还工程保留金的利息；承包人垫资施工的垫资利息；发包人错误扣款的利息等。至于具体的利率标准，双方可以在合同中明确约定，没有约定或约定不明的，可以按照中国人民银行发布的同期同类贷款利率计算。

9) 利润

一般来说，由于工程范围的变更、发包人提供的文件有缺陷或错误、发包人未能提供施工场地以及因发包人违约导致的合同终止等事件引起的索赔，承包人都可以列入利润。由于一些引起索赔的事件，同时也可能是合同中约定的合同价款调整因素(如工程变更、法律法规的变化以及物价变化等)，因此，对于已经进行了合同价款调整的索赔事件，承包人在费用索赔的计算时，不能重复计算。

10) 分包费用

由于发包人的原因导致分包工程费用增加时，分包人只能向总承包人提出索赔，但分包人的索赔款项应当列入总承包人对发包人的索赔款项中。分包费用索赔是指分包人的索赔费用，一般也包括与上述费用类似的内容索赔。

2. 费用索赔的计算方法

索赔费用的计算应以赔偿实际损失为原则，包括直接损失和间接损失。索赔费用的计算方法通常有 3 种，即实际费用法、总费用法和修正的总费用法。

1) 实际费用法

实际费用法又称分项法，即根据索赔事件所造成的损失或成本增加，按费用项目逐项进行分析、计算索赔金额的方法。这种方法比较复杂，但能客观地反映施工单位的实际损失，比较合理，易于被当事人接受，在国际工程中被广泛采用。

由于索赔费用组成的多样化,不同原因引起的索赔,承包人可索赔的具体费用内容有所不同,必须具体问题具体分析。由于实际费用法所依据的是实际发生的成本记录或单据,所以,在施工过程中,系统而准确地积累记录资料是非常重要的。

2) 总费用法

总费用法,也称为总成本法,就是当发生多次索赔事件后,重新计算工程的实际总费用,再从该实际总费用中减去投标报价时的估算总费用,即为索赔金额。总费用法计算索赔金额的公式如下:

$$索赔金额=实际总费用-投标报价估算总费用 \tag{7.10}$$

但是,在总费用法的计算方法中,没有考虑实际总费用中可能包括由于承包商的原因(如施工组织不善)而增加的费用,投标报价估算总费用也可能由于承包人为谋取中标而导致过低的报价,因此,总费用法并不十分科学。只有在难于精确地确定某些索赔事件导致的各项费用增加额时,总费用法才得以采用。

3) 修正的总费用法

修正的总费用法是对总费用法的改进,即在总费用计算的原则上,去掉一些不合理的因素,使其更为合理。修正的内容如下。

(1) 将计算索赔款的时段局限于受到索赔事件影响的时间,而不是整个施工期。

(2) 只计算受到索赔事件影响时段内的某项工作所受影响的损失,而不是计算该时段内所有施工工作所受的损失。

(3) 与该项工作无关的费用不列入总费用中。

(4) 对投标报价费用重新进行核算,即按受影响时段内该项工作的实际单价进行核算,乘以实际完成的该项工作的工程量,得出调整后的报价费用。

按修正后的总费用计算索赔金额的公式如下。

$$索赔金额=某项工作调整后的实际总费用-该项工作的报价费用 \tag{7.11}$$

修正的总费用法与总费用法相比,有了实质性的改进,它的准确程度已接近于实际费用法。

应用案例 7-3

某施工合同约定,施工现场主导施工机械一台,由施工企业租得,台班单价为300元/台班,租赁费为100元/台班,人工工资为40元/工日,窝工补贴为10元/工日,以人工费为基数的综合费率为35%。在施工过程中,发生了如下事件:①出现异常恶劣天气导致工程停工2天,人员窝工30个工日;②因恶劣天气导致场外道路中断,抢修道路用工20个工日;③场外大面积停电,停工2天,人员窝工10个工日。试计算施工企业可向业主索赔的费用。

【解】

各事件处理结果如下。

(1) 异常恶劣天气导致的停工通常不能进行费用索赔。

(2) 抢修道路用工的索赔额=20×40×(1+35%)=1080(元)

(3) 停电导致的索赔额=2×100+10×10=300(元)

总索赔费用=1080+300=1380(元)

3. 工期索赔的计算

工期索赔，一般是指承包人依据合同对由于非因自身原因导致的工期延误向发包人提出的工期顺延要求。

1) 工期索赔中应当注意的问题

(1) 划清施工进度拖延的责任。因承包人的原因造成施工进度滞后，属于不可原谅的延期；只有承包人不应承担任何责任的延误，才是可原谅的延期。有时工程延期的原因中可能包含有双方责任，此时监理人应进行详细分析，分清责任比例，只有可原谅延期部分才能批准顺延合同工期。可原谅延期，又可细分为可原谅并给予补偿费用的延期和可原谅但不给予补偿费用的延期；后者是指非承包人责任的影响并未导致施工成本的额外支出，大多属于发包人应承担风险责任事件的影响，如异常恶劣的气候条件影响导致的停工等。

(2) 被延误的工作应是处于施工进度计划关键线路上的施工内容。只有位于关键线路上工作内容的滞后，才会影响到竣工日期。但有时也应注意，既要看被延误的工作是否在批准进度计划的关键线路上，又要详细分析这一延误对后续工作的可能影响。因为若对非关键线路工作的影响时间较长，超过了该工作可用于自由支配的时间，也会导致进度计划中非关键线路转化为关键线路，其滞后将影响总工期的拖延。此时，应充分考虑该工作的自由时间，给予相应的工期顺延，并要求承包人修改施工进度计划。

2) 工期索赔的具体依据

承包人向发包人提出工期索赔的具体依据主要包括以下几方面。

(1) 合同约定或双方认可的施工总进度规划。
(2) 合同双方认可的详细进度计划。
(3) 合同双方认可的对工期的修改文件。
(4) 施工日志、气象资料。
(5) 业主或工程师的变更指令。
(6) 影响工期的干扰事件。
(7) 受干扰后的实际工程进度等。

3) 工期索赔的计算方法

(1) 直接法。如果某干扰事件直接发生在关键线路上，造成总工期的延误，可以直接将该干扰事件的实际干扰时间(延误时间)作为工期索赔值。

(2) 比例计算法。如果某干扰事件仅仅影响某单项工程、单位工程或分部分项工程的工期，要分析其对总工期的影响，可以采用比例计算法。

① 已知受干扰部分工程的延期时间：

$$\text{工期索赔值} = \text{受干扰部分工期拖延时间} \times \text{受干扰部分工程的合同价格} / \text{原合同总价} \quad (7.12)$$

② 已知额外增加工程量的价格：

$$\text{工期索赔值} = \text{原合同总工期} \times \text{额外增加的工程量的价格} / \text{原合同总价} \quad (7.13)$$

比例计算法虽然简单方便，但有时不符合实际情况，而且比例计算法不适用于变更施工顺序、加速施工、删减工程量等事件的索赔。

(3) 网络图分析法。网络图分析法是利用进度计划的网络图，分析其关键线路。如果延误的工作为关键工作，则延误的时间为索赔的工期；如果延误的工作为非关键工作，当该工作由于延误超过时差而成为关键工作时，可以索赔延误时间与时差的差值；若该工作延误后仍为非关键工作，则不存在工期索赔问题。

该方法通过分析干扰事件发生前和发生后网络计划的计算工期之差来计算工期索赔值，可以用于各种干扰事件和多种干扰事件共同作用所引起的工期索赔。

 应用案例 7-4

某工程网络计划有三条独立的路线 A—D、B—E、C—F，其中 B—E 为关键线路，$TF_A = TF_D = 2$ 天，$TF_C = TF_F = 4$ 天。承发包双方已签订施工合同。合同履行过程中，因业主原因使 B 工作延误 4 天，因施工方案原因使 D 工作延误 8 天，因不可抗力使 D、E、F 工作延误 10 天，则施工方就上述事件可向业主提出的工期索赔的总天数为(　　)天。

A. 42　　　　　　B. 24　　　　　　C. 14　　　　　　D. 4

答案：C

【案例解析】

首先应做出判断：只有业主原因和不可抗力引起的延误才可以提出工期索赔。经过各个工序的延误后可以发现，关键路线依然是 B—E，一共延误了 14 天，所以工期索赔总天数为 14 天。

4) 共同延误的处理

在实际施工过程中，工期拖延很少是只由一方造成的，而往往是两三种原因同时发生(或相互作用)而形成的，故称为"共同延误"。在这种情况下，要具体分析哪一种情况延误是有效的，应依据以下原则。

(1) 首先判断造成延期的哪一种原因是最先发生的，即确定"初始延误者"，它应对工程延期负责。在初始延误发生作用期间，其他并发的延误者不承担延期责任。

(2) 如果初始延误者是发包人原因，则在发包人原因造成的延误期内，承包人既可得到工期延长，又可得到经济补偿。

(3) 如果初始延误者是客观原因，则在客观因素发生影响的延误期内，承包人可以得到工期延长，但很难得到费用补偿。

(4) 如果初始延误者是承包人原因，则在承包人原因造成的延误期内，承包人既不能得到工期补偿，也不能得到费用补偿。

 应用案例 7-5

某工程项目采用了固定单价施工合同。工程招标文件参考资料中提供的用砂地点距工地 4km。但是开工后，检查该砂质量不符合要求，承包商只得从另一距工地 20km 的供砂地点采购。而在一个关键工作面上又发生了 4 项临时停工事件。

事件 1：5 月 20 日至 5 月 26 日承包商的施工设备出现了从未出现过的故障。

事件 2：应于 5 月 24 日交给承包商的后续图纸直到 6 月 10 日才交给承包商。

事件 3：6 月 7 日至 6 月 12 日施工现场下了罕见的特大暴雨。

事件 4：6 月 11 日至 6 月 14 日该地区的供电全面中断。

【问题】

(1) 承包商的索赔要求成立的条件是什么？

(2) 由于供砂距离的增大，必然引起费用的增加，承包商经过仔细认真地计算后，在业主指令下达的第 3 天，向业主的造价工程师提交了将原用砂单价每吨提高 5 元人民币的索赔要求。该索赔要求是否成立？为什么？

(3) 若承包商对因业主原因造成的窝工损失进行索赔时，要求设备窝工损失按台班价格计算，人工的窝工损失按日工资标准计算是否合理？如不合理应怎样计算？

(4) 承包商按规定的索赔程序针对上述 4 项临时停工事件向业主提出了索赔，试说明每项事件工期和费用索赔能否成立？为什么？

(5) 试计算承包商应得到的工期和费用索赔是多少(如果费用索赔成立，则业主按 2 万元人民币/天补偿给承包商)？

(6) 在业主支付给承包商的工程进度款中是否应该扣除因设备故障引起的竣工延期违约损失赔偿金？为什么？

【案例解析】

问题(1)：

承包商的索赔要求成立必须同时具备如下 4 个条件。

① 与合同相比较，已造成了实际的额外费用或工期损失。

② 造成费用增加或工期损失不是由于承包商的过失引起的。

③ 造成费用增加或工期损失不是应由承包商承担的风险。

④ 承包商在事件发生后的规定时间内提出了索赔的书面意向通知和索赔报告。

问题(2)：

因供砂距离增大提出的索赔不能被批准，原因如下。

① 承包商应对自己就招标文件的解释负责。

② 承包商应对自己报价的正确性与完备性负责。

③ 作为一个有经验的承包商可以通过现场踏勘确认招标文件参考资料中提供的用砂质量是否合格，若承包商没有通过现场踏勘发现用砂质量问题，其相关风险应由承包商承担。

问题(3)：

不合理。因窝工闲置的设备按折旧费或停滞台班费或租赁费计算，不包括运转费部分；人工费损失应考虑这部分工作的工人调做其他工作时工效降低的损失费用；一般用工日单价乘以一个测算的降效系数计算这一部分损失，而且只按成本费用计算，不包括利润。

问题(4)：

事件 1：工期和费用索赔均不成立，因为设备故障属于承包商应承担的风险。

事件 2：工期和费用索赔均成立，因为延误图纸属于业主应承担的风险。

事件 3：特大暴雨属于双方共同的风险，工期索赔成立，设备和人工的窝工费用索赔不成立。

事件 4：工期和费用索赔均成立，因为停电属于业主应承担的风险。

问题(5)：

事件 2：5 月 27 日至 6 月 9 日，工期索赔 14 天，费用索赔 14 天×2 万元/天=28 万元。

事件 3：6 月 10 日至 6 月 12 日，工期索赔 3 天。

事件 4：6 月 13 日至 6 月 14 日，工期索赔 2 天，费用索赔 2 天×2 万元/天=4 万元。

合计：工期索赔 19 天，费用索赔 32 万元。

问题(6)：

业主不应在支付给承包商的工程进度款中扣除竣工延期违约损失赔偿金。因为设备故障引起的工程进度拖延不等于竣工工期的延误。如果承包商能够通过施工方案的调整将延误的工期补回，就不会造成工期延误。如果承包商不能通过施工方案的调整将延误的工期补回，将会造成工期延误。所以，工期提前奖励或延期罚款应在竣工时处理。

7.2.5 索赔报告的内容

一个完整的索赔报告应包括以下 4 个部分。

1. 总论部分

一般包括以下内容：序言；索赔事项概述；具体索赔要求；索赔报告编写及审核人员名单。

2. 根据部分

本部分主要是说明自己具有的索赔权利，这是索赔能否成立的关键。根据部分的内容主要来自该工程项目的合同文件，并参照有关法律规定。该部分中施工单位应引用合同中的具体条款，说明自己理应获得经济补偿或工期延长。

3. 计算部分

索赔计算的目的，是以具体的计算方法和计算过程，说明自己应得经济补偿的款额或延长时间。如果说根据部分的任务是解决索赔能否成立，则计算部分的任务就是决定应得到多少索赔款额和工期。

4. 证据部分

证据部分包括该索赔事件所涉及的一切证据资料，以及对这些证据的说明，证据是索赔报告的重要组成部分，没有翔实可靠的证据，索赔是不能成功的。在引用证据时，要注意该证据的效力或可信程度。为此，对重要的证据资料最好附以文字证明或确认件。

课题 7.3 工程计量与合同价款结算

对承包人已经完成的合格工程进行计量并予以确认，是发包人支付工程价款的前提工作。因此，工程计量不仅是发包人控制施工阶段工程造价的关键环节，也是约束承包人履行合同义务的重要手段。

7.3.1 工程计量

1. 工程计量的概念

工程计量，是指发承包双方根据合同约定，对承包人完成合同工程的数量进行的计算和确认。具体地说，就是双方根据设计图纸、技术规范以及施工合同约定的计量方式和计算方法，对承包人已经完成的质量合格的工程实体数量进行测量与计算，并以物理计量单位或自然计量单位进行表示、确认的过程。

招标工程量清单中所列的数量，通常是根据设计图纸计算的数量，是对合同工程的估计工程量。在工程施工过程中，通常会由于一些原因导致承包人实际完成的工程量与工程量清单中所列的工程量不一致，比如：招标工程量清单缺项、漏项或项目特征描述与实际不符；工程变更；现场施工条件的变化；现场签证；暂列金额中的专业工程发包等。因此，在工程合同价款结算前，必须对承包人履行合同义务所完成的实际工程进行准确的计量。

2. 工程计量的原则

(1) 不符合合同文件要求的工程不予计量。即工程必须满足设计图纸、技术规范等合同文件对其在工程质量上的要求，同时有关的工程质量验收资料齐全、手续完备，满足合同文件对其在工程管理上的要求。

(2) 按照合同文件所规定的方法、范围、内容和单位计量。工程计量的方法、范围、内容和单位受合同文件约束，其中工程量清单(说明)、技术规范、合同条款均会从不同角度、不同侧面涉及这方面的内容。在计量中要严格遵循这些文件的规定，并且一定要结合起来使用。

(3) 因承包人原因造成的超出合同工程范围施工或返工的工程量，发包人不予计量。

3. 工程计量的范围与依据

(1) 工程计量的范围。工程计量的范围包括：工程量清单及工程变更所修订的工程量清单的内容；合同文件中规定的各种费用支付项目，如费用索赔、各种预付款、价格调整、违约金等。

(2) 工程计量的依据。工程计量的依据包括：工程量清单及说明；合同图纸；工程变更令及其修订的工程量清单；合同条件；技术规范；有关计量的补充协议；质量合格证书等。

7.3.2 工程计量的方法

工程量必须按照相关工程现行国家计量规范规定的工程量计算规则计算。工程计量可选择按月或按工程形象进度分段计量，具体计量周期在合同中约定。因承包人原因造成的超出合同工程范围施工或返工的工程量，发包人不予计量。通常区分单价合同和总价合同规定不同的计量方法，成本加酬金合同按照单价合同的计量规定进行计量。

1. 单价合同计量

单价合同工程量必须以承包人完成合同工程应予计量的按照现行国家计量规范规定的工程量计算规则计算得到的工程量确定。施工中工程计量时，若发现招标工程量清单中出现缺项、工程量偏差，或因工程变更引起工程量的增减，应按承包人在履行合同义务中实际完成的工程量计算。具体的计量方法如下：

(1) 承包人应当按照合同约定的计量周期和时间，向发包人提交当期已完工程量报告。发包人应在收到报告后的 7 天内核实，并将核实计量结果通知承包人。发包人未在约定时间内进行核实的，则承包人提交的计量报告中所列的工程量视为承包人实际完成的工程量。

(2) 发包人认为需要进行现场计量核实时，应在计量前的 24 小时内通知承包人，承包人应为计量提供便利条件并派人参加。双方均同意核实结果时，则双方应在上述记录上签字确认。承包人收到通知后不派人参加计量，视为认可发包人的计量核实结果。发包人不按照约定时间通知承包人，致使承包人未能派人参加计量，计量核实结果无效。

(3) 如果承包人认为发包人的计量结果有误，应在收到计量结果通知后的 7 天内向发包人提出书面意见，并附上其认为正确的计量结果和详细的计算资料。发包人收到书面意见后，应对承包人的计量结果进行复核后通知承包人。承包人对复核计量结果仍有异议的，按照合同约定的争议解决办法处理。

(4) 承包人完成已标价工程量清单中每个项目的工程量后,发包人应要求承包人派人共同对每个项目的历次计量报表进行汇总,以核实最终结算工程量。发承包双方应在汇总表上签字确认。

2. 总价合同计量

采用经审定批准的施工图纸及其预算方式发包形成的总价合同,除按照工程变更规定引起的工程量增减外,总价合同各项目的工程量是承包人用于结算的最终工程量。总价合同约定的项目计量应以合同工程经审定批准的施工图纸为依据,发承包双方应在合同中约定工程计量的形象目标或时间节点进行计量。具体的计量方法如下。

(1) 承包人应在合同约定的每个计量周期内,对已完成的工程进行计量,并向发包人提交达到工程形象目标完成的工程量和有关计量资料的报告。

(2) 发包人应在收到报告后 7 天内对承包人提交的上述资料进行复核,以确定实际完成的工程量和工程形象目标。对其有异议的,应通知承包人进行共同复核。

7.3.3 预付款

1. 预付款的概念

工程预付款是指建设工程施工合同订立后,由发包人按照合同约定,在正式开工前预先支付给承包人的工程款。它是施工准备和所需材料、结构件等流动资金的主要来源,国内习惯上又称之为预付备料款。

2. 预付款的支付

1) 工程预付款的额度

各地区、各部门的规定不完全相同,主要是保证施工所需材料和构件的正常储备。工程预付款额度一般是根据施工工期、建安工作量、主要材料和构件费用占建安工程费的比例以及材料储备周期等因素经测算来确定。

(1) 百分比法。发包人根据工程的特点、工期长短、市场行情、供求规律等因素,招标时在合同条件中约定工程预付款的百分比。根据《建设工程价款结算暂行办法》的规定,预付款的比例原则上不低于合同金额的 10%,不高于合同金额的 30%。承包人对预付款必须专用于合同工程。

(2) 公式计算法。公式计算法是根据主要材料(含结构件等)占年度承包工程总价的比重、材料储备定额天数和年度施工天数等因素,通过公式计算预付款额度的一种方法。其计算公式为:

$$工程预付款数额 = \frac{工程造价 \times 材料比重(\%)}{年度施工天数} \times 材料储备定额天数 \qquad (7.14)$$

其中,年度施工天数按 365 天日历天计算;材料储备定额天数由当地材料供应的在途天数、加工天数、整理天数、供应间隔天数、保险天数等因素决定。

2) 预付款的支付时间

根据《建设工程价款结算暂行办法》的规定,在具备施工条件的前提下,发包人应在双方签订合同后的一个月内或不迟于约定的开工日期前的 7 天内预付工程款。发包人不按约定预付,承包人应在预付时间到期后 10 天内向发包人发出要求预付的通知,发包人收到通知后仍不按要求预付,承包人可在发出通知 14 天后停止施工,发包人应从约定应付之日起向承包人支付应付款的利息(利率按同期银行贷款利率计),并承担违约责任。

(1) 承包人应在签订合同或向发包人提供与预付款等额的预付款保函(如有)后向发包人提交预付款支付申请。

(2) 发包人应在收到支付申请的 7 天内进行核实,核实后向承包人发出预付款支付证书,并在签发支付证书后的 7 天内向承包人支付预付款。

(3) 发包人没有按合同约定按时支付预付款的,承包人可催告发包人支付;发包人在预付款期满后的 7 天内仍未支付的,承包人可从预付款期满后的第 8 天起暂停施工。发包人应承担由此增加的费用和(或)延误的工期,并向承包人支付合理利润。

3) 预付款的扣回

发包人支付给承包人的工程预付款属于预支性质,随着工程的逐步实施后,原已支付的预付款应以充抵工程价款的方式陆续扣回,抵扣方式应由双方当事人在合同中明确约定。扣款的方法主要有以下两种。

(1) 按合同约定扣款。预付款的扣款方法由发包人和承包人通过洽商后在合同中予以确定,一般是在承包人完成金额累计达到合同总价的一定比例后,由承包人开始向发包人还款,发包方从每次应付给承包人的金额中扣回工程预付款,发包人至少在合同规定的完工期前将工程预付款的总金额逐次扣回。国际工程中的扣款方法一般为:当工程进度款累计金额超过合同价格的 10%~20%时开始起扣,每月从进度款中按一定比例扣回。

(2) 起扣点计算法。从未施工工程尚需的主要材料及构件的价值相当于工程预付款数额时起扣,此后每次结算工程价款时,按材料所占比重扣减工程价款,至工程竣工前全部扣清。起扣点的计算公式如下:

$$T = P - \frac{M}{N} \tag{7.15}$$

式中:T ——起扣点(即工程预付款开始扣回时)的累计完成工程金额;

M ——工程预付款总额;

N ——主要材料及构件所占比重;

P ——承包工程合同总额。

应用案例 7-6

某项工程合同价 100 万元,预付备料款数额为 24 万元,主要材料、构件所占比重为 60%。问起扣点为多少万元?

【解】

按起扣点计算公式:$T=P-M/N=100-24/60\%=60$(万元)

则当工程量完成 60 万元时,本项工程预付款开始起扣。

3. 预付款担保

1) 预付款担保的概念及作用

预付款担保是指承包人与发包人签订合同后领取预付款前,承包人正确、合理使用发包人支付的预付款而提供的担保。其主要作用是保证承包人能够按合同规定的目的使用并及时偿还发包人已支付的全部预付金额。如果承包人中途毁约,中止工程,使发包人不能在规定期限内从应付工程款中扣除全部预付款，则发包人有权从该项担保金额中获得补偿。

2) 预付款担保的形式

预付款担保的主要形式为银行保函。预付款担保的担保金额通常与发包人的预付款是等值的。预付款一般逐月从工程预付款中扣除，预付款担保的担保金额也相应逐月减少。承包人在施工期间应当定期从发包人处取得同意此保函减值的文件，并送交银行确认。承包人还清全部预付款后，发包人应退还预付款担保，承包人将其退回银行注销，解除担保责任。

预付款担保也可以采用发承包双方约定的其他形式，如由担保公司提供担保，或采取抵押等担保形式。承包人的预付款保函的担保金额根据预付款扣回的数额相应递减，但在预付款全部扣回之前一直保持有效。发包人应在预付款扣完后的 14 天内将预付款保函退还给承包人。

4. 安全文明施工费

安全文明施工费的内容和范围，应以国家和工程所在地省级建设行政主管部门的规定为准。发包人应在工程开工后的 28 天内预付不低于当年施工进度计划的安全文明施工费总额的 60%，其余部分按照提前安排的原则进行分解，与进度款同期支付。发包人没有按时支付安全文明施工费的，承包人可催告发包人支付；发包人在付款期满后的 7 天内仍未支付的，若发生安全事故，发包人应承担连带责任。

承包人应对安全文明施工费专款专用，在财务账目中单独列项备查，不得挪作他用，否则发包人有权要求其限期改正；逾期未改正者，造成的损失和(或)延误的工期由承包人承担。

5. 总承包服务费

发包人应在工程开工后的 28 天内向承包人预付总承包服务费的 20%，分包进场后，其余部分与进度款同期支付。发包人未按合同约定向承包人支付总承包服务费的，承包人可不履行总包服务义务，由此造成的损失(如有)由发包人承担。

7.3.4 进度款期中支付

合同价款的期中支付，是指发包人在合同工程施工过程中，按照合同约定对付款周期内承包人完成的合同价款给予支付的款项，也就是工程进度款的结算支付。发承包双方应按照合同约定的时间、程序和方法，根据工程计量结果，办理期中价款结算，支付进度款。进度款支付周期，应与合同约定的工程计量周期一致。

1. 期中支付价款的计算

(1) 已完工程的结算价款。已标价工程量清单中的单价项目，承包人应按工程计量确认的工程量与综合单价计算。如综合单价发生调整的，以发承包双方确认调整的综合单价计算进度款。已标价工程量清单中的总价项目，承包人应按合同中约定的进度款支付分解，分别列入进度款支付申请中的安全文明施工费和本周期应支付的总价项目的金额中。

(2) 结算价款的调整。承包人现场签证和得到发包人确认的索赔金额列入本周期应增加的金额中。由发包人提供的材料、工程设备金额，应按照发包人签约提供的单价和数量从进度款支付中扣出，列入本周期应扣减的金额中。

(3) 进度款的支付比例。进度款的支付比例按照合同约定，按期中结算价款总额计，不低于60%，不高于90%。

2. 期中支付的程序

1) 承包人提交进度款支付申请

承包人应在每个计量周期到期后向发包人提交已完工程进度款支付申请一式四份，详细说明此周期认为有权得到的款额，包括分包人已完工程的价款。支付申请的内容如下。

(1) 累计已完成的合同价款。

(2) 累计已实际支付的合同价款。

(3) 本周期合计完成的合同价款，其中包括：①本周期已完成单价项目的金额；②本周期应支付的总价项目的金额；③本周期已完成的计日工价款；④本周期应支付的安全文明施工费；⑤本周期应增加的金额。

(4) 本周期合计应扣减的金额，其中包括：①本周期应扣回的预付款；②本周期应扣减的金额。

(5) 本周期实际应支付的合同价款。

2) 发包人签发进度款支付证书

发包人应在收到承包人进度款支付申请后，根据计量结果和合同约定对申请内容予以核实，确认后向承包人出具进度款支付证书。若发承包双方对有的清单项目的计量结果出现争议，发包人应对无争议部分的工程计量结果向承包人出具进度款支付证书。

3) 支付证书的修正

发现已签发的任何支付证书有错漏或重复的数额，发包人有权予以修正，承包人也有权提出修正申请。经发承包双方复核同意修正的，应在本次到期的进度款中支付或扣除。

7.3.5 合同解除的价款结算与支付

发承包双方协商一致解除合同的，按照达成的协议办理结算和支付合同价款。

1. 不可抗力解除合同

由于不可抗力解除合同的，发包人除应向承包人支付合同解除之日前已完成工程但尚未支付的合同价款，还应支付下列金额。

(1) 合同中约定应由发包人承担的费用。

(2) 已实施或部分实施的措施项目应付价款。

(3) 承包人为合同工程合理订购且已交付的材料和工程设备货款。发包人一经支付此项货款，该材料和工程设备即成为发包人的财产。

(4) 承包人撤离现场所需的合理费用，包括员工遣送费、临时工程拆除和施工设备运离现场的费用。

(5) 承包人为完成合同工程而预期开支的任何合理费用，且该项费用未包括在本款其他各项支付之内。

发承包双方办理结算合同价款时，应扣除合同解除之日前发包人应向承包人收回的价款。当发包人应扣除的金额超过了应支付的金额，则承包人应在合同解除后的56天内将其差额退还给发包人。

2. 违约解除合同

(1) 承包人违约。因承包人违约解除合同的，发包人应暂停向承包人支付任何价款。发包人应在合同解除后的 28 天内核实合同解除时承包人已完成的全部合同价款，以及按施工进度计划已运至现场的材料和工程设备货款，按合同约定核算承包人应支付的违约金以及造成损失的索赔金额，并将结果通知承包人。发承包双方应在 28 天内予以确认或提出意见，并办理结算合同价款。如果发包人应扣除的金额超过了应支付的金额，则承包人应在合同解除后的 56 天内将其差额退还给发包人。发承包双方不能就解除合同后的结算达成一致的，按照合同约定的争议解决方式处理。

(2) 发包人违约。因发包人违约解除合同的，发包人除应按照有关不可抗力解除合同的规定向承包人支付各项价款外，还需按合同约定核算发包人应支付的违约金以及给承包人造成损失或损害的索赔金额费用。该笔费用由承包人提出，发包人核实并与承包人协商确定后 7 天内向承包人签发支付证书。发承包双方协商不能达成一致的，按照合同约定的争议解决方式处理。

7.3.6 合同价款纠纷的处理

建设工程合同价款纠纷，是指发承包双方在建设工程合同价款的确定、调整及结算等过程中所发生的争议。按照争议合同的类型不同，可以把工程合同价款纠纷分为总价合同价款纠纷、单价合同价款纠纷及成本加酬金合同价款纠纷；按照纠纷发生的阶段不同，可以把工程合同价款纠纷分为合同价款确定纠纷、合同价款调整纠纷和合同价款结算纠纷；按照纠纷的成因不同，可以把工程合同价款纠纷分为合同无效的价款纠纷、工期延误的价款纠纷、质量争议的价款纠纷及工程索赔的价款纠纷。

1. 合同价款纠纷的解决途径

建设工程合同价款纠纷的解决途径主要有 4 种，即和解、调解、仲裁和诉讼。建设工程合同发生纠纷后，当事人可以通过和解或者调解解决合同争议。当事人不愿和解、调解或者和解、调解不成的，可以根据仲裁协议向仲裁机构申请仲裁。当事人没有订立仲裁协议或者仲裁协议无效的，可以向人民法院起诉。当事人应当履行发生法律效力的法院判决或裁定、仲裁裁决、法院或仲裁调解书；拒不履行的，对方当事人可以请求人民法院执行。

1) 和解

和解是指当事人在自愿互谅的基础上，就已经发生的争议进行协商并达成协议，自行解决争议的一种方式。发生合同争议时，当事人应首先考虑通过和解解决争议。合同争议和解解决方式简便易行，能经济、及时地解决纠纷，同时有利于维护合同双方的友好合作关系，使合同能更好地得到履行。根据《建设工程工程量清单计价规范》(GB 50500—2013)的规定，双方可通过以下方式进行和解。

(1) 协商和解。合同价款争议发生后，发承包双方任何时候都可以进行协商。协商达成一致的，双方应签订书面和解协议，和解协议对发承包双方均有约束力。如果协商不能达成一致协议，发包人或承包人都可以按合同约定的其他方式解决争议。

(2) 监理或造价工程师暂定。若发包人和承包人之间就工程质量、进度、价款支付与扣除、工期延期、索赔、价款调整等发生任何法律上、经济上或技术上的争议，首先应根据已签约合同的规定，提交合同约定职责范围内的总监理工程师或造价工程师解决，并抄送另一方。总监理工程师或造价工程师在收到此提交件后14天内应将暂定结果通知发包人和承包人。发承包双方对暂定结果认可的，应以书面形式予以确认，暂定结果成为最终决定。

发承包双方在收到总监理工程师或造价工程师的暂定结果通知之后的14天内，未对暂定结果予以确认也未提出不同意见的，视为发承包双方已认可该暂定结果。

发承包双方或一方不同意暂定结果的，应以书面形式向总监理工程师或造价工程师提出，说明自己认为正确的结果，同时抄送另一方，此时该暂定结果成为争议。在暂定结果不实质影响发承包双方当事人履约的前提下，发承包双方应实施该结果，直到其按照发承包双方认可的争议解决办法被改变为止。

2) 调解

调解是指双方当事人以外的第三人应纠纷当事人的请求，依据法律规定或合同约定，对双方当事人进行疏导、劝说，促使他们互相谅解、自愿达成协议解决纠纷的一种途径。《建设工程工程量清单计价规范》(GB 50500—2013)规定了以下的调解方式。

(1) 管理机构的解释或认定。合同价款争议发生后，发承包双方可就工程计价依据的争议以书面形式提请工程造价管理机构对争议以书面文件进行解释或认定。工程造价管理机构应在收到申请的10个工作日内就发承包双方提请的争议问题进行解释或认定。

发承包双方或一方在收到工程造价管理机构的书面解释或认定后，仍可按照合同约定的争议解决方式提请仲裁或诉讼。除工程造价管理机构的上级管理部门作出了不同的解释或认定，或在仲裁裁决或法院判决中不予采信的外，工程造价管理机构作出的书面解释或认定即为最终结果，对发承包双方均有约束力。

(2) 双方约定争议调解人进行调解。通常按照以下程序进行。

① 约定调解人。发承包双方应在合同中约定或在合同签订后共同约定争议调解人，负责双方在合同履行过程中发生争议的调解。合同履行期间，发承包双方可以协议调换或终止任何调解人，但发包人或承包人都不能单独采取行动。除非双方另有协议，在最终结清支付证书生效后，调解人的任期即终止。

② 争议的提交。如果发承包双方发生了争议，任何一方可以将该争议以书面形式提交调解人，并将副本抄送另一方，委托调解人调解。发承包双方应按照调解人提出的要求，给调解人提供所需要的资料、现场进入权及相应设施。调解人应被视为不是在进行仲裁人的工作。

③ 进行调解。调解人应在收到调解委托后28天内，或由调解人建议并经发承包双方认可的其他期限内，提出调解书，发承包双方接受调解书的，经双方签字后作为合同的补充文件，对发承包双方具有约束力，双方都应立即遵照执行。

④ 异议通知。如果发承包任一方对调解人的调解书有异议，应在收到调解书后28天内向另一方发出异议通知，并说明争议的事项和理由。但除非并直到调解书在协商和解或仲裁裁决、诉讼判决中作出修改，或合同已经解除，承包人应继续按照合同实施工程。

如果调解人已就争议事项向发承包双方提交了调解书，而任一方在收到调解书后28天内，均未发出表示异议的通知，则调解书对发承包双方均具有约束力。

3) 仲裁或诉讼

仲裁是当事人根据在纠纷发生前或纠纷发生后达成的仲裁协议，自愿将纠纷提交仲裁机构作出裁决的一种纠纷解决方式。民事诉讼是指人民法院在当事人和其他诉讼参与人的参加下,以审理、判决、执行等方式解决民事纠纷的活动。

用何种方式解决争端,关键在于合同中是否约定了仲裁协议。

(1) 仲裁方式的选择。如果发承包双方的协商和解或调解均未达成一致意见,其中的一方已就此争议事项根据合同约定的仲裁协议申请仲裁,应同时通知另一方。

仲裁可在竣工之前或之后进行,但发包人、承包人、调解人各自的义务不得因在工程实施期间进行仲裁而有所改变。如果仲裁是在仲裁机构要求停止施工的情况下进行,承包人应对合同工程采取保护措施,由此增加的费用由败诉方承担。

若双方通过和解或调解形成的有关的暂定或和解协议或调解书已经有约束力的情况下,如果发承包中一方未能遵守暂定或和解协议或调解书,则另一方可在不损害他可能具有的任何其他权利的情况下,将未能遵守暂定或不执行和解协议或调解书达成的事项提交仲裁。

(2) 诉讼方式的选择。发包人、承包人在履行合同时发生争议,双方不愿和解、调解或者和解、调解不成,又没有达成仲裁协议的,可依法向人民法院提起诉讼。

2. 合同价款纠纷的处理原则

建设工程合同履行过程中会产生大量的纠纷,有些纠纷并不容易直接适用现有的法律条款予以解决。针对这些纠纷,可以通过相关司法解释的规定进行处理。2002年6月11日,最高人民法院通过了《关于建设工程价款优先受偿权问题的批复》(法释[2002]16号),2004年9月29日,最高人民法院通过了《关于审理建设工程施工合同纠纷案件适用法律问题的解释》(法释[2004]14号)。司法解释中关于施工合同价款纠纷的处理原则和方法,更是可以为发承包双方在工程合同履行过程中出现的类似纠纷的处理,提供参考性极强的借鉴。

1) 施工合同无效的价款纠纷处理

建设工程施工合同无效,但建设工程经竣工验收合格,承包人请求参照合同约定支付工程价款的,应予支持。建设工程施工合同无效,且建设工程经竣工验收不合格的,按照以下情形分别处理。

(1) 修复后的建设工程经竣工验收合格,发包人请求承包人承担修复费用的,应予支持。

(2) 修复后的建设工程经竣工验收不合格,承包人请求支付工程价款的,不予支持。

因建设工程不合格造成的损失,发包人有过错的,也应承担相应的民事责任。

承包人非法转包、违法分包建设工程,或者没有资质的实际施工人借用有资质的建筑施工企业名义与他人签订建设工程施工合同的行为无效。人民法院可以根据相关法律的规定,收缴当事人已经取得的非法所得。

2) 垫资施工合同的价款纠纷处理

对于发包人要求承包人垫资施工的项目,对于垫资施工部分的工程价款结算,最高人民法院《关于审理建设工程施工合同纠纷案件适用法律问题的解释》提出了处理意见。

(1) 当事人对垫资和垫资利息有约定,承包人请求按照约定返还垫资及其利息的,应予支持,但是约定的利息计算标准高于中国人民银行发布的同期同类贷款利率的部分除外。

(2) 当事人对垫资没有约定的,按照工程欠款处理。

(3) 当事人对垫资利息没有约定,承包人请求支付利息的,不予支持。

3) 施工合同解除后的价款纠纷处理

(1) 建设工程施工合同解除后,已经完成的建设工程质量合格的,发包人应当按照约定支付相应的工程价款。

(2) 已经完成的建设工程质量不合格的:

① 修复后的建设工程经验收合格,发包人请求承包人承担修复费用的,应予支持;

② 修复后的建设工程经验收不合格,承包人请求支付工程价款的,不予支持。

4) 工程设计变更的合同价款纠纷处理

当事人对建设工程的计价标准或者计价方法有约定的,按照约定结算工程价款。因设计变更导致建设工程的工程量或者质量标准发生变化,当事人对该部分工程价款不能协商一致的,可以参照签订建设工程施工合同时当地建设行政主管部门发布的计价方法或者计价标准结算工程价款。

5) 工程结算价款纠纷的处理

(1) 阴阳合同的结算依据。当事人就同一建设工程另行订立的建设工程施工合同与经过备案的中标合同实质性内容不一致的,应当以备案的中标合同作为结算工程价款的根据。

(2) 对承包人竣工结算文件的认可。当事人约定,发包人收到竣工结算文件后,在约定期限内不予答复,视为认可竣工结算文件的,按照约定处理。承包人请求按照竣工结算文件结算工程价款的,应予支持。

(3) 工程欠款的利息支付。

① 利率标准。当事人对欠付工程价款利息计付标准有约定的,按照约定处理;没有约定的,按照中国人民银行发布的同期同类贷款利率计息。

② 计息日。利息从应付工程价款之日计付。当事人对付款时间没有约定或者约定不明的,下列时间视为应付款时间:建设工程已实际交付的,为交付之日;建设工程没有交付的,为提交竣工结算文件之日;建设工程未交付,工程价款也未结算的,为当事人起诉之日。

7.3.7 工程造价鉴定

在工程合同价款纠纷案件处理中,需做工程造价司法鉴定的,应委托具有相应资质的工程造价咨询人进行。

1. 工程造价咨询人所需遵守的一般性规定

(1) 程序合法。工程造价咨询人接受委托,提供工程造价司法鉴定服务,除应符合规范的规定外,还应按仲裁、诉讼程序和要求进行,并符合国家关于司法鉴定的规定。

(2) 人员合格。工程造价咨询人进行工程造价司法鉴定,应指派专业对口、经验丰富的注册造价工程师承担鉴定工作。

(3) 按期完成。工程造价咨询人应在收到工程造价司法鉴定资料后的 10 天内,根据自身专业能力和证据资料,判断能否胜任该项委托,如不能,应辞去该项委托。禁止工程造价咨询人在鉴定期满后以上述理由不作出鉴定结论,影响案件处理。

(4) 适当回避。接受工程造价司法鉴定委托的工程造价咨询人或造价工程师如是鉴定项目一方当事人的近亲属或代理人、咨询人以及其他关系可能影响鉴定公正的,应当自行回避;未自行回避,鉴定项目委托人以该理由要求其回避的,必须回避。

(5) 接受质询。工程造价咨询人应当依法出庭接受鉴定项目当事人对工程造价司法鉴定意见书的质询。如确因特殊原因无法出庭的，经审理该鉴定项目的仲裁机关或人民法院准许，可以书面答复当事人的质询。

2. 工程造价鉴定的取证

1) 所需收集的鉴定材料

工程造价咨询人进行工程造价鉴定工作，应自行收集以下(但不限于)鉴定资料。

(1) 适用于鉴定项目的法律、法规、规章、规范性文件以及规范、标准、定额。

(2) 鉴定项目同时期同类型工程的技术经济指标及其各类要素价格等。

(3) 工程造价咨询人收集鉴定项目的鉴定依据时，应向鉴定项目委托人提出具体书面要求，其内容包括：①与鉴定项目相关的合同、协议及其附件；②相应的施工图纸等技术经济文件；③施工过程中施工组织、质量、工期和造价等工程资料；④存在争议的事实及各方当事人的理由；⑤其他有关资料。

工程造价咨询人在鉴定过程中要求鉴定项目当事人对缺陷资料进行补充的，应征得鉴定项目委托人同意，或者协调鉴定项目各方当事人共同签认。

2) 现场勘验

鉴定工作需要现场勘验的，工程造价咨询人应提请鉴定项目委托人组织各方当事人对被鉴定项目所涉及的实物标的进行现场勘验。

勘验现场应制作勘验记录、笔录或勘验图表，记录勘验的时间、地点、勘验人、在场人、勘验经过、结果，由勘验人、在场人签名或者盖章确认。对于绘制的现场图应注明绘制的时间、测绘人姓名、身份等内容。必要时应采取拍照或摄像取证，留下影像资料。

鉴定项目当事人未对现场勘验图表或勘验笔录等签字确认的，工程造价咨询人应提请鉴定项目委托人决定处理意见，并在鉴定意见书中作出表述。

3. 鉴定结论

1) 鉴定依据的选择

工程造价咨询人在鉴定项目合同有效的情况下应根据合同约定进行鉴定，不得任意改变双方合法的合意。工程造价咨询人在鉴定项目合同无效或合同条款约定不明确的情况下应根据法律、法规、相关国家标准和清单计价规范的规定，选择相应专业工程的计价依据和方法进行鉴定。

2) 鉴定意见

工程造价咨询人出具正式鉴定意见书之前，可报请鉴定项目委托人向鉴定项目各方当事人发出鉴定意见书征求意见稿，并指明应书面答复的期限及其不答复的相应法律责任。工程造价咨询人收到鉴定项目各方当事人对鉴定意见书征求意见稿的书面复函后，应对不同意见认真复核，修改完善后再出具正式鉴定意见书。

工程造价咨询人出具的工程造价鉴定书应包括以下内容。

(1) 鉴定项目委托人名称、委托鉴定的内容。

(2) 委托鉴定的证据材料。

(3) 鉴定的依据及使用的专业技术手段。

(4) 对鉴定过程的说明。

(5) 明确的鉴定结论。
(6) 其他需说明的事宜。
(7) 工程造价咨询人盖章及注册造价工程师签名盖执业专用章。

4. 鉴定期限的延长

工程造价咨询人应在委托鉴定项目的鉴定期限内完成鉴定工作，如确因特殊原因不能在原定期限内完成鉴定工作时，应按照相应法规提前向鉴定项目委托人申请延长鉴定期限，并在此期限内完成鉴定工作。

经鉴定项目委托人同意等待鉴定项目当事人提交、补充证据，质证所用的时间不应计入鉴定期限。

课题 7.4 偏差调整

当工程项目的实际施工成本出现偏差时，应当根据工程的具体情况、偏差分析和预测的结果，采取适当的措施，以期达到使施工成本偏差尽可能小的目的。偏差调整是施工成本控制中最具实质性的一步，只有通过偏差调整，才能最终达到有效控制施工成本的目的。

施工阶段偏差的形成过程，是由于施工过程随机因素与风险因素的影响，形成了实际投资与计划投资、实际工程进度与计划工程进度的差异，人们称之为投资偏差与进度偏差。这些偏差即是施工阶段工程造价控制的对象之一。

7.4.1 编制施工阶段资金使用计划

1. 编制施工阶段资金使用计划的相关因素

总进度计划的相关因素包括：项目工程量、建设总工期、单位工程工期、施工程序与条件、资金资源和需要与供给的能力与条件。

总进度计划成为确定资金使用计划与控制目标，编制资源需要与调度计划的最为直接的重要依据。

2. 资金使用计划的作用

(1) 通过编制资金使用计划，合理地确定造价控制目标值，包括造价的总目标值、分目标值、各详细目标值，为工程造价的控制提供依据，并为资金的筹集与协调打下基础。

(2) 通过资金使用计划的科学编制，可以对未来工程项目的资金使用和进度控制进行预测，消除不必要的资金浪费和进度失控，也能够避免在今后工程项目中由于缺乏依据而进行轻率判断所造成的损失，减少盲目性，让现有资金充分发挥作用。

(3) 在建设项目的实施过程中，通过资金使用计划的严格执行，可以有效地控制工程造价上升，最大限度地节约投资，提高投资效益。

(4) 对脱离实际的工程造价目标值和资金使用计划，应在科学评估的前提下，允许修订和修改，使工程造价更趋于合理水平，从而保障建设单位和承包人各自的合法利益。

3. 资金使用计划的编制方法

根据造价控制目标和要求的不同，资金使用计划可按子项目或按时间进度进行编制。

1) 按不同子项目编制资金使用计划

按不同子项目划分资金的使用，首先必须对工程项目进行合理划分，划分的粗细程度根据实际需要而定。一般来说，将投资目标分解到各单项工程和单位工程是比较容易办到的，结果也是比较合理可靠的。按这种方式分解时，不仅要分解建筑工程费用，而且要分解设备、工器具购置费用，工程建设其他费用，预备费，建设期利息和固定资产投资方向调节税(目前已暂停征收)等。这样分解将有助于检查各项具体投资支出对象是否明确和落实，并可从数值上校核分解的结果有无错误。

在完成工程项目造价目标分解之后，应具体地分配造价，编制工程分项的资金支出计划，从而得到详细的资金使用计划表，见表7-4。

资金使用计划表的内容一般包括：①工程分项编码；②工程内容；③计量单位；④工程数量；⑤计划综合单价；⑥本分项总计。

表7-4 资金使用计划表

序号	工程分项编码	工程内容	计量单位	工程数量	计划综合单价	本分项总计	备注

在编制资金使用计划时，既要在项目总的方面考虑总的预备费，也要在主要的工程分项中安排适当的不可预见费，避免在具体编制资金使用计划时，可能发现个别单位工程或工程量表中某项内容的工程量计算有较大的出入，使原来的资金使用预算失实，并在项目实施过程中对其尽可能地采取一些措施。

2) 按时间进度编制资金使用计划

为了编制资金使用计划，并据此筹措资金，尽可能减少资金占用和利息支出，有必要将总造价目标按使用时间进行分解，确定分目标值。主要编制方法有横道图法、在时标网络图上按月编制法、时间-投资累计曲线(S 曲线)法。

S 形曲线绘制步骤包括以下几步。

第一，确定工程进度计划，编制进度计划的横道图。

第二，根据每单位时间内完成的实物工程量或投入的人力、物力和财力，计算单位时间(月或旬)的投资(造价)，在时标网络图上按时间编制资金使用计划，如图 7.1 所示。

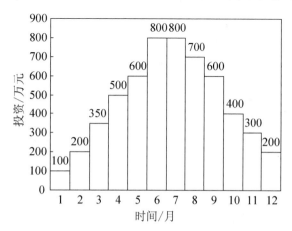

图 7.1 时标网络图上按月编制的资金使用计划

第三，计算规定时间 t 计划累计完成的投资额(造价)，即对各单位时间计划完成的投资

额累加求和,用表达式表示为:

$$Q_t = \sum_{n=1}^{t} q_n \tag{7.16}$$

式中:Q_t——某规定时间 t 计划累计完成的投资额;
q_n——单位时间 n 内计划完成投资额;
t——某规定计划时刻。

第四,按各规定时间的 Q_t 值,绘制 S 曲线(图 7.2)。每一条 S 曲线都对应某一特定的工程进度计划。因为在进度计划的非关键线路中存在许多有时差的工序或工作,因而 S 曲线(投资计划值曲线)必然包括在由全部工作都按最早开始时间开始和全部工作都按最迟开始时间开始的曲线所组成的"香蕉图"内。建设单位可以根据编制的投资支出预算来安排资金,同时也可以根据筹措的建设资金来调整 S 曲线,即通过调整非关键线路上工作的最早或最迟开始时间,力争将实际的投资支出控制在计划的范围内。

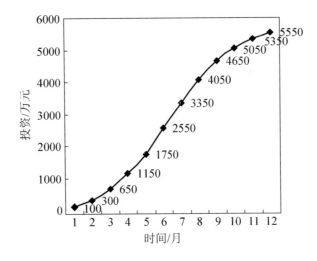

图 7.2 时间-投资累计曲线(S 曲线)

一般而言,所有工作都按最迟开始时间开始,对节约建设单位的建设资金贷款利息是有利的,但同时也降低了项目按期竣工的保证率。因此,造价工程师必须合理地确定投资支出计划,达到既节约投资支出,又能控制项目工期的目的。

7.4.2 实际投资与计划投资

由于时间-投资累计曲线中既包含了投资计划,也包含了进度计划,因此有关实际投资与计划投资的变量也包括了拟完工程计划投资、已完工程实际投资和已完工程计划投资。

1. 拟完工程计划投资

所谓拟完工程计划投资,是指根据计划安排,在某一确定时间内所应完成的工程内容的计划投资。它可以表示为在某一确定时间内,计划完成的工程量与单位工程量计划单价的乘积,如下式:

$$\text{拟完工程计划投资} = \text{拟完工程量} \times \text{计划单价} \tag{7.17}$$

2. 已完工程实际投资

所谓已完工程实际投资，是根据实际进度完成状况在某一确定的时间内已完成的工程内容的实际投资。它可以表示为在某一确定时间内，实际完成的工程量与单位工程量实际单价的乘积，如下式：

$$已完工程实际投资 = 实际工程量 \times 实际单价 \tag{7.18}$$

在进行有关偏差分析时，为简化起见，通常进行如下假设：拟完工程计划投资中的拟完工程量，与已完工程实际投资中的实际工程量在总额上是相等的，两者之间的差异只在于完成的时间进度不同。

3. 已完工程计划投资

由于拟完工程计划投资和已完工程实际投资之间既存在投资偏差，也存在进度偏差。已完工程计划投资正是为了更好地辨析这两种偏差而引入的变量，是根据实际的进度完成状况，在某一确定时间内已经完成的工程所对应的计划投资额。它可以表示为在某一确定时间内，实际完成的工作量与单位工程量计划单价的乘积，如下式：

$$已完工程计划投资 = 实际工程量 \times 计划单价 \tag{7.19}$$

7.4.3 投资偏差与进度偏差

1. 投资偏差

投资偏差是指投资计划值与投资实际值之间存在差异，当计算投资偏差时，应剔除进度原因对投资额产生的影响，因此其公式为：

$$投资偏差 = 已完工程实际投资 - 已完工程计划投资 = 实际工程量 \times (实际单价 - 计划单价) \tag{7.20}$$

式(7.18)中结果为正值表示投资增加，结果为负值表示投资节约。

2. 进度偏差

进度偏差是指进度计划与进度实际值之间存在差异，当计算进度偏差时，应剔除单价原因产生的影响，因此其公式为：

$$进度偏差 = 已完工程实际时间 - 已完工程计划时间 \tag{7.21}$$

为了与投资偏差联系起来，进度偏差也可表示为：

$$\begin{aligned}进度偏差 &= 拟完工程计划投资 - 已完工程计划投资 \\ &= (拟完工程量 - 实际工程量) \times 计划单价\end{aligned} \tag{7.22}$$

进度偏差为正值时，表示工期拖延；进度偏差为负值时，表示工期提前。

应用案例 7-7

某工程施工到 2007 年 8 月，经统计分析得知，已完工程实际投资为 1500 万元，拟完工程计划投资为 1300 万元，已完工程计划投资为 1200 万元，则该工程此时的进度偏差为多少万元？

【解】

$$进度偏差 = 1300 - 1200 = 100(万元)$$

进度偏差为正值，表示工期拖延100万元。

 应用案例7-8

某工程公司工期为3个月，2002年5月1日开工，5—7月份计划完成工程量分别为500吨、2000吨、1500吨，计划单价为5000元/吨；实际完成工程量分别为400吨、1600吨、2000吨，5—7月份实际价格均为4000元/吨。则6月末的投资偏差为(   )万元。

A. 450　　　　　　B. -450　　　　　　C. -200　　　　　　D. 200

答案：C

【解】

投资偏差是指投资计划值与实际值之间存在的差异，即投资偏差=已完工程实际投资-已完工程计划投资=实际工程量×(实际单价-计划单价)

所以投资偏差=(400+1600)×(4000-5000)=-200(万元)，所以正确答案应该是C。

3. 有关投资偏差的其他概念

1) 局部偏差和累计偏差

局部偏差有两层意思：一是相对于整体项目的投资而言，指各单项工程、单位工程和分部分项工程的偏差；二是相对于项目实施的时间而言，指每一控制周期所发生的投资偏差。累计偏差，则是在项目已经实施的时间内累计发生的偏差。局部偏差的工程内容及其原因一般都比较明确，分析结果也比较可靠，而累计偏差涉及的工程内容比较多、范围较大，且原因也较复杂，因而累计偏差分析必须以局部偏差分析的结果为基础进行综合分析。累计偏差的特点是其结果更能显示规律性，对投资控制在较大范围内具有指导作用。

2) 绝对偏差和相对偏差

所谓绝对偏差，是指投资计划值与实际值比较所得的差额。相对偏差，则是指投资偏差的相对数或比例数，通常是用绝对偏差与投资计划值的比值来表示，即：

相对偏差=绝对偏差/投资计划值=(投资实际值-投资计划值)/投资计划值　　(7.23)

绝对偏差和相对偏差的数值均可正可负，且两者符号相同，正值表示投资增加，负值表示投资节约。在进行投资偏差分析时，对绝对偏差和相对偏差都要进行计算。绝对偏差的结果比较直观，其作用主要是了解项目投资偏差的绝对数额，以指导调整资金支出计划和资金筹措计划。由于项目规模、性质、内容不同，其投资总额会有很大差异，因此，绝对偏差就显得有一定的局部性。而相对偏差则能较客观地反映投资偏差的严重程度或合理程度，从对投资控制工作的要求来看，相对偏差比绝对偏差更有意义，应当给予高度的重视。

7.4.4 偏差分析方法

常用的偏差分析方法有横道图法、时标网络图法、表格法和曲线法。

1. 横道图法

横道图法是指用横道图进行投资偏差分析，用不同的横道标识拟完工程计划投资、已完工程实际投资和已完工程计划投资。在实际工作中往往需要根据拟完工程计划投资和已完工程实际投资确定已完工程计划投资后，再确定投资偏差与进度偏差，横道的长度与其金额成正比例。

根据拟完工程计划投资、已完工程实际投资，确定已完工程计划投资的方法如下。

(1) 已完工程计划投资与已完工程实际投资的横道位置相同。

(2) 已完工程计划投资与拟完工程计划投资的各子项工程的投资总值相同。

横道图法具有形象、直观、一目了然等优点，它能够准确表达出施工成本的绝对偏差，而且能直观地感受到偏差的严重性；但这种方法反映的信息量少，一般在项目的较高管理层应用。因而，其应用有一定的局限性。

2. 时标网络图法

时标网络图法是在确定施工计划网络图的基础上，将施工的实施进度与日历工期相结合而形成的网络图。根据时标网络图可以得到每一时间段的拟完工程计划投资；已完工程实际投资可以根据实际工作完成情况测得；在时标网络图上，考虑实际进度前锋线并经过计算，就可以得到每一时间段的已完工程计划投资。实际进度前锋线表示整个项目目前实际完成的工作面情况，将某一确定时点下时标网络图中各个工序的实际进度点相连就可以得到实际进度前锋线。

时标网路图具有简单、直观的特点，主要用来反映累计偏差和局部偏差，但实际进度前锋线的绘制有时会遇到一定困难。

3. 表格法

表格法是进行偏差分析最常用的一种分析方法。它可以根据项目的具体情况、数据来源、投资控制工作的要求等条件来设计表格，因而适用性强，表格的信息量大，可以反映各种偏差的变量和指标，对全面深入地了解项目投资的实际情况非常有益；另外，表格法还便于用计算机辅助管理，可以提高投资控制工作的效率。

4. 曲线法

曲线法是用投资时间曲线进行偏差分析的一种方法。在用曲线法进行偏差分析时，通常有 3 条投资曲线，即已完工程实际投资曲线 a，已完工程计划投资曲线 b 和拟完工程计划投资曲线 p，如图 7.3 所示，图中曲线 a 和曲线 b 的竖向距离表示投资偏差，曲线 p 和曲线 b 的水平距离表示进度偏差。图中所反映的是累计偏差，而且主要是绝对偏差。用曲线法进行偏差分析，具有形象、直观的优点，但不能直接用于定量分析，如果能与表格法结合起来，则会取得较好的效果。

在实际执行过程中，最理想的状态是已完工作实际费用(ACWP)、计划工作预算费用(BCWS)、已完工作预算费用(BCWP) 3 条曲线靠得很近，平稳上升，表示项目按预定计划目标进行。如果 3 条曲线离散不断增加，则预示可能发生关系到项目成败的重大问题。

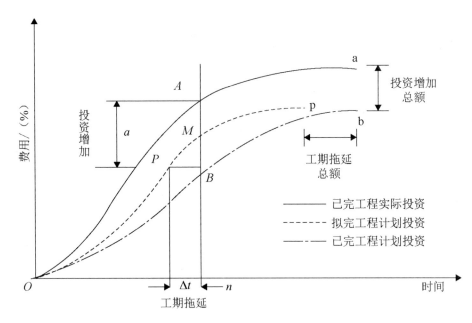

图 7.3　3 种投资参数曲线

7.4.5　偏差原因分析与纠偏措施

1. 偏差原因分析

偏差分析的一个重要目的就是找出引起偏差的原因，从而有可能采取有针对性的措施，减少或避免相同问题的再次发生。在进行偏差分析时，首先应当将已经导致和可能导致偏差的各种原因逐一列举出来。导致不同工程项目产生费用偏差的原因具有一定的共性，因而可以通过对已建工程项目费用偏差原因进行归纳、总结，为该项目采用预防措施提供依据。一般来讲，引起投资偏差的原因主要有以下几个方面，即物价上涨、设计原因、业主原因、施工原因和客观原因，具体情况如图 7.4 所示。

2. 偏差的类型

在数量分析的基础上，可以将偏差的类型分为四种形式。

(1) 投资增加且工期拖延。这种类型是纠正偏差的主要对象，必须引起高度重视。

(2) 投资增加但工期提前。这种情况下要适当考虑工期提前带来的效益。从资金使用的角度，如果增加资金值超过增加的效益时，要采取纠偏措施。

(3) 工期拖延但投资节约。这种情况下是否采取纠偏措施要根据实际需要。

(4) 工期提前且投资节约。这种情况是最理想的，不需要采取纠偏措施。

从偏差原因的角度来看，由于客观原因是无法避免的，施工原因造成的损失由施工单位自己负责，因此，纠偏的主要对象是业主缘由和设计原因造成的投资偏差。从偏差发生的概率和影响程度明确纠偏的主要对象，对产生偏差的原因发生频率大的，相对偏差大的，平均绝对偏差也大的，必须采取必要的措施，减少或避免其发生后的经济损失。

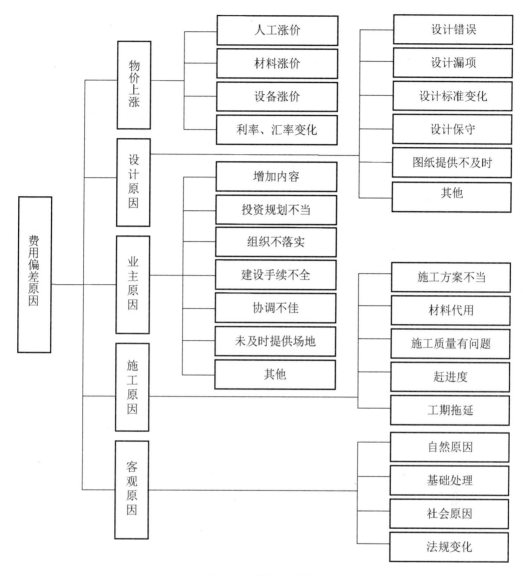

图 7.4　费用偏差原因

7.4.6　偏差的纠正与控制

1. 明确纠偏的主要对象

(1) 根据偏差类型明确纠偏主要对象。

(2) 根据偏差原因明确纠偏主要对象。

(3) 根据偏差原因的发生频率和影响程度明确纠偏主要对象。

2. 采取有效的纠偏措施

施工阶段工程造价偏差的纠正与控制要注意采用动态控制、系统控制、信息反馈控制、弹性控制、循环控制和网络技术控制的原理，注意目标手段分析方法的应用。用目标手段分析方法要结合施工现场的实际情况，依靠有丰富实践经验的技术人员和工作人员通过各方面的共同努力实现纠偏。

从实施管理的角度来说,合同管理、施工成本管理、施工进度管理、施工质量管理是几个重要的环节。通常把纠偏措施分为组织措施、经济措施、技术措施、合同措施四个方面。

1) 组织措施

组织措施是指从投资控制的组织管理方面采取的措施。例如,落实投资控制的组织机构和人员,明确各级投资控制人员的任务、职能分工、权利和责任,改善投资控制工作流程等。组织措施往往被人们忽视,其实他是其他措施的前提和保障,而且一般无须增加什么费用,运用得当时可以收到良好的效果。

2) 经济措施

经济措施最易为人们接受,但运用中要特别注意不可把经济措施简单理解为审核工程量及相应的支付价款。应从全局出发考虑问题,如检查投资目标分解的合理性,资金使用的保障性,施工进度的协调性。另外,通过偏差分析和未来工程预测还可以发现潜在问题,及时采取预防措施,从而取得造价控制的主动权。

3) 技术措施

从造价控制要求来看,技术措施并不都是因为发生了技术问题才加以考虑,也可能是因为出现了较大的投资偏差而加以运用。不同的技术措施往往会有不同的经济效果,因此运用技术措施纠偏时,要对不同的技术方案进行技术经济分析,综合评价以后再加以选择。

4) 合同措施

合同措施在纠偏方面主要指索赔管理。在施工过程中,索赔事件的发生是难免的,造价工程师在发生索赔事件后,要认真审查有关索赔的依据是否符合合同规定,索赔计算是否合理等,从主动控制的角度出发,加强日常的合同管理,落实合同规定的责任。

应用案例 7-9

业主委托的另一家施工单位进场施工,影响了某施工单位正常的混凝土浇筑运输作业。经核实,受影响的部分工程原计划用工 2200 工日,计划工资 40 元/工日;受施工干扰后完成该部分工程实际用工 2800 工日,实际工资 45 元/工日。

【问题】

(1) 如果该施工单位提出降效支付要求,人工费应补偿多少?

(2) 如果该施工单位提出降效支付要求,机械使用费应补偿多少?

【解】

(1) 已完成工程的实际造价=实际用工×实际工资=2800 工日×45 元/工日=126000 元

计划工程的预算造价=计划用工×计划工资=2200 工日×40 元/工日=88000 元

已完成工程的预算造价=实际用工×计划工资=2800 工日×40 元/工日=112000 元

造价差异=已完成工程的实际造价-计划工程的预算造价=126000 元-88000 元=38000 元

全补偿吗?

工资差异=已完成工程的实际造价-已完成工程的预算造价=126000 元-112000 元=14000 元

按此补偿吗?

工效差异=已完成工程的实际造价-已完成工程的预算造价=112000 元-88000 元=24000 元

按此补偿吗?

补偿原则:变更、索赔按照原单价执行,数量按实际数量。

人工费用补偿=已完成工程的预算造价-计划工程的预算造价=112000元-88000元=24000元

又设该施工单位混凝土浇筑运输作业原计划机械台班360台班,台班综合单价为180元/台班;受施工干扰后完成该部分工程实际用机械台班410台班,实际支出200元/台班。

(2) 机械台班费补偿=已完成工程的预算造价-计划工程的预算造价

=实际台班×计划单价-计划台班×计划单价

=(实际台班-计划台班)×计划单价

=(410-360)×180=9000(元)

应用案例7-10

某工程项目包括A、B、C、D、E、F共6项分项工程。该工程采用固定单价合同,合同工期为8个月。工期每提前一个月奖励1.5万元,每拖后一个月罚款2万元。项目经理部编制的时标网络进度计划见表7-5,各分项工程的总工程量、计划单价和计划作业起止时间见表7-7中的第(1)、(2)、(3)栏。该计划在开工前已得到甲方代表的批准。

表7-5 某施工进度计划表   单位:月

1	2	3	4	5	6	7	8
		A		C			
①→B→②		D		④	F	⑤	
		E					

各分项工程实际作业起止时间见表7-6中的第(4)栏。

表7-6 各分项工程计划和实际工程量、价格及作业时间表

序号	分项工程	A	B	C	D	E	F
(1)	总工程量/m³	600	680	800	1200	760	400
(2)	计划单价/(元/m³)	1200	1000	1000	1100	1200	1000
(3)	计划作业起止时间/月	1—3	1—2	4—5	3—6	3—4	7—8
(4)	实际作业起止时间/月	1—3	1—2	5—6	3—6	3—5	7—10

【问题】

(1) 假定各分项工程的计划进度和实际进度都是匀速的,施工期间1—10月各月结算价格调价系数依次为:1.00、1.00、1.05、1.05、1.05、1.10、1.10、1.05、1.05。试计算各分项工程的每月拟完工程计划投资、已完工程实际投资、已完工程计划投资,并将结果填入表7-7中。

表 7-7 各分项工程每月投资数据表(一)

分项工程	数据名称	每月投资数据/万元									
		1	2	3	4	5	6	7	8	9	10
A	拟完工程计划投资										
	已完工程实际投资										
	已完工程计划投资										
B	拟完工程计划投资										
	已完工程实际投资										
	已完工程计划投资										
C	拟完工程计划投资										
	已完工程实际投资										
	已完工程计划投资										
D	拟完工程计划投资										
	已完工程实际投资										
	已完工程计划投资										
E	拟完工程计划投资										
	已完工程实际投资										
	已完工程计划投资										
F	拟完工程计划投资										
	已完工程实际投资										
	已完工程计划投资										

(2) 计算该工程项目每月投资数据,并将结果填入表 7-8。

表 7-8 工程项目每月投资数据表(一)

数据名称	每月投资数据/万元									
	1	2	3	4	5	6	7	8	9	10
每月拟完工程计划投资										
拟完工程计划投资累计										
每月已完工程实际投资										
已完工程实际投资累计										
每月已完工程计划投资										
已完工程计划投资累计										

(3) 试计算该工程进行到 8 月底的投资偏差和进度偏差。

【解】

问题(1):

计算各分项工程每月投资数据。计算过程略,结果见表 7-9 中。

表 7-9 各分项工程每月投资数据表(二)

分项工程	数据名称	每月投资数据/万元									
		1	2	3	4	5	6	7	8	9	10
A	拟完工程计划投资	24	24	24							
	已完工程实际投资	24	24	25.2							
	已完工程计划投资	24	24	24							
B	拟完工程计划投资	34	34	34							
	已完工程实际投资	34	34	34							
	已完工程计划投资	34	34	34							
C	拟完工程计划投资					40	40				
	已完工程实际投资					48	48				
	已完工程计划投资					40	40				
D	拟完工程计划投资			33	33	33	33				
	已完工程实际投资			34.65	34.65	34.65	35.64				
	已完工程计划投资			33	33	33	33				
E	拟完工程计划投资				45.6	45.6					
	已完工程实际投资				31.92	31.92	31.92				
	已完工程计划投资				30.4	30.4	30.4				
F	拟完工程计划投资							20	20		
	已完工程实际投资							11	11	10.5	10.5
	已完工程计划投资							10	10	10	10

问题(2):

根据表 7-9 统计整个工程项目每月投资数据,见表 7-10。

表 7-10 工程项目每月投资数据表(二)

数据名称	每月投资数据/万元									
	1	2	3	4	5	6	7	8	9	10
每月拟完工程计划投资	58	58	102.6	118.6	73	33	20	20		
拟完工程计划投资累计	58	116	218.6	337.2	410.2	443.2	483.2			
每月已完工程实际投资	58	58	91.77	66.57	116.97	87.48	11	11	10.5	4.5
已完工程实际投资累计	58	116	207.77	274.43	391.31	478.79	489.79	500.79	511.29	515.79
每月已完工程计划投资	58	58	87.4	63.4	103.4	73	10	10	10	10
已完工程计划投资累计	58	116	203.4	266.8	370.2	443.2	453.2	463.2	473.2	483.2

问题(3):

① 第 8 月底投资偏差:投资偏差=已完工程实际投资-已完工程计划投资=500.79-463.2=37.59(万元)

即投资增加 37.59 万元。

② 第 8 月底进度偏差:进度偏差=已完工程实际时间-已完工程计划时间=8-7=1(月)

即进度拖后1个月。

或：进度偏差=拟完工程计划投资-已完工程计划投资=483.2-463.2=20(万元)

即进度拖后20万元。

单元小结

《建设工程工程量清单计价规范》(GB 50500—2013)颁布后，对施工阶段的造价管理进行了规范。为了准确计算施工阶段支付给承包商的建筑安装工程价款，本单元主要根据计价规范首先介绍了在施工阶段引起合同价款调整的主要事件，在此基础上分别阐述了引起合同价款调整事件的价款调整方法。

同时，对工程价款结算有影响的还有施工索赔，为此对工程索赔及索赔费用的计算进行了介绍；随后对工程计量与合同价款的计算进行了详细介绍，对合同价款纠纷处理的方法和工程造价鉴定进行了介绍；最后对投资偏差分析的基本方法进行了详细介绍。

通过本单元的学习，要学会建设工程施工阶段造价管理的基本内容，灵活运用各部分内容的价款计算方法及调整方法，对施工阶段的造价进行管理和控制。

综合案例

【综合应用案例7-1】

某施工单位(乙方)与某建设单位(甲方)签订了某项工业建筑的地基处理与基础工程施工合同。由于工程量无法准确确定，根据施工合同的专用条款规定，按施工图预算方式计价乙方必须严格按照施工图及施工合同规定的内容及技术要求施工。乙方的分项工程首先向监理工程师申请质量验收，取得质量验收合格文件后，向造价工程师提出计量申请和支付工程款。工程开工前，乙方提交了施工组织设计并得到批准。

【问题】

(1) 在施工过程中，当进行到施工图所规定的处理范围边缘时，乙方在取得在场的监理工程师认可的情况下，为了使夯击质量得到保证，将夯击范围适当扩大。施工完成后，乙方将扩大范围内的施工工程量向造价工程师提出计量付款的要求，但遭到拒绝。试问造价工程师拒绝承包商的要求是否合理？为什么？

(2) 在施工过程中，乙方根据监理工程师的指示就部分工程进行了变更施工。试问工程变更部分合同价款应根据什么原则确定？

(3) 在开挖土方工程中，有两项重大事件使工期发生较大的拖延：一是土方开挖时遇到了一些工程地质勘探没有探明的孤石，排除孤石拖延了一定的时间；二是施工过程中遇到了数天季节性大雨后又转为特大暴雨引起山洪暴发，造成现场临时道路、管网和甲乙方施工现场办公用房等设施以及已施工的部分基础被冲坏，施工设备损坏，运进现场的部分材料被冲走，乙方数名施工人员受伤，雨后乙方用了很多工时进行工程清理和修复作业。为此乙方按照索赔程序提出了延长工期和费用补偿的要求。试问造价工程师应如何处理？

【案例解析】

问题(1)：

造价工程师的拒绝合理。其原因：该部分的工程量超出了施工图的要求，一般地讲，也就超出了工程合同约定的工程范围。对该部分的工程量，监理工程师可以认为是承包商的保证工程质量的技术措施，一般在业主没有批准追加相应费用的情况下，技术措施费用应由乙方自己承担。

问题(2)：

工程变更价款的确定原则如下。

① 合同中已有适用于变更工程的价格，按合同已有的价格计算，变更合同条款。

② 合同中只有类似于变更合同的价格，可以参照类似价格变更合同条款。

③ 合同中没有适用或类似于变更合同的价格，由承包商提出适当的变更价格，工程师批准执行。这一变更的价格，应与承包商达成一致，否则应按合同争议的方法处理解决。

问题(3)：

造价工程师应对两项索赔事件作出处理如下。

① 对处理孤石引起的索赔，这是地质勘探报告未提供的，施工单位预先无法估计的地质变化条件，属于甲方应承担的风险，应给予乙方工期顺延和费用补偿。

② 对于天气条件变化引起的索赔应分两种情况处理。

a. 对于前期的季节性大雨这是一个有经验的承包商预先能够合理估计的因素，应在合同工期内考虑，由此造成的工期延长和费用损失不能给予补偿。

b. 对于后期特大暴雨引起的山洪暴发不能视为一个有经验的承包商预先能够合理估计的因素，应按不可抗力处理引起的索赔问题。根据不可抗力的处理原则，被冲坏的现场临时道路、管网和甲方施工现场办公用房等设施以及施工的部分基础，被冲走的部分材料，工程清理和修复作业等经济损失应由甲方承担。损坏的施工设备，受伤的施工人员以及由此造成的人员窝工和设备闲置，冲坏乙方施工现场办公用房等经济损失应由乙方承担。工期应予顺延。

【综合应用案例7-2】

某项工程项目业主与承包商签订了工程施工承包合同。合同中估算工程量为5300 m^3，全费用单价为180元/m^3。合同工期为6个月。有关付款条款如下。

(1) 开工前业主应向承包商支付估算合同总价20%的工程预付款。

(2) 业主自第一个月起，从承包商的工程款中，按5%的比例扣留质量保证金。

(3) 当实际完成工程量增减幅度超过估算工程量的10%时，可进行调价，调价系数为0.9(或1.1)。

(4) 每月支付工程款最低金额为15万元。

(5) 工程预付款从乙方获得累计工程款超过估算合同价的30%以后的下一个月起，至第5个月均匀扣除。

承包商每月实际完成并经签证确认的工程量见表7-11。

表 7-11 每月实际完成的工程量

月 份	1	2	3	4	5	6
完成工程量/m³	800	1000	1200	1200	1200	500
累计完成工程量/m³	800	1800	3000	4200	5400	5900

【问题】

(1) 估算合同总价为多少？

(2) 工程预付款为多少？工程预付款从哪个月起扣留？每月应扣工程预付款为多少？

(3) 每月工程量价款为多少？业主应支付给承包商的工程款为多少？

【解】

问题(1)：

估算合同总价：5300×180=95.4(万元)

问题(2)：

① 工程预付款金额：95.4×20%=19.08(万元)

② 工程预付款应从第 3 个月起扣留，因为第 1、2 两个月累计工程款：

1800×180=32.4(万元)>95.4×30%=28.62(万元)

(3) 每月应扣工程预付款：19.08÷3=6.36(万元)

问题(3)：

① 第 1 个月工程量价款：800×180=14.40(万元)

应扣留质量保证金：14.40×5%=0.72(万元)

本月应支付工程款：14.40-0.72=13.68(万元)<15 万元

第 1 个月不予支付工程款。

② 第 2 个月工程量价款：1000×180=18.00(万元)

应扣留质量保证金：18.00×5%=0.9(万元)

本月应支付工程款：18.00-0.9=17.10(万元)

13.68+17.1=30.78(万元)>15 万元

第 2 个月业主应支付给承包商的工程款为 30.78 万元。

③ 第 3 个月工程量价款：1200×180=21.60(万元)

应扣留质量保证金：21.60×5%=1.08(万元)

应扣工程预付款：6.36 万元

本月应支付工程款：21.60-1.08-6.36=14.16(万元)<15 万元

第 3 个月不予支付工程款。

④ 第 4 个月工程量价款：1200×180=21.60(万元)

应扣留质量保证金：21.60×5%=1.08(万元)

应扣工程预付款：6.36 万元

本月应支付工程款：21.60-1.08-6.36=14.16(万元)

14.16+14.16=28.32(万元)>15 万元

第 4 个月业主应支付给承包商的工程款为 28.32 万元。

⑤ 第 5 个月累计完成工程量为 5400m³，比原估算工程量超出 100m³，但未超出估算

工程量的 10%，所以仍按原单价结算。

本月工程量价款：1200×180=21.60(万元)

应扣留质量保证金：21.60×5%=1.08(万元)

应扣工程预付款：6.36 万元

本月应支付工程款：21.60-1.08-6.36=14.16(万元)<15 万元

第 5 月不予支付工程款。

⑥ 第 6 个月累计完成工程量为 5900m³，比原估算工程量超出 600m³，已超出估算工程量的 10%，对超出的部分应调整单价。

应按调整后的单价结算的工程量：5900-5300×(1+10%)=70(m³)

本月工程量价款：70×180×0.9+(500-70)×180=8.874(万元)

应扣留质量保证金：8.874×5%=0.444(万元)

本月应支付工程款：8.874-0.444=8.43(万元)

14.16+8.43=22.59(万元)>15 万元

第 6 个月业主应支付给承包商的工程款为 22.59 万元。

技能训练题

一、单选题

1. 某工程的 1#标段实行招标确定承包人，中标价为 5000 万元，招标控制价为 5500 万元，其中安全文明施工费为 500 万元，规费为 300 万元，税金的综合税率为 3.48%，则承包人报价浮动率为(   )。

　　A．9.09%　　　　B．9.62%　　　　C．10.00%　　　　D．10.64%

2. 承包人应在收到发包人指令后的(   )内，向发包人提交现场签证报告。

　　A．24 小时　　　B．48 小时　　　C．5 天　　　　　D．7 天

3. 某工程合同价为 100 万元，合同约定：采用价格指数调整价格差额，其中固定要素比重为 0.3，调价要素 A、B、C 分别占合同价的比重为 0.15、0.25、0.3，结算时价格指数分别增长了 20%、15%、25%，则该工程实际结算款差额为(   )万元。

　　A．19.75　　　　B．28.75　　　　C．14.25　　　　D．27.25

4. 下列关于采用造价信息调整价格差额的表述，错误的是(   )。

　　A．采用造价信息调整价格主要适用于使用的材料品种少、用量大的公路水坝工程

　　B．人工价格发生变化，发承包双方按发布的人工成本文件调整合同价款

　　C．投标报价中材料单价低于基准单价，材料单价上涨以基准单价为基础超过合同约定风险值以上部分据实调整

　　D．承包人未经发包人核对自行采购材料，再报发包人调整合同价款的，发包人不同意不予调整

5. 合同履行过程中，业主要求保护施工现场的一棵古树。为此，一台承包商自有塔吊累计停工 2 天，后又因工程师指令增加新的工作，需增加塔吊 2 个台班，台班单价为 1000 元/台班，折旧费 200 元/台班，则承包商可提出的直接工程费补偿为(   )元。

　　A．2000　　　　B．2400　　　　C．4000　　　　D．4800

6. 某建设项目业主与甲施工单位签订了施工总包合同，合同中保函手续费为20万元，合同工期为200天。合同履行过程中，因不可抗力事件发生致使开工日期推迟30天，因异常恶劣气候停工10天，因季节性大雨停工5天，因设计分包单位延期交图停工7天，上述事件均未发生在同一时间，则甲施工总包单位可索赔的保函手续费为( )万元。

A. 0.7   B. 3.7   C. 4.7   D. 5.2

7. 某建设项目业主与丙施工单位签订了施工合同，合同总价为5000万元，合同工期为200天，其应分摊的总部管理费为100万元。丙在施工过程中，因遇到不利物质条件造成停工5天，因发包人更换其提供的不合格材料造成工程停工3天，因承包人施工机械损坏停工3天，因异常恶劣气候造成工程停工2天，上述事件均未发生在同一时间，且都在关键线路上，则丙施工单位可索赔的总部管理费为( )万元。

A. 2.5   B. 4.0   C. 5.0   D. 6.5

8. 下列关于工程量偏差引起合同价款调整的叙述，正确的是( )。

A. 实际工程量超过招标工程量清单的15%时，应相应调低综合单价，调低措施项目费

B. 实际工程量比招标工程量清单减少15%时，应相应调高综合单价，调低措施项目费

C. 实际工程量比招标工程量清单减少15%，且引起措施项目变化，若措施项目按系数计价，相应调低措施项目费

D. 实际工程量比招标工程量清单增加10%，且引起措施项目变化，若措施项目按系数计价，相应调高措施项目费

9. 某分部分项工程5月份拟完工程量100m，实际工程量160m，计划单价60元/m，实际单价48元/m。则其费用偏差是( )。

A. 1920   B. 1200   C. 1680   D. 1780

二、案例分析题

某施工单位承包了某工程项目，甲、乙双方签订的关于工程价款的合同内容如下。

(1) 建筑安装工程造价660万元，建筑材料及设备费占施工产值的比重为60%。

(2) 工程预付款为建筑安装工程造价的20%。工程实施后，工程预付款从未施工工程所需的建筑材料及设备费相当于工程预付款数额时起扣，从每次结算工程价款中按材料和设备占施工产值的比重抵扣工程预付款，竣工前全部扣清。

(3) 工程进度款逐月计算。

(4) 工程质量保证金为建筑安装工程造价的3%，竣工结算月一次扣留。

(5) 建筑材料和设备价差调整按当地工程造价管理部门的有关规定执行(当地工程造价管理部门有关规定，上半年材料和设备价差上调10%，在6月份一次调增)。

工程各月实际完成产值见表7-12。

表7-12 各月实际完成产值

月　份	2	3	4	5	6	合计
完成产值/万元	55	110	165	220	110	660

根据工程进度安排，施工单位在 6 月底完成了该工程项目，申请建设单位组织了验收。施工单位与建设单位进行了工程竣工结算。

【问题】

(1) 该工程的工程预付款、起扣点为多少？
(2) 该工程 2 月至 5 月每月拨付工程款为多少？累计工程款为多少？
(3) 由于物价上涨，建筑材料和设备价差该如何调整？
(4) 工程价款结算的方式有哪几种？
(5) 6 月份办理工程竣工结算，该工程结算造价为多少？甲方应付工程结算款为多少？

单元 8

建设项目竣工阶段工程造价管理

教学目标

通过本单元的学习,熟悉竣工阶段工程造价管理的内容;掌握竣工结算和竣工决算的内容;会编制工程竣工结算和工程竣工决算,能进行新增资产价值的确定工作;熟悉工程项目的保修回访和质量保证金的处理方法。

单元 8　建设项目竣工阶段工程造价管理

本单元知识架构

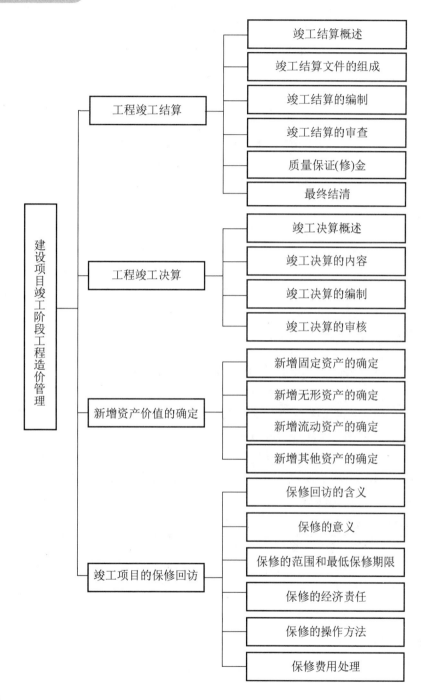

引例

建设项目的施工达到竣工条件进行验收，是项目施工周期的最后一个程序，也是建设成果转入生产使用的标志。在这个阶段有效地进行工程造价管理，对建设项目的最后造价的确定具有十分重要的意义。在这个阶段工程造价管理的主要工作有：①竣工结算的编制与审查；②竣工决算的编制；

257

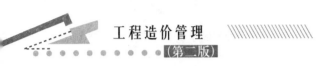

③新增固定资产的确认；④质量保证金与保留费用的处理等工作。

本单元就上述工作任务进行讲解。

课题8.1 工程竣工结算

8.1.1 竣工结算概述

1. 竣工结算的概念

工程竣工结算是指承包人按照合同规定的内容全部完成所承包的工程，经验收质量合格，并符合合同要求之后，双方应按照约定的合同价款及合同价款调整内容以及索赔事项，进行最终工程价款的结算。

2. 竣工结算方式

竣工结算分为单位工程结算、单项工程竣工结算和建设项目竣工总结算。

8.1.2 竣工结算文件的组成

中国建设工程造价管理协会编制的《建设项目工程结算编审规程》(CECA/GC 3—2010)对建设工程竣工决算文件的编制提出了规范的要求，总体要求基本一致。

工程结算文件一般应由封面、签署页、工程结算汇总表、单项工程汇总表、单位工程结算表和工程结算编制说明等组成。

(1) 工程结算文件的封面应包括工程名称、编制单位等内容。工程造价咨询企业接受委托编制的工程结算文件应在编制单位上签署企业执业印章。

(2) 工程结算文件的签署页应包括编制、审核、审定人员姓名及技术职称等内容，并应签署造价工程师或造价员执业或从业印章。

(3) 工程结算编制说明可根据委托项目的实际情况，以单位工程、单项工程或建设项目为对象进行编制，并应说明以下内容：工程概况、编制范围、编制依据、编制方法、有关材料设备、参数和费用说明。

工程结算文件提交时，委托人应同时提供与工程结算相关的附件，包括所依据的发承包合同、设计变更、工程洽商材料及设备中标价或认价单、调价后的单价分析表等与工程结算相关的其他书面材料。

8.1.3 竣工结算的编制

1. 工程竣工结算编制的依据

(1) 工程合同的有关条款。
(2) 全套竣工图纸及相关资料。
(3) 设计变更通知单。
(4) 承包商提出，由业主和设计单位会签的施工技术问题核定单。
(5) 工程现场签证单。
(6) 材料代用核定单。
(7) 材料价格变更文件。
(8) 合同双方确认的工程量。

(9) 经双方协商同意并办理了签证的索赔。
(10) 投标文件、招标文件和其他依据。

2. 竣工结算编制的内容

在工程进度款的基础上，根据所收集的各种设计变更资料和修改图纸，以及现场签证、工程量核定单、索赔等资料进行合同价款的增减调整计算，编写单位工程结算表、单项工程汇总表，最后编写工程结算汇总表，并填写封面、签署页、工程结算编制说明。

3. 工程竣工价款结算

(1) 发包人收到承包人递交的竣工结算报告及完整的结算资料后，应根据《建设工程价款结算暂行办法》规定的期限(合同约定有期限的，从其约定)进行核实，给予确认或者提出修改意见。发包人根据确认的竣工结算报告向承包人支付工程竣工结算价款，保留5%左右的质量保证(保修)金，待工程交付使用一年质保期到期后清算(合同另有约定的，从其约定)，质保期内如有返修，发生费用应在质量保证(保修)金内扣除。

(2) 发包人收到竣工结算报告及完整的结算资料后，在本办法规定或合同约定的期限内，对结算报告及资料没有提出意见，则视同认可。

(3) 承包人如未在规定时间内提供完整的工程竣工结算资料，经发包人催促后14天内仍未提供或没有明确答复，发包人有权根据已有资料进行审查，责任由承包人自负。

(4) 根据确认的竣工结算报告，承包人向发包人申请支付工程竣工结算款。发包人应在收到申请后的15天内支付结算款，到期没有支付的应承担违约责任。承包人可以催告发包人支付结算价款，如达成延期支付协议，发包人应按同期银行贷款利率支付拖欠工程价款的利息；如未达成延期支付协议，承包人可以与发包人协商将该工程折价，或申请人民法院将该工程依法拍卖，承包人就该工程折价或者拍卖的价款优先受偿。

在实际工作中，当年开工、当年竣工的工程，只需办理一次性结算。跨年度的工程，在年终办理一次年终结算，将未完工程结转到下一年度，此时竣工结算等于各年度结算的总和。办理工程价款竣工结算的一般公式为：

竣工结算工程款=预算(或概算或合同价款)+施工过程中预算(或合同价款调整数额)-
预付及已结算工程价款-保修金

8.1.4 工程竣工结算的审查

1. 工程竣工结算编审

(1) 单位工程竣工结算由承包人编制，发包人审查；实行总承包的工程，由具体承包人编制，在总包人审查的基础上，发包人审查。

(2) 单项工程竣工结算或建设项目竣工总结算由总(承)包人编制，发包人可直接进行审查，也可以委托具有相应资质的工程造价咨询机构进行审查。政府投资项目，由同级财政部门审查。单项工程竣工结算或建设项目竣工总结算经发、承包人签字盖章后有效。

(3) 承包人应在合同约定期限内完成项目竣工结算编制工作，未在规定期限内完成的并且提不出正当理由延期的，责任自负。

2. 工程竣工结算审查期限

单项工程竣工后，承包人应在提交竣工验收报告的同时，向发包人递交竣工结算报告及完整的结算资料，发包人应按表 8-1 规定的时限进行核对(审查)并提出审查意见。

表 8-1 工程竣工结算审查时限

序号	工程竣工结算报告金额	审查时间
1	500 万元以下	从接到竣工结算报告和完整的竣工结算资料之日起 20 天
2	500 万～2000 万元	从接到竣工结算报告和完整的竣工结算资料之日起 30 天
3	2000 万～5000 万元	从接到竣工结算报告和完整的竣工结算资料之日起 45 天
4	5000 万元以上	从接到竣工结算报告和完整的竣工结算资料之日起 60 天

建设项目竣工总结算在最后一个单项工程竣工结算审查确认后的 15 天内汇总，送发包人后 30 天内审查完成。

应用案例 8-1

单项工程竣工结算报告金额 2000 万～5000 万元，其审查时限要求是( )。
A．从接到竣工结算报告和完整的竣工结算资料之日起 20 天
B．从接到竣工结算报告和完整的竣工结算资料之日起 30 天
C．从接到竣工结算报告和完整的竣工结算资料之日起 45 天
D．从接到竣工结算报告和完整的竣工结算资料之日起 60 天
答案：C

3．工程竣工结算的审核

工程竣工结算反映工程项目的实际价格，最终体现工程造价系统控制的效果。要有效控制工程项目竣工结算价，严格审查是竣工结算阶段的一项重要工作。经审查核定的工程竣工结算是核定建设工程造价的依据，也是建设项目验收后编制竣工决算和核定新增固定资产价值的依据。因此，建设单位、监理公司及审计部门等，都十分重视竣工结算的审核把关。

(1) 核对合同条款。应核对竣工工程内容是否符合合同条件要求，竣工验收是否合格，只有按合同要求完成全部工程并验收合格才能列入竣工结算。还应按合同约定的结算方法、计价定额、主材价格、取费标准和优惠条款等，对工程竣工结算进行审核，若发现不符合合同约定或有漏洞，应请建设单位与施工单位认真研究，明确结算要求。

(2) 检查隐蔽验收记录。所有隐蔽工程均需进行验收，是否有工程师的签证确认；审核时应对隐蔽工程施工记录和验收签证，做到手续完整，工程量与竣工图一致方可列入竣工结算。

(3) 落实设计变更签证。设计修改变更应由原设计单位出具设计变更通知单和修改图纸，设计、校审人员签字并加盖公章，经建设单位和监理工程师审查同意、签证；重大设计变更应经原审批部门审批，否则不应列入竣工结算。

(4) 按图核实工程量。应依据竣工图、设计变更单和现场签证等进行核算，并按国家统一规定的计算规则计算工程量。

(5) 核实单价。结算单价应按现行的计价原则和计价方法确定，不得违背。

(6) 各项费用计取。建筑安装工程的取费标准应按合同要求或项目建设期间与计价定

额配套使用的建筑安装工程费用定额及有关规定执行,要审核各项费率、价格指数或换算系数的使用是否正确,价差调整计算是否符合要求,还要核实特殊费用和计算程序。更要注意各项费用的计取基数,如安装工程各项取费是以人工费为基数,这里的人工费是定额人工费与人工费调整部分之和。

(7) 检查各种计算误差。工程竣工结算子目多、篇幅大,往往有计算误差,因此应认真核算,防止因计算误差多计或少算。

实践证明,通过对工程项目结算的审查,一般情况下,经审查的工程结算较编制的工程结算的工程造价资金相差在10%左右,有的高达20%,对于控制投入节约资金起到很重要的作用。

8.1.5 质量保证(修)金

建设工程质量保证(修)金(以下简称保证金)是指发包人与承包人在建设工程承包合同中约定,从应付的工程款中预留,用以保证承包人在缺陷责任期内对建设工程出现的缺陷进行维修的资金。质量保证金的计算额度不包括预付费的支付、扣回以及价格调整的金额。

1. 保证金的预留和返还

1) 发承包双方的约定

发包人应当在招标文件中明确保证金预留、返还等内容,并与承包人在合同条款中对涉及保证金的下列事项进行约定。

(1) 保证金预留及返还方式。
(2) 保证金预留比例及期限。
(3) 保证金是否计付利息,如计付利息,利息的计算方式。
(4) 缺陷责任期的期限及计算方式。
(5) 保证金预留、返还及工程维修质量、费用等争议的处理程序。
(6) 缺陷责任期内出现缺陷的索赔方式。

2) 保证金的预留

从第一个付款周期开始,在发包人的进度付款中,按约定比例扣留质量保证金,直至扣留的质量保证金总额达到专用条款约定的金额或比例为止。全部或者部分使用政府投资的建设项目,按不高于工程价款结算总额3%的比例预留保证金。社会投资项目采用预留保证金方式的,预留保证金的比例可参照执行。

3) 保证金的返还

缺陷责任期内,承包人认真履行合同约定的责任,约定的缺陷责任期满,承包人向发包人申请返还保证金。发包人在接到承包人返还保证金的申请后,应于14日内会同承包人按照合同约定的内容进行核实。如无异议,发包人应当在核实后的14日内将保证金返还给承包人,逾期支付的,从逾期之日起,按照同期银行贷款利率计付利息,并承担违约责任。发包人在接到承包人返还保证金申请后14日内不予答复,经催告后14日内仍不予答复,视同认可承包人的返还保证金申请。

缺陷责任期满时,承包人没有完成缺陷责任的,发包人有权扣留与未履行责任剩余工作所需金额相应的质量保证金余额,并有权根据约定要求延长缺陷责任期,直至完成剩余工作为止。

2. 保证金的管理及缺陷修复

(1) 保证金的管理。缺陷责任期内,实行国库集中支付的政府投资项目,保证金的管理应按国库集中支付的有关规定执行。其他的政府投资项目,保证金可以预留在财政部门或发包方。缺陷责任期内,如发包人被撤销,保证金随交付使用资产一并移交使用单位管理,由使用单位代行发包人职责。社会投资项目采用预留保证金方式的,发承包双方可以约定将保证金交由金融机构托管;采用工程质量保证担保、工程质量保险等其他保证方式的,发包人不得再预留保证金,并按照有关规定执行。

(2) 缺陷责任区内缺陷责任的承担。缺陷责任区内,由承包人原因造成的缺陷,承包人应负责维修,并承担鉴定及维修费用。如承包人不维修也不承担费用,发包人可按合同约定扣除保证金,并由承包人承担违约责任。承包人维修并承担相应费用后,不免除对工程的一般损失的赔偿。由他人及不可抗力原因造成的缺陷,发包人负责组织维修,承包人不承担费用,且发包人不得从保证金中扣除费用。

8.1.6 最终结清

所谓最终结清,是指合同约定的缺陷责任期终止后,承包人已按合同规定完成全部剩余工作且质量合格的,发包人与承包人结清全部剩余款项的活动。

1. 最终结清申请单

缺陷责任期终止后,承包人已按合同规定完成全部剩余工作且质量合格的,发包人签发缺陷责任期终止证书,承包人可按合同约定的份数和期限向发包人提交最终结清申请单,并提供相关证明材料,详细说明承包人根据合同规定已经完成的全部工程价款金额以及承包人认为根据合同规定应进一步支付给他的其他款项。发包人对最终结清申请单内容有异议的,有权要求承包人进行修正或提供补充资料,由承包人向发包人提交修正后的最终结清申请单。

2. 最终支付证书

发包人收到承包人提交的最终结清申请单后的14天内予以核实,向承包人签发最终支付证书。发包人未在约定时间内核实,又未提出具体意见的,视为承包人提交的最终结清申请单已被发包人认可。

发包人应在收到最终结清支付申请后的14天内予以核实,向承包人签发最终结清支付证书。若发包人未在约定的时间内核实,又未提出具体意见的,视为承包人提交的最终结清支付申请已被发包人认可。

3. 最终结清付款

发包人应在签发最终结清支付证书后的14天内,按照最终结清支付证书列明的金额向承包人支付最终结清款。最终结清付款后,承包人在合同内享有的索赔权利也自行终止。发包人未按期支付的,承包人可催告发包人在合理的期限内支付,并有权获得延迟支付的利息。

最终结清时,如果承包人被扣留的质量保证金不足以抵减发包人工程缺陷修复费用的,承包人应承担不足部分的补偿责任。

最终结清付款涉及政府投资资金的，按照国库集中支付等国家相关规定和专用合同条款的约定办理。

承包人对发包人支付的最终结清款有异议的，按照合同约定的争议解决方式处理。

课题8.2 工程竣工决算

8.2.1 竣工决算概述

1. 竣工决算的概念

竣工决算是以实物量和货币指标为计量单位，综合反映竣工项目从筹建开始到项目竣工交付使用为止的全部建设费用、建设成果和财务情况的总结性文件，是竣工验收报告的重要组成部分。竣工决算是建设工程经济效益的全面反映，是项目法人核定建设工程各类新增资产价值、办理建设项目交付使用的依据。

2. 竣工决算的作用

竣工决算对建设单位具有重要作用，具体表现在以下几个方面。

(1) 总结性。即竣工决算能够准确反映建设工程的实际造价和投资结果，便于业主掌握工程投资金额。

(2) 指导性。即通过对竣工决算与概算、预算的对比分析，考核投资控制的工作成效，总结经验教训，积累技术经济方面的基础资料，提高未来建设工程的投资效益。另外，它还是业主核定各类新增资产价值和办理其交付使用的依据。

3. 竣工决算与竣工结算的区别

(1) 编制单位。竣工决算由建设单位的财务部门负责编制；竣工结算由施工单位的预算部门负责编制。

(2) 反映内容。竣工决算是建设项目从开始筹建到竣工交付使用为止所发生的全部建设费用；竣工结算是承包方承包施工的建筑安装工程的全部费用。

(3) 性质。竣工决算反映建设单位工程的投资效益；竣工结算反映施工单位完成的施工产值。

(4) 作用。竣工决算是业主办理交付、验收、各类新增资产的依据，是竣工报告的重要组成部分；竣工结算是施工单位与业主办理工程价款结算的依据，是编制竣工决算的重要资料。

8.2.2 竣工决算的内容

竣工决算由竣工财务决算说明书、竣工财务决算报表、竣工工程平面示意图、工程造价比较分析四部分组成。其中前两个部分又称之为工程项目竣工财务决算，是竣工决算的核心部分。

1. 竣工财务决算说明书

竣工财务决算说明书有时也称为竣工决算报告情况说明书。在说明书中主要反映竣工工程的建设成果，是竣工财务决算的组成部分，主要包括以下内容。

(1) 建设项目概况。从工程进度、质量、安全、造价和施工等方面进行分析和说明。

(2) 资金来源及运用的财务分析。包括工程价款结算、会计账务处理、财产物资情况以及债权债务的清偿情况。

(3) 建设收入、资金结余以及结余资金的分配处理情况。

(4) 主要技术经济指标的分析、计算情况。

(5) 工程项目管理及决算中存在的问题，并提出建议。

(6) 需要说明的其他事项。

2. 竣工财务决算报表

根据财政部印发的有关规定和通知，工程项目竣工财务决算报表应按大中型工程项目和小型项目分别编制。竣工财务决算报表结构如图 8.1 所示。

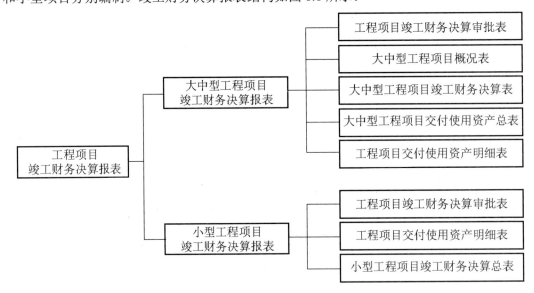

图 8.1　竣工财务决算报表结构图

1) 建设项目竣工财务决算审批表(表 8-2)

该表作为竣工决算上报有关部门审批时使用，其格式按中央及小型项目审批要求设计，地方级项目可按审批要求做适当修改，大、中、小型项目均要按照下列要求填报此表。

表 8-2　建设项目竣工财务决算审批表

项目法人(建设单位)		建设性质	
工程名称		主管部门	
开户银行意见：			
｜｜｜(盖章) 年　月　日			
专员办审批意见：			
｜｜｜(盖章) 年　月　日			
主管部门或地方财政部门意见：			
｜｜｜(盖章) 年　月　日			

(1) 表中"建设性质"按照新建、改建、扩建、迁建和恢复建设项目等分类填列。

(2) 表中"主管部门"是指建设单位主管部门。

(3) 所有建设项目均需经过建设银行签署意见后,按照有关要求进行报批:中央级小型项目由主管部门签署审批意见;中央大中型建设项目报所在地财政监察专员办事机构签署意见后报财政部审批;地方级项目由同级财政部门签署审批意见。

(4) 已具备竣工验收条件的项目,3个月内应及时填报审批表,如3个月内不办理竣工验收和固定资产移交手续的视同项目已正式投产,其费用不得从基本建设投资中支付,所实现的收入作为经营收入,不再作为基本建设管理。

2) 大中型建设项目概况表(表8-3)

该表综合反映大中型项目的基本概况,内容包括项目总投资、建设起止时间、新增生产能力、主要材料消耗、建设成本、完成主要工程量和主要技术经济指标,为全面考核和分析投资效果提供依据。

表8-3 大中型建设项目概况表

建设项目(单项工程)名称			建设地址				项目	概算/元	实际/元	备注
主要设计单位			主要施工企业			基本建设支出	建筑安装工程投资			
							设备、工具、器具			
占地面积	设计	实际	总投资/万元	设计	实际		待摊投资			
							其中:建设单位管理费			
新增生产能力	能力(效益)名称		设计	实际			其他投资			
							待核销基建支出			
建设起止时间	设计	从 年 月开工至 年 月竣工					非经营性项目转出投资			
	实际	从 年 月开工至 年 月竣工					合计			
设计概算批准文号										
完成主要工程量		建设规模				设备/台、套、吨				
	设计		实际			设计		实际		
收尾工程	工程项目		已完成投资额			尚需投资额		完成时间		

(1) 建设项目名称、建设地址、主要设计单位和主要承包人,要按全称填列。

(2) 表中各项目的设计、概算、计划等指标，根据批准的设计文件和概算、计划等确定的数字填列。

(3) 表中所列新增生产能力、主要完成工程量、主要材料消耗的实际数据，根据建设单位统计资料和承包人提供的有关成本核算资料填列。

(4) 表中基建支出是指建设项目从开工起到竣工为止发生的全部基本建设支出，包括形成资产价值的交付使用资产，如固定资产、流动资产、无形资产、其他资产支出，还包括不形成资产价值按照规定应核销的非经营项目的待核销基建支出和转出投资。上述支出，应根据财政部门历年批准的"基建投资表"中的有关数据填列。按照财政部关于印发《基本建设财务管理若干规定》的通知(财基字[1998]4号)，需要注意以下几点。

① 建筑安装工程投资支出、设备工器具投资支出、待摊投资支出和其他投资支出构成建设项目的建设成本。

② 待核销基建支出是指非经营性项目发生的江河清障、补助群众造林、水土保持、城市绿化、取消项目可行性研究费、项目报废等不能形成资产部分的投资。对于能够形成资产部分的投资，应计入交付使用资产价值。

③ 非经营性项目转出投资支出指非经营项目为项目配套的专用设施投资，包括专用道路、专用通信设施、送变电站、地下管道等。其资产不属于本单位的投资支出，对于产权属于本单位的，应计入交付使用资产价值。

④ 表中"设计概算批准文号"，按最后批准的日期和文件号填列。

⑤ 表中收尾工程指全部工程项目验收后尚遗留的少量收尾工程，在表中应明确填写收尾工程内容、完成时间、这部分工程的实际成本，可根据实际情况进行估算并加以说明，完工后不再编制竣工决算。

3) 大中型建设项目竣工财务决算表(表 8-4)

大中型建设项目竣工财务决算表用来反映建设项目的全部资金来源和资金占用情况，是考核和分析投资效果的依据。该表反映大中型项目从开工到竣工为止全部资金来源和资金运用的情况。它是考核与分析投资效果，落实节余资金，并作为报告上级核销基本建设支出和基本建设拨款的依据。在编制该表前，应先编制出项目竣工年度财务决算，根据编制的竣工年度财务决算和历年财务决算编制项目的竣工财务决算。此表采用平衡表形式，即资金来源合计等于资金支出合计。

表 8-4 大中型建设项目竣工财务决算表

资金来源	金额/万元	资金占用	金额/万元	补充资料
一、基建拨款		一、基本建设支出		
1. 预算拨款		1. 交付使用资产		
2. 基建基金拨款		2. 在建工程		1. 基建投资借款期末余额
其中：国债专项资金拨款		3. 待核销基建支出		
3. 专项建设基金拨款		4. 非经营性项目转出投资		
4. 进口设备转账拨款		二、应收生产单位投资借款		2. 应收生产单位投资借款期末数
5. 器材转账拨款		三、拨付所属投资借款		

续表

资金来源	金额/万元	资金占用	金额/万元	补充资料
6. 煤代油专用基金拨款		四、器材		2. 应收生产单位投资借款期末数
7. 自筹资金拨款		其中：待处理器材损失		
8. 其他拨款		五、货币资金		
二、项目资本		六、预付及应收款		
1. 国家资本		七、有价证券		3．基建结余资金
2. 法人资本		八、固定资产		
3. 个人资本		固定资产原价		
三、项目资本公积金		减：累计折旧		
四、基建投资借款		固定资产净值		
其中：国债转贷		固定资产清理		
五、上级拨入投资借款		待处理固定资产损失		
六、企业债券资金				
七、待冲基建支出				
八、应付款				
九、未交款				
1. 未交税金				
2．其他未交款				
十、上级拨入资金				
十一、留成收入				
合计		合计		

(1) 资金来源包括基建拨款、项目资本金、项目资本公积金、基建借款、上级拨入投资借款、企业债券资金、代冲基建支出、应付款和未交款以及上级拨入资金和企业留成收入。

① 项目资本金是指经营性项目投资者按国家有关项目资本金的规定，筹集并投入项目的非负债资金，在项目竣工后，相应转为生产企业的国家资本金、法人资本金、个人资本金和外商资本金。

② 项目资本公积金是指经营性项目对投资者实际缴付的出资额超过其资金的差额(包括发行股票的溢价净收入)、资产评估确认价或者合同协议约定价值与原账面净值的差额、接受捐赠的财产、资本汇率折算差额，在项目建设期间作为资本公积金、项目建成交付使用并办理竣工决算后，转为生产经营企业的资本公积金。

③ 基建收入是基建过程中形成的各项工程建设副产品变价净收入、负荷试车的试运行收入以及其他收入，在表中基建收入以实际销售收入扣除销售过程中发生的费用和税后的实际纯收入填写。

(2) 表中"交付使用资产""预算拨款""自筹资金拨款""其他拨款""项目资本""基建投资借款"及"其他借款"等项目，是指自开工建设至竣工的累计数，上述有关指标应根据历年批复的年度基本建设财务决算和竣工年度的基本建设财务决算中资金平衡表相应项目的数字进行汇总填写。

(3) 表中其余项目费用办理竣工验收时的结余数，根据竣工年度财务决算中资金平衡表的有关项目期末数填写。

(4) 资金支出反映建设项目从开工准备到竣工全过程资金支出的情况，内容包括基本建设支出、应收生产单位投资借款、库存器材、货币资金、有价证券和预付及应收款，以及拨付所属投资借款和库存固定资产等，资金支出总额应等于资金来源总额。

(5) 基建结余资产可以按下式计算：

基建结余资金=基建拨款+项目资本+项目资金公积金+基建投资借款+企业债券基金+待冲基建支出-基本建设支出-应收生产单位投资借款 (8.1)

4) 大中型建设项目交付使用资产总表(表 8-5)

该表反映建设项目建成后新增固定资产、流动资产、无形资产和其他资产价值的情况和价值，作为财产交接、检查投资计划完成情况和分析投资效果的依据。小型项目不编制交付使用资产总表，直接编制交付使用资产明细表。大中型项目在编制交付使用资产总表的同时，还需编制交付使用资产明细表。

表 8-5 大中型建设项目交付使用资产总表　　　　　　　　　　单位：元

序号	单项工程名称	总计	固定资产				流动资产	无形资产	其他资产
			合计	建安工程	设备	其他			

交付单位：　　　　　负责人：　　　　　接收单位：　　　　　负责人：
盖章　　　　　　　　年　月　日　　　盖章　　　　　　　　年　月　日

(1) 表中各栏目数据根据交付使用明细表的固定资产、流动资产、无形资产、其他资产的各相应项目的汇总数分别填写，表中总计栏的总数应与竣工财务决算表中的交付使用资产的金额一致。

(2) 表中第 4 栏、第 8 栏、第 9 栏、第 10 栏的合计数，应分别与竣工财务决算表交付使用的固定资产、流动资产、无形资产、其他资产的数据相符。

5) 建设项目交付使用资产明细表(表 8-6)

该表反映交付使用的固定资产、流动资产、无形资产和其他资产及其价值的明细情况，是办理资产交接和接收单位登记资产账目的依据，是使用单位建立资产明细表和登记新增资产价值的依据。大中型和小型建设项目均需编制此表。编制时要做到齐全完整，数字准据，各栏目价值应与会计账目中相应科目的数据保持一致。

表 8-6 建设项目交付使用资产明细表

单项工程名称	建筑工程			固定资产(设备、工具、器具、家具)						流动资产		无形资产		其他资产	
	结构	面积/m²	价值/元	名称	规格型号	单位	数量	价值/元	设备安装费/元	名称	价值/元	名称	价值/元	名称	价值/元

(1) 表中"建筑工程"项目应按单项工程名称填列其结构、面积和价值。其中"结构"是指项目按钢结构、钢筋混凝土结构、混合结构等结构形式填写;"面积"则按各项目实际完成面积填列;"价值"按交付使用资产的实际价值填写。

(2) 表中"固定资产"部分要在逐项盘点后,根据盘点实际情况填写,工具、器具和家具等低值易耗品可以填写。

(3) 表中"流动资产""无形资产""其他资产"项目应根据建设单位实际交付的名称和价值分别填列。

6) 小型建设项目竣工财务决算总表(表 8-7)

由于小型建设项目内容比较简单,因此可将工程概况与财务情况合并编制一张"竣工财务决算总表",该表主要反映小型建设项目的全部工程财务情况。具体编制时间可参照大中型建设项目概况表指标和大中性建设项目竣工财务决算表相应指标内容填写。

表 8-7 小型建设项目竣工财务决算总表

建设项目名称		建设地址				资金来源		资金运用	
初步设计概算批准文号						项目	金额/元	项目	金额/元
						一、基建拨款 其中:预算拨款		一、交付使用资产	
占地面积	计划	实际	总投资/万元	计划		实际		二、待核销基建支出	
				固定资产	流动资金	固定资产	流动资金	二、项目资本		三、非经营性项目转出投资	
						三、项目资本公积			
新增生产能力	能力(效益)名称		设计		实际		四、基建借款		四、应收生产单位投资借款	
						五、上级拨入借款			

续表

建设起止时间	计划	从 年 月开工 至 年 月竣工			六、企业债券资金		五、拨付所属投资借款	
	实际	从 年 月开工 至 年 月竣工			七、待冲基建支出		六、器材	
基建支出		项目	概算/元	实际/元	八、应付款		七、货币资金	
		建筑安装工程			九、未付款 其中： 未交基建收入 未交包干收入		八、预付及应收款	
		设备、工具、器具					九、有价证券	
		待摊投资 其中：建设单位管理费					十、原有固定资产	
					十、上级拨入资金			
		其他投资			十一、留成收入			
		待核销基建支出						
		非经营性项目转出投资						
		合计			合计		合计	

应用案例 8-2

基建结余资金可以按（　　）公式计算。

A. 基建结余资金=基建拨款+项目资本+项目资本公积金+基建投资借款+企业债券基金-待冲基建支出-基本建设支出-应收生产单位投资借款

B. 基建结余资金=基建拨款+项目资本+项目资本公积金+基建投资借款+企业债券基金+待冲基建支出-基本建设支出+应收生产单位投资借款

C. 基建结余资金=基建拨款+项目资本+项目资本公积金+基建投贷借款+企业债券基金+待冲基建支出-基本建设支出-应收生产单位投资借款

D. 基建结余资金=基建拨款+项目资本+项目资本公积金-基建投资借款+企业债券基金+待冲基建支出-基本建设支出-应收生产单位投资借款

答案：C

3. 竣工工程平面示意图

工程项目竣工图是真实地反映各种地上地下建筑物、构筑物等情况的技术文件，是工程进行交工验收、维护改建和扩建的依据。国家规定对于各项新建、扩建、改建的基本建设工程，特别是基础、地下建筑、管线、结构、港口、水坝、桥梁、井巷以及设备安装等隐蔽部位，都应该绘制详细的竣工平面示意图。为了提供真实可靠的资料，在施工过程中应做好这些隐蔽工程的检查记录，整理好设计变更文件。具体要求有以下几方面。

(1) 凡按图竣工未发生变动的，由施工单位在原施工图上加盖"竣工图"标志后，作为竣工图。

(2) 凡在施工过程中，虽有一般性设计变更，但能将原施工图加以修改补充作为竣工图的，由施工单位负责在原施工图上注明修改部分，并附以设计变更通知和施工说明，加盖"竣工图"标志后作为竣工图。

(3) 凡结构形式发生改变、施工工艺发生改变、平面布置发生改变、项目发生改变等重大变化，不宜在原施工图上修改、补充时，应按不同责任分别由不同责任单位组织重新绘制竣工图，施工单位负责在新图上加盖"竣工图"标志，并附以有关记录和说明，作为竣工图。

4. 工程造价比较分析

工程造价比较应侧重主要实物工程量、主要材料消耗量，以及建设单位管理费、建筑安装工程其他直接费、现场经费和间接费等方面的分析。对比整个项目的总概算，然后再将设备、工器具购置费、建筑安装工程费和工程建设其他费用，逐一与竣工决算财务表中所提供的实际数据和经批准的概算、预算指标、实际的工程造价进行比较分析，以确定工程项目总造价是节约还是超支。

8.2.3 竣工决算的编制

1. 竣工决算的编制依据

(1) 经批准的可行性研究报告、投资估算书、初步设计或扩大初步设计、修正总概算、施工图设计以及施工图预算等文件。
(2) 设计交底或图纸会审纪要。
(3) 招投标标底价格、承包合同、工程结算等有关资料。
(4) 施工记录、施工签证单及其他在施工过程中的有关费用记录。
(5) 竣工平面示意图、竣工验收资料。
(6) 历年基本建设计划、历年财务决算及批复文件。
(7) 设备、材料调价文件和调价记录。
(8) 有关财务制度及其他相关资料。

2. 竣工决算的编制步骤

根据财政部有关的通知要求，竣工决算的编制包括以下几步。
(1) 收集、分析、整理有关原始资料。
(2) 对照、核实工程变动情况，重新核实各单位工程、单项工程的工程造价。
(3) 如实反映项目建设有关成本费用。
(4) 编制建设工程竣工财务决算说明书。
(5) 编制建设工程竣工财务决算报表。
(6) 做好工程造价对比分析。
(7) 整理、装订好竣工工程平面示意图。
(8) 上报主管部门审查、批准、存档。

8.2.4 竣工决算的审核

1. 竣工决算的审核内容

(1) 检查所编制的竣工结算是否符合建设项目实施程序，是否有未经审批立项，未经可行性研究、初步设计等环节而自行建设的项目编制竣工工程决算的问题。
(2) 检查竣工决算编制方法的可靠性，有无造成交付使用的固定资产价值不实的问题。

(3) 检查有无将不具备竣工决算编制条件的建设项目提前或强行编制竣工决算的情况。

(4) 检查竣工工程概况表中的各项投资支出，并分别与设计概算数相比较，分析节约或超支的情况。

(5) 检查交付使用资产明细表，将各项资产的实际支出与设计概算数进行比较，以确定各项资产的节约或超支数额。

(6) 分析投资支出偏离设计概算的主要原因。

(7) 检查建设项目结余资金及剩余设备材料等物资的真实性和处置情况，包括：检查建设项目工程物资盘存表，核实库存设备、专用材料账是否相符，检查建设项目现金结余的真实性，检查应收、应付款项的真实性，关注是否按合同规定预留了承包商在工程质量保证期间的保证金。

2. 竣工决算报表编审要点

建设项目竣工决算应能综合反映该工程从筹建到工程竣工投产(或使用)全过程中的各项资金实际运用情况、建设成果及全部建设费用。审计人员应审核其真实性、完整性。

1) 审核竣工决算报告说明书

主要审核其内容是否完整和真实。

(1) 对工程总的评价。从工程的进度、质量、安全和造价四个方面进行分析说明。

① 进度。主要说明开工和竣工日期，对照合同工期是提前还是延期。

② 质量。根据启动验收委员会或相当一级质量监督部门的验收情况评定等级、合格率及优良品率。

③ 安全。根据劳动工资和施工部门的记录，对有无设备和人身事故进行说明。

④ 造价。应对照概算，说明节约还是超支，用金额和百分率进行分析说明。

(2) 审核各项财务和技术经济指标的分析是否真实。

① 概算执行情况分析。说明工程的造价控制情况，如出现超概算，需详细说明原因。

② 新增生产能力的效益分析。说明交付使用财务占总投资额的比例、新增加固定资产的造价占投资总数的比例，分析有机构成和成果。

③ 基本建设投资包干情况的分析。说明投资包干数、实际使用数和节约额，以及投资包干结余的构成和包干结余的分配情况。

④ 财务分析列出历年资金来源和资金占用情况。

2) 工程竣工决算比较分析

由于竣工决算是综合反映竣工建设项目或单项工程的建设成果和财务情况的总结性文件，所以在竣工决算书中必须对控制工程造价所采取的措施、效果及其动态的变化情况进行认真的比较分析，从而总结经验教训，供以后项目参考。

在实际工作中主要应从以下四个方面入手进行比较分析。

(1) 工程变更、价差与索赔。

(2) 主要实物工程量。

(3) 主要材料消耗量。

(4) 考核建设工单位管理费。

课题 8.3 新增资产价值的确定

建设工程竣工投产运营后,建设期内支出的投资,按照国家财务制度和企业会计准则、税法的规定,形成相应的资产。按性质这些新增资产可分为固定资产、流动资产、无形资产和其他资产四类。

1. 新增固定资产的确定

1) 新增固定资产价值的构成

(1) 已经投入生产或者交付使用的建筑安装工程价值,主要包括建筑工程费、安装工程费。

(2) 达到固定资产使用标准的设备、工具及器具的购置费用。

(3) 预备费,主要包括基本预备费和涨价预备费。

(4) 增加固定资产价值的其他费用,主要包括建设单位管理费、研究试验费、设计勘察费、工程监理费、联合试运转费、引进技术和进口设备的其他费用等。

(5) 新增固定资产建设期间的融资费用,主要包括建设期利息和其他相关融资费用。

2) 新增固定资产价值的计算

新增固定资产价值的确定是以能够独立发挥生产能力的单项工程为对象,当某单项工程建成,经有关部门验收合格并正式交付使用或生产时,即可确认新增固定资产价值。新增固定资产价值的确定原则如下:一次交付生产或使用的单项工程,应一次计算确定新增固定资产价值;分期分批交付生产或使用的单项工程,应分期分批计算确定新增固定资产价值。

在确定新增固定资产价值时要注意以下几种情况。

(1) 对于为了提高产品质量、改善职工劳动条件、节约材料消耗、保护环境等建设的附属辅助工程,只要全部建成,正式验收合格并交付使用后,也作为新增固定资产确认其价值。

(2) 对于单项工程中虽不能构成生产系统,但可以独立发挥效益的非生产性项目,例如职工住宅、职工食堂、幼儿园、医务所等生活服务网点,在建成、验收合格并交付使用后,应确认为新增固定资产并计算资产价值。

(3) 凡企业直接购置并达到固定资产使用标准,不需要安装的设备、工具、器具,应在交付使用后确认新增固定资产价值,凡企业购置并达到固定资产使用标准,需要安装的设备、工具、器具,在安装完毕交付使用后应确认新增固定资产价值。

(4) 属于新增固定资产价值的其他投资,应随同收益工程交付使用时一并计入。

(5) 交付使用资产的成本,按下列内容确定。

① 房屋建筑物、管道、线路等固定资产的成本包括建筑工程成本和应由各项工程分摊的待摊费用。

② 生产设备和动力设备等固定资产的成本包括需要安装设备的采购成本(即设备的买价和支付的相关税费)、安装工程成本、设备基础支柱等建筑工程成本或砌筑锅炉及各种特殊炉的建筑工程成本、应由各设备分摊的待摊费用。

③ 运输设备及其他不需要安装的设备、工具、器具等固定资产一般仅计算采购成本,

不包括待摊费用。

(6) 共同费用的分摊方法。新增固定资产的其他费用，如果是属于整个建设项目或两个以上单项工程的，在计算新增固定资产价值时，应在各单项工程中按比例分摊。一般情况下，建设单位管理费按建筑工程、安装工程、需要安装设备价值占价值总额的一定比例分摊，而土地征用费、勘察设计费等费用则按建筑工程造价分摊，生产工艺流程系统设计费按安装工程造价比例分摊。

知识链接

固定资产投资额与新增固定资产的区别。

固定资产投资额是以货币表现的建造和购置固定资产的工作量，是反映固定资产投资规模、速度、比例关系和使用方向的综合性指标。它是以工程形象进度为计算对象，描述一定时期内固定资产建造的实际进度状况。因此，固定资产投资完成额不同于固定资产投资财务拨款额。

例如，某项工程形象进度折算货币为 500 万元，而同期的财务拨款额为 700 万元，按照统计制度规定，这一时期的固定资产投资完成额应该是 500 万元。

新增固定资产是指已经完成建造和购置过程，并已交付使用单位的固定资产价值。建设项目在能独立发挥生产能力的单项工程建成投入生产使用后，计算新增固定资产。尚在施工的建设工程和没有安装的待安装设备都不计入。凡是构成固定资产投资额的所有支出都应计算新增固定资产。

以甲、乙两项工程为例：甲工程总投资 5000 万元，今年 1—5 月份完成投资 500 万元，尚未竣工；乙工程总投资 3000 万元，今年 1—5 月份完成投资 60 万元，并在 5 月份已正式通过验收交付使用。那么，甲工程只能计算完成投资额 500 万元，不能计算新增固定资产；乙工程不仅要计算完成投资额 600 万元，还要计算新增固定资产 3000 万元。

由此可见，固定资产投资额和新增固定资产的计算区别在于：投资额是以工程完成进度为依据计算的，新增固定资产是以项目是否通过验收交付使用为标准计算的。

应用案例 8-3

某工业建设项目及其动力车间有关数据见表 8-8，则应分摊到动力车间固定资产价值中的土地征用费和设计费合计为(　　)万元。

表 8-8　某工业建设项目及其动力车间竣工决算数据　　　　单位：万元

项目名称	建筑工程	安装工程	需安装设备	土地征用费	设计费
建设项目竣工决算	3000	800	1200	200	90
动力车间竣工决算	400	110	240		

A. 35.26　　　　B. 38.67　　　　C. 41.12　　　　D. 43.50

答案：B

【案例解析】

本题考查新增固定资产价值的确定，考核的关键是计算过程。建设单位管理费按建筑工程、安装工程、需安装设备价值总额按比例分摊，而土地征用费、勘察设计费等费用则按建筑工程造价分摊。计算过程如下：

应分摊的土地征用费及设计费=(400/3000)×290=38.67(万元)

2. 新增无形资产的确定

1) 无形资产的定义

无形资产是指企业拥有或控制的没有实物形态的可辨认非货币性资产。无形资产包括专利权、非专利技术、商标权、著作权、特许权、土地使用权等。

2) 无形资产的内容

(1) 专利权。是指国家专利主管部门依法授予发明创造专利申请人对其发明在法定期限内享有的专有权利。专利权这类无形资产的特点是具有独占性、期限性和收益性。

(2) 非专利技术。是指企业在生产经营中已经采用的、仍未公开的、享有法律保护的各种实用、新颖的生产技术、技巧等。非专利权这类无形资产的特点是具有经济性、动态性和机密性。

(3) 商标权。是指经国家工商行政管理部门商标局批准注册,申请人在自己生产的产品或商品上使用特定的名称、图案的权利。商标权的内容包括两个方面,即独占使用权和禁止使用权。

(4) 著作权。是指国家版权部门依法授予著作者或者文艺作品的创作者、出版商在一定期限内发表、制作发行其作品的专有权利,如文学作品、工艺美术作品、音乐舞蹈作品等。

(5) 特许权。又称特许经营权,是指企业通过支付费用而被准许在一定区域内,以一定的形式生产某种特定产品的权利。这种权利可以由政府机构授予,也可以由其他企业、单位授予。

(6) 土地使用权。是指国家允许某企业或单位在一定期间内对国家土地享有开发、利用、经营等权利。企业根据《中华人民共和国城镇土地使用权出让和转让暂行条例》的规定向政府土地管理部门申请土地使用权所支付的土地使用权出让金,企业应将其资本化,确认为无形资产。

3) 企业核算新增无形资产确认原则

(1) 企业外购的无形资产。其价值包括购买价款、相关税费以及直接归属与使该项资产达到预定用途所发生的其他支出。

(2) 投资者投入的无形资产。应当按照投资合同或协议约定的价值确定,但合同或协议约定价值不公允的除外。

(3) 企业自创的无形资产。企业自创并依法确认的无形资产,应按照满足无形资产确认条件后至达到预定用途前所发生的实际支出确认。

(4) 企业接收捐赠的无形资产。按照有关凭证所记金额作为确认基础;若捐赠方未能提供结算凭证,则按照市场上同类或类似资产价值确认。

3. 新增流动资产的确定

依据投资概算拨付的项目铺底流动资金,由建设单位直接移交使用单位。企业流动资产一般包括以下内容:货币资金,主要包括库存现金、银行存款、其他货币资金;原材料、库存商品;未达到固定资产使用标准的工具和器具的购置费用。企业应按照其实际价值确认流动资产。

4. 新增其他资产的确定

其他资产是指除固定资产、无形资产、流动资产以外的其他资产。形成其他资产原值的费用主要由生产准备费(包含职工提前进厂费和劳动培训费)、农业开荒费和样品样机购置费等费用构成。企业应按照这些费用的实际支出金额确认其他资产。

课题8.4 竣工项目的保修回访

1. 保修回访的含义

建设项目保修是项目竣工验收交付使用后，在一定期限内由承包人对发包人或用户进行回访，对于工程发生的确实是由于承包人施工责任造成的建筑物使用功能不良或无法使用的问题，由承包人负责修理，直到达到正常使用的标准。保修回访制度属于建筑工程竣工后的管理范畴。

2000年1月国务院发布的第279号令《建设工程质量管理条例》中规定，建设工程实行保修制度。建设工程承包人在向发包人提交工程竣工验收报告时，应当向发包人出具质量保修书。质量保修书应当明确建设工程的保修范围、保修期限和责任等。建设项目在保险期内和保修范围内发生的质量问题，承包人应履行保修义务，并对造成的损失承担赔偿责任。《中华人民共和国建筑法》第六十二条规定："建筑工程实行质量保修制度。"《中华人民共和国合同法》规定："建设工程的施工合同内容包括对工程质量保修的范围和保证期。"

2. 保修的意义

工程质量保修是一种售后服务方式，是《中华人民共和国建筑法》和《建设工程质量管理条例》规定的承包人的质量责任，建设工程质量保修制度是国家所确定的重要法律制度，它对于完善建设工程保修制度，促进承包人加强质量管理、改进工程质量，保护用户及消费者的合法权益能够起到重要的作用。

3. 保修的范围和最低保修期限

1) 保修的范围

在正常使用条件下，建筑工程的保修范围应包括地基基础工程，主体结构工程，屋面防水工程，其他土建工程，电气管线、上下水管线的安装工程及供热、供冷系统工程等项目。一般包括以下问题。

(1) 屋面、地下室、外墙阳台、卫生间、厨房等处的渗水、漏水问题。

(2) 各种通水管道(如自来水、热水、污水、雨水等)的漏水问题，各种气体管道的漏气问题，通气孔和烟道的堵塞问题。

(3) 水泥地面有较大面积空鼓、裂缝或起砂问题。

(4) 内墙抹灰有较大面积起泡、脱落或墙面浆活起碱脱皮问题，外墙粉刷自动脱落问题。

(5) 暖气管线安装不妥，出现局部不热、管线接口处漏水等问题。

(6) 影响工程使用的地基基础、主体结构等存在质量问题。

(7) 其他由于施工不良而造成的无法使用或不能正常发挥使用功能的工程部位。

由于用户使用不当而造成建筑功能不良或损坏者，不属于保修范围。

2) 保修的期限

保修的期限应当按照保证建筑物合理寿命内正常使用，维护使用者合法权益的原则确定。具体的保修范围和最低保修期限由国务院规定。国务院《建设工程质量管理条例》第四十条规定如下。

(1) 基础设施工程、房屋建筑的地基基础工程和主体结构工程，为设计文件规定的该工程的合理使用年限。

(2) 屋面防水工程、有防水要求的卫生间、房间和外墙面的防渗漏为 5 年。

(3) 供热与供冷系统为 2 个采暖期和供热期。

(4) 电气管线、给排水管道、设备安装和装修工程为 2 年。

(5) 其他项目的保修期限由发承包双方在合同中规定。建设工程的保修期，自竣工验收合格之日算起。

4. 保修的经济责任

(1) 由于承包人未按施工质量验收规范、设计文件要求和施工合同约定组织施工而造成的质量缺陷所产生的工程质量保修，应当由承包人负责修理并承担经济责任；由于承包人采购的建筑材料、建筑构配件、设备等不符合质量要求，或承包人应进行而没有进行试验或检验，进入现场使用造成质量问题的，应由承包人负责修理并承担经济责任。

(2) 由设计人造成的质量缺陷应由设计人承担经济责任。当由承包人进行修理时，费用数额应按合同约定，通过发包人向设计人索赔，不足部分由发包人补偿。

(3) 由于发包人供应的材料、构配件或设备不合格造成的质量缺陷，或发包人竣工验收后未经许可自行改建造成的质量问题，应由发包人或使用人自行承担经济责任；由发包人指定的分包人或不能肢解而肢解发包的工程，致使施工接口不好造成质量缺陷的，或发包人或使用人竣工验收后使用不当造成的损坏，应由发包人或使用人自行承担经济责任。

(4) 原建设部第 80 号令《房屋建筑工程质量保修办法》规定，不可抗力造成的质量缺陷不属于规定的保修范围。所以由于地震、洪水、台风等不可抗力原因造成的损坏，或非施工原因造成的事故，承包人不承担经济责任；当使用人需要责任以外的修理、维护服务时，承包人应提供相应的服务，但应签订协议，约定服务的内容和质量要求。所发生的费用，应由使用人按协议约定的方式支付。

(5) 有的项目经发包人和承包人协商，根据工程的合理使用年限，采用保修保险方式。这种方式不需扣保留金，保险费由发包人支付，承包人应按约定的保修承诺，履行其保修职责和义务。

建设工程在保修范围和保修期限内发生质量问题的，承包人应当履行保修义务，并对造成的损失承担赔偿责任。凡是由于用户使用不当而造成的建筑功能不良或损坏，不属于保修范围；凡属工业产品项目发生问题，也不属于保修范围。以上两种情况应由发包人自行组织修理。

5. 保修的操作方法

1) 发送保修证书(房屋保修卡)

在工程竣工验收的同时(最迟不应超过 3 天到 1 周)，由承包人向发包人发送《建筑安装工程保修证书》。保修证书一般的主要内容包括以下几方面。

(1) 工程简况、房屋使用管理要求。
(2) 保修范围和内容。
(3) 保修时间。
(4) 保修说明。
(5) 保修情况记录。
(6) 保修单位(即承包人)的名称、详细地址等。

2) 填写"工程质量修理通知书"

在保修期内，工程项目出现质量问题影响使用时，使用人应填写"工程质量修理通知书"告知承包人，注明质量问题及部位、联系维修方式，要求承包人指派人员前往检查修理。修理通知书发出日期为约定起始日期，承包人应在 7 天内派出人员执行保修任务。

3) 实施保修服务

承包人接到工程质量修理通知书后，必须尽快派人检查，并会同发包人共同做出鉴定，提出修理方案，明确经济责任，尽快组织人力物力进行修理，履行工程质量保修的承诺。房屋建筑工程在保修期间出现质量缺陷，发包人或房屋建筑所有人应当向承包人发出保修通知，承包人接到保修通知后，应到现场检查情况，在保修书约定的时间内予以保修，发生涉及结构安全或者严重影响使用功能的紧急抢修事故，承包人接到保修通知后，应当立即到达现场抢修。发生涉及结构安全的质量缺陷，发包人或者房屋建筑产权人应当立即向当地建设主管部门报告，采取安全防范措施；由原设计单位或者具有相应资质等级的设计单位提出保修方案；承包人实施保修，原工程质量监督机构负责监督。

4) 验收

在发生问题的部位或项目修理完毕后，要在保修证书的"保修记录"栏内做好记录，并经发包人验收签认，此时修理工作完毕。

6. 保修费用处理

保修费用是指保修期间和保修范围内所发生的维修、返工等各项费用支出。保修费用应按合同和有关规定合理确定和控制。

根据《中华人民共和国建筑法》的规定，在保修费用的处理问题上，必须根据修理项目的性质、内容以及检查修理等多种因素的实际情况，区别保修责任的承担问题，对于保修的经济责任的确定，应当由有关责任方承担，由发包人和承包人共同商定经济处理办法。

根据《中华人民共和国建筑法》第七十五条的规定，建筑施工企业违反该法规定，不履行保修义务的，责令改正，并可处以罚款。在保修期间因屋顶、墙面渗漏、开裂等原因造成质量缺陷的，有关责任企业应当依据实际损失给予实物或价值补偿。因勘察设计原因、监理原因或者建筑材料、建筑构配件和设备等原因造成的质量缺陷，根据民法规定，施工企业可以在保修赔偿损失之后，向有关责任者追偿。因建设工程质量不合格而造成损害的，受损害人有权向责任者要求赔偿。因发包人或者勘察设计的原因、施工的原因、监理的原因产生的建设质量问题，造成他人损失的，以上单位应当承担相应的赔偿责任。受损害人可以向任何一方要求赔偿，也可以向以上各方提出共同赔偿要求。有关各方之间在赔偿后，可以在查明原因后向真正责任人追偿。

涉外工程的保修问题，除参照有关经济责任的划分进行处理外，还应依照原合同条款的有关规定执行。

单元小结

本单元利用 4 个课题简述了建设项目竣工阶段工程造价管理需掌握的内容。在建设项目竣工结算课题中详细介绍了竣工结算概述、结算文件的组成、竣工结算的编制及审核；在建设项目竣工决算中详细介绍了竣工决算概述、竣工决算的内容、竣工决算的编制和审核；在新增固定资产的确定课题中详细介绍了固定资产、无形资产、流动资产、其他资产四种资产的确定方法；在建设项目保修回访中详细介绍了工程质量保证金的使用及保修费用的处理问题。在学习时要着重掌握基本概念的理解。

综合案例

【综合应用案例 8-1】

某建设项目办理竣工结算交付使用后，办理竣工决算。实际总投资为 50000 万元，其中建筑安装工程费 30000 万元、设备购置费 4500 万元、工器具购置费 200 万元、建设单位管理费及勘察设计费 1200 万元、土地使用权出让金 1600 万元、开办费及劳动培训费 1000 万元、专利开发费 1600 万元；库存材料 150 万元。

【问题】

按资产性质分类并计算新增固定资产、无形资产、流动资产、其他资产的价值。

【解】

(1) 固定资产主要包括：达到固定资产使用标准的设备购置费、建安工程造价、其他费用。

固定资产价值=30000+4500+200+1200=35900(万元)

(2) 无形资产主要包括：专利、商标权、土地使用权。

无形资产价值=1600+1600=3200(万元)

(3) 流动资产主要包括：货币、各类应收款项、各种存货。

流动资产价值=150 万元

(4) 其他资产主要包括：开办费及劳动培训费。

其他资产价值=1000 万元

【综合应用案例 8-2】

某大中型建设项目 2013 年开工建设，2014 年年底有关财务核算资料如下。

(1) 已经完成部分单项工程，经验收合格后，已经交付使用的资产包括以下几方面。

① 固定资产价值 32550 万元，其中房屋、建筑物价值 12200 万元，折旧年限为 40 年；机器设备价值 20350 万元，折旧年限为 12 年。

② 为生产准备的使用期限在一年以内的备品备件、工具、器具等流动资产价值 800 万元；期限一年以上的，单位价值在 800 万～1500 万元的工具 60 万元。

③ 建造期间购置的专利权、非专利技术等无形资产 12000 万元，摊销期 5 年。

④ 筹建期间发生的开办费 80 万元。

(2) 基本建设支出的项目包括以下内容。

建筑安装工程支出25400万元。设备工器具投资18700万元。建设单位管理费、勘察设计费等待摊投资500万元。通过出让方式购置的土地使用权形成的其他投资230万元。

(3) 非经营性项目发生待核销基建支出60万元。

(4) 应收生产单位投资借款1500万元。

(5) 购置需要安装的器材50万元,其中待处理器材20万元。

(6) 货币资金600万元。

(7) 预付工程款及应收有偿调出器材款20万元。

(8) 建设单位自用的固定资产原值43200万元,累计折旧5800万元。

反映在"资金平衡表"上的各类资金来源的期末余额如下。

(9) 预算拨款70000万元。

(10) 自筹资金拨款40000万元。

(11) 其他拨款320万元。

(12) 建设单位向商业银行借入的借款10000万元。

(13) 建设单位当年完成交付生产单位使用的资产价值中,250万元属于利用投资借款形式形成的待冲基建支出。

(14) 应付器材销售商20万元贷款和尚未支付的应付工程款120万元。

(15) 未交税金40万元。

(16) 其余为法人资本金。

【问题】

(1) 计算交付使用资产与在建工程有关数据,并将其填写在表8-9中。

表8-9 交付使用资产与在建工程数据表

资金项目	金额/万元	资金项目	金额/万元
一、交付使用资产		二、在建工程	
1. 固定资产		1. 建筑安装工程投资	
2. 流动资产		2. 设备投资	
3. 无形资产		3. 待摊投资	
4. 递延资产		4. 其他投资	

(2) 编制大中型建设项目竣工财务决算表。

(3) 计算基本建设结余资金。

【解】

问题(1):

交付使用资产与在建工程有关数据见表8-10。

表8-10 交付使用资产与在建工程数据表

资金项目	金额/万元	资金项目	金额/万元
一、交付使用资产	51490	二、在建工程	44830
1. 固定资产	32550	1. 建筑安装工程投资	25400
2. 流动资产	6860	2. 设备投资	18700

续表

资金项目	金额/万元	资金项目	金额/万元
3．无形资产	12000	3．待摊投资	500
4．递延资产	80	4．其他投资	230

问题(2)：

大中型建设项目竣工财务决算表见表 8-11。

表 8-11　大中型建设项目竣工财务决算表

建设项目名称：××建设项目

资金来源	金额/万元	资金占用	金额/万元	补充资料
一、基建拨款	110320	一、基本建设支出	96380	
1．预算拨款	70000	1．交付使用资产	51490	
2．基建基金拨款		2．在建工程	44830	1.基建投资借款期末余额
其中：国债专项资金拨款		3．待核销基建支出	60	
3．专项建设基金拨款		4．非经营性项目转出投资		
4．进口设备转账拨款		二、应收生产单位投资借款	1500	
5．器材转账拨款		三、拨付所属投资借款		2.应收生产单位投资借款期末数
6．煤代油专用基金拨款		四、器材	50	
7．自筹资金拨款	40000	其中：待处理器材损失	20	
8．其他拨款	320	五、货币资金	600	
二、项目资本	15200	六、预付及应收款	20	
1．国家资本		七、有价证券		3.基建结余资金
2．法人资本	15200	八、固定资产	37400	
3．个人资本		固定资产原价	43200	
三、项目资本公积金		减：累计折旧	5800	
四、基建投资借款	10000	固定资产净值	37400	
其中：国债转贷		固定资产清理		
五、上级拨入投资借款		待处理固定资产损失		
六、企业债券资金				
七、待冲基建支出	250			
八、应付款	140			
九、未交款	40			
1．未交税金	40			
2．其他未交款				
十、上级拨入资金				
十一、留成收入				
合计	135950	合计	135950	

问题(3)：

基建结余资金=基建拨款+项目资本+项目资金公积金+基建投资借款+企业债券基金+待冲基建支出-基本建设支出-应收生产单位投资借款=110320+15200+10000+250-96380-1500=37890(万元)

技能训练题

一、单选题

1. 建设项目竣工结算是指(   )。
   A．建设单位与施工单位的最后决算
   B．建设项目竣工验收时建设单位和承包商的结算
   C．建设单位从建设项目开始到竣工交付使用为止发生的全部建设支出
   D．业主与承包商签订的建筑安装合同终结的凭证

2. (   )是施工单位将所承包的工程按照合同规定全部完工交付时，向建设单位进行最终工程价款结算的凭证。
   A．建设单位编制的竣工决算   B．建设单位编制的竣工结算
   C．施工单位编制的竣工决算   D．施工单位编制的竣工结算

3. 建设项目竣工财务决算说明书和(   )是竣工决算的核心部分。
   A．竣工工程平面示意图   B．建设项目主要技术经济指标分析
   C．竣工财务决算报表   D．工程造价比较分析

4. 以下不属于竣工决算编制步骤的是(   )。
   A．收集原始资料   B．填写设计变更单
   C．编制竣工决算报表   D．做好工程造价对比分析

5. 根据《建设工程质量管理条例》的有关规定，电气管线、给排水管道、设备安装和装修工程的保修期为(   )。
   A．建设工程的合理使用年限   B．2年
   C．5年   D．按双方协商的年限

二、多选题

1. 竣工决算是建设工程经济效益的全面反映，具体包括(   )。
   A．竣工财务决算报表   B．工程造价比较分析
   C．建设项目竣工结算   D．竣工工程平面示意图
   E．竣工财务决算说明书

2. 建设项目建成后形成的新增资产按性质可划分为(   )。
   A．著作权   B．无形资产   C．固定资产
   D．流动资产   E．其他资产

3. 建设项目竣工决算的编制依据是(   )。
   A．经批准的可行性研究报告、投资估算书以及施工图预算等文件
   B．设计交底或图纸会审纪要
   C．竣工平面示意图、竣工验收资料

D. 招投标标底价格、工程结算资料

E. 施工记录、施工签证单及其他在施工过程中的有关记录

4. 小型建设项目竣工财务决算报表由(　　)构成。
   A. 工程项目交付使用资产总表　　　B. 建设项目进度结算表
   C. 工程项目竣工财务决算审批表　　D. 工程项目交付使用资产明细表
   E. 建设项目竣工财务决算总表

5. 大中型项目竣工财务决算报表与小型项目竣工财务决算报表相同的部分有(　　)。
   A. 工程项目竣工财务决算审批表　　B. 工程项目交付使用资产明细表
   C. 大中型项目概况表　　　　　　　D. 建设项目竣工财务决算表
   E. 建设项目交付使用资产总表

6. 关于建设项目工程保修费用处理原则正确的有(　　)。
   A. 由于勘察、设计的原因造成的质量缺陷，由建设单位承担经济责任
   B. 由于建设单位采购的材料、设备质量不合格引起的质量缺陷，由建设单位承担经济责任
   C. 由于不可抗力或者其他自然灾害造成的质量问题和损失，由建设单位和施工单位共同承担
   D. 由于业主或使用人在项目竣工验收后使用不当造成的质量问题，由设计单位承担经济责任
   E. 由于施工单位未按施工质量验收规范、设计文件要求组织施工而造成的质量问题，由施工单位承担经济责任

三、简答题

1. 简述建设工程竣工决算与工程竣工结算的区别。
2. 简述新增固定资产的价值构成以及确定价值的作用。
3. 简述建设工程项目保修期的规定。

四、案例分析题

1. 某工程竣工交付使用后，经有关部门审计实际投资为50800万元，分别为：设备购置费4500万元，建安工程费35000万元，工器具购置费300万元，土地使用权出让金4000万元，企业开办费2500万元，专利技术开发及申报登记费650万元，垫支的流动资金3900万元。经项目可行性研究结果预计，项目交付使用后年营业收入为31000万元，年总成本为24000万元，年销售税金及附加950万元。

【问题】
根据以上所给资料按照资产性质划分项目的新增资产类型；分别计算新增资产的价值。

2. 某建设单位拟编制某工业生产项目的竣工决算。该项目包括A、B两个主要生产车间和C、D、E、F四个辅助生产车间及若干办公、生活建筑物。在建设期，各单项工程竣工决算数据见表8-12。工程建设其他投资情况如下：支付行政划拨土地的土地征用及迁移费500万元，支付土地使用权出让金700万元，建设单位管理费400万元(其中300万元构成固定资产)，勘察设计费340万元，专利费70万元，非专利技术30万元，获得商标权90万元，生产职工培训费50万元。

表 8-12 某工业生产项目的竣工决算相关数据 单位：万元

项目名称	建筑工程	安装工程	需安装设备	不需安装设备	生产工器具	
					总额	达到固定资产标准
A 生产车间	1800	380	1600	300	130	80
B 生产车间	1500	350	1200	240	100	60
辅助生产车间	2000	230	800	160	90	50
附属建筑	700	40		20		
合计	6000	1000	3600	720	320	190

【问题】

(1) 什么是建设项目竣工决算？竣工决算包括哪些内容？

(2) 编制竣工决算的依据有哪些？

(3) 如何编制竣工决算？

(4) 试确定 A 生产车间的新增固定资产价值。

(5) 试确定该建设项目的固定资产、流动资产、无形资产和其他资产价值。

单元 9

工程造价信息管理

✿ 教学目标

通过本单元的学习，熟悉工程造价资料积累、管理和运用的基本知识，了解现行工程造价信息的管理的模式，掌握工程造价指数的编制与运用，了解目前发达国家和地区的工程造价管理。

本单元知识架构

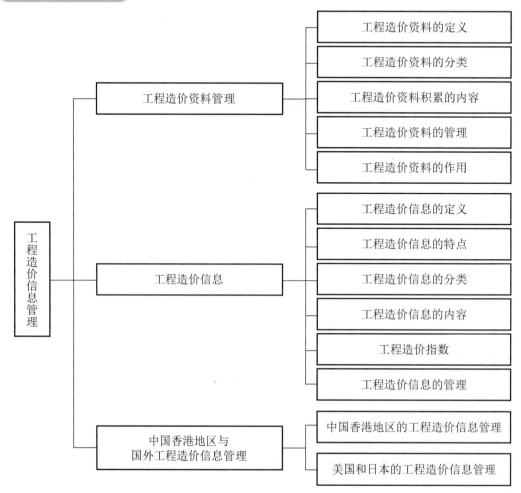

引 例

某公司经理外出考察回来，深受其他公司启发，想进一步扩大公司规模。考虑到公司发展需要，经研究准备建设一座办公楼，该公司经理有了这个初步设想后，把秘书小王找来，给他安排了这样一项任务，让他调查调查，如果建设一座办公楼，粗略估计投资会是多大？这一下，小王心里没底了，自己从来未做过估算：建设什么结构的楼？每种结构的楼每平方米的造价是多少呢？

小王想，如果现在有其他公司相近情况的数据该多好啊！小王脑筋一转，想到了到网上搜搜，还别说，小王还真的很快找到了自己所需要的东西。完成任务后，小王感叹：现在真是进入信息化社会了！

本单元主要针对工程造价信息管理的现状与发展进行分析。

课题 9.1 工程造价资料管理

1. 工程造价资料的定义

工程造价资料是指已竣工和在建的有关工程可行性研究、估算、概算、施工预算、招标投标价格、工程竣工结算、竣工决算、单位工程施工成本,以及新材料、新结构、新设备、新施工工艺等建筑安装工程分部分项的单价分析等资料。

2. 工程造价资料的分类

工程造价资料可以分为以下几种类别。

1) 按不同工程类型分类

工程造价资料按照其不同工程类型,如厂房、铁路、住宅、公建、市政工程等进行划分,并分别列出其包含的单项工程和单位工程。

2) 按不同阶段分类

工程造价资料按照其不同阶段,一般分为项目可行性研究、投资估算、设计概算、施工图预算、工程量清单和报价、竣工结算、竣工决算等。

3) 按组成特点分类

工程造价资料按照其组成特点,一般分为建设项目、单项工程和单位工程造价资料,同时也包括有关新材料、新工艺、新设备、新技术的分部分项工程造价资料。

3. 工程造价资料积累的内容

工程造价资料积累的内容应包括"量"(如主要工程量、材料量、设备量等)和"价",还要包括对造价确定有重要影响的技术经济条件,如工程的概况、建设条件等。

1) 建设项目和单项工程造价资料

(1) 对造价有主要影响的技术经济条件,如项目建设标准、建设工期、建设地点等。

(2) 主要的工程量、主要的材料量和主要设备的名称、型号、规格、数量等。

(3) 投资估算、概算、预算、竣工决算及造价指数等。

2) 单位工程造价资料

单位工程造价资料包括工程的内容、建筑结构特征、主要工程量、主要材料的用量和单价、人工工日和人工费以及相应的造价。

3) 其他

主要包括有关新材料、新工艺、新设备、新技术的分部分项工程的人工工日,主要材料用量,机械台班用量。

应用案例9-1

单项选择:下列资料中,应属单位工程造价资料积累的是( )。

A. 建设标准　　B. 建设工期　　C. 建设条件　　D. 工程内容

答案:D

【案例解析】

建设标准和建设工期属于建设项目和单项工程造价资料,建设条件是干扰项。

4. 工程造价资料的管理

1) 建立造价资料积累制度

1991年11月,原建设部印发了关于《建立工程造价资料积累制度的几点意见》的文件,标志着我国的工程造价资料积累制度正式建立起来,工程造价资料积累工作正式开展。

建立工程造价资料积累制度是工程造价计价依据极其重要的基础性工作。据了解，国外不同阶段的投资估算，以及编制标底、投标报价的主要依据是单位和个人所经常积累的工程造价资料。全面系统地积累和利用工程造价资料，建立稳定的造价资料积累制度，对于我国加强工程造价管理，合理确定和有效控制工程造价具有十分重要的意义。

工程造价资料积累的工作量非常大，牵涉面也非常广，应当依靠各级政府有关部门和行业组织进行组织管理。

2) 资料数据库的建立和网络化管理

积极推广使用计算机建立工程造价资料的资料数据库，开发通用的工程造价资料管理程序，可以提高工程造价资料的适用性和可靠性。要建立造价资料数据库，首要的问题是工程的分类与编码。由于不同的工程在技术参数和工程造价组成方面有较大的差异，必须把同类型工程合并在一个数据库文件中，而把另一类型工程合并到另一数据库文件中去。为了便于进行数据的统一管理和信息交流，必须设计出一套科学、系统的编码体系。有了统一的工程分类与相应的编码之后，就可进行数据的搜集、整理和输入工作，从而得到不同层次的造价资料数据库。工程造价资料数据库的建立，必须严格遵守统一的标准和规范。

5. 工程造价资料的作用

(1) 作为编制固定资产投资计划的参考，用作建设成本分析。

(2) 进行单位生产能力投资分析。

(3) 用作编制投资估算的重要依据。

设计单位的设计人员在编制估算时一般采用类比的方法，因此需要选择若干个类似的典型工程加以分解、换算和合并，同时考虑当前的设备与材料价格情况，最后得出工程的投资估算额。有了工程造价资料数据库，设计人员就可以从中挑选出所需要的典型工程，运用计算机进行适当的分解与换算，加上设计人员的经验和判断，最后得出较为可靠的工程投资估算额。

(4) 用作编制初步设计概算和审查施工图预算的重要依据。

在编制初步设计概算时，有时要用类比的方式进行编制。这种类比法比估算要细致深入，可以具体到单位工程甚至分部工程的水平上。在限额设计和优化设计方案的过程中，设计人员可能要反复修改设计方案，每次修改都希望得到相应的概算。具有较多的典型工程资料是十分有益的。多种工程组合的比较不仅有助于设计人员探索造价分配的合理方式，还能为设计人员指出修改设计方案的可行途径。

施工图预算编制完成之后，需要有经验的造价管理人员来审查，以确定其正确性，可以通过造价资料的运用来得到帮助。可从造价资料中选取类似资料，将其造价与施工图预算进行比较，从中发现施工图预算是否有偏差和遗漏。由于设计变更、材料调价等因素所带来的造价变化，在施工图预算阶段往往无法事先估计到，此时参考以往类似工程的数据，有助于预见到这些因素发生的可能性。

(5) 用作确定标底和投标报价的参考资料。

在为建设单位制定标底或施工单位投标报价的工作中，无论是用工程量清单计价还是用定额计价法，工程造价资料都可以发挥重要作用。它可以向甲、乙双方指明类似工程的实际造价及其变化规律，使得甲、乙双方都可以对未来将发生的造价进行预测和准备，从而避免标底和报价的盲目性。尤其是在工程量清单计价方式下，投标人自主报价，没有统一的参考标准,除了根据有关政府机构颁布的人工、材料、机械价格指数外,更大程度上依赖于企业已完工程的历史经验。这对于工程造价资料的积累分析就提出了很高的要求,不仅需要总造价及专业工程的造价分析资料,还需要更加具体的、能够与工程量清单计价规范相适应的各分项工程的综合单价资料,并且根据企业历年来完成的类似工程的综合单价的发展趋势还可以得到企业的技术能力和发展能力水平变化的信息。

(6) 用作技术经济分析的基础资料。

由于不断地搜集和积累工程在建期间的造价资料,所以到结算和决算时能简单容易地得出结果。由于造价信息的及时反馈,使得建设单位和施工单位都可以尽早地发现问题,并及时予以解决。这也正是使对造价的控制由静态转入动态的关键所在。

(7) 用作编制各类定额的基础资料。

通过分析不同种类分部分项工程造价,了解各分部分项工程中各类实物量的消耗,掌握各分部分项工程预算和结算的对比结果,定额管理部门就可以发现原有定额是否符合实际情况,从而提出修改的方案。对于新工艺和新材料,也可以从积累的资料中获得编制新增定额的有用信息。概算定额和估算指标的编制与修订,也可以从造价资料中得到参考依据。

(8) 用以测定调价系数,编制造价指数。

为了计算各种工程造价指数(如材料费价格指数、人工费指数、直接工程费价格指数、建筑安装工程价格指数、设备及工器具价格指数、工程造价指数、投资总量指数等),必须选取若干个典型工程的数据进行分析与综合,在此过程中,已经积累起来的造价资料可以充分发挥作用。

(9) 用以研究同类工程造价的变化规律。

定额管理部门可以在拥有较多的同类工程造价资料的基础上,研究出各类工程造价的变化规律。

应用案例 9-2

多项选择:工程造价资料积累的主要用途是( )。
A. 用作签订合同价的主要依据　　B. 用作投标报价的主要依据
C. 用作编制初步设计概算的依据　D. 用作审查施工图预算的主要依据
E. 用作编制投资概算的重要依据
答案:BCDE

课题 9.2　工程造价信息

1. 工程造价信息的定义

工程造价信息是一切有关工程造价的特征、状态及其变动的消息的组合。在工程发承包市场和工程建设过程中,工程造价总是在不停地变化着,并呈现出各种不同特征。人们对工程发承包市场和工程建设过程中工程造价运动的变化,是通过工程造价信息来认识和掌握的。

2. 工程造价信息的特点

(1) 区域性。建筑材料大多自重大、体积大、产地远离消费地点，因而运输量大，费用也较高。尤其不少建筑材料本身的价值或生产价格并不高，但所需要的运输费用却很高，这都在客观上要求尽可能就近使用建筑材料。因此，这类建筑信息的交换和流通往往限制在一定的区域内。

(2) 多样性。我国社会主义市场经济体制正处在探索发展阶段，各种市场均未达到规范化要求，要使工程造价管理的信息资料满足这一发展阶段的需求，在信息的内容和形式上应具有多样化的特点。

(3) 专业性。工程造价信息的专业性集中反映在建设工程的专业化上，如水利、电力、铁道、邮电、建安工程等，所需的信息有其专业特殊性。

(4) 系统性。工程造价信息是由若干具有特定内容和同类性质的、在一定时间和空间内形成的一连串信息组成的。一切工程造价的管理活动和变化总是在一定条件下受各种因素的制约和影响。工程造价管理工作也同样是多种因素相互作用的结果，并且从多方面被反映出来，因而从工程造价信息源发出来的信息都不是孤立、紊乱的，而是大量的、系统的。

(5) 动态性。工程造价信息也和其他信息一样要保持新鲜度。为此，需要经常不断地收集和补充新的工程造价信息，进行信息更新，从而真实反映工程造价的动态变化。

(6) 季节性。由于建筑生产受自然条件影响大，施工内容的安排必须充分考虑季节因素，使得工程造价的信息也不能完全避免季节性的影响。

应用案例 9-3

单项选择：工程造价信息和其他信息一样，要保持新鲜度，这体现了工程造价信息的( )。
A. 动态性　　　　　B. 季节性　　　　　C. 专业性　　　　　D. 多样性
答案：A

【案例解析】

工程造价信息也和其他信息一样要保持新鲜度。为此，需要经常不断地收集和补充新的工程造价信息，进行信息更新，真实反映工程造价的动态变化。

3. 工程造价信息的分类

为便于对信息的管理，有必要将各种信息按一定的原则和方法进行区分和归集，并建立起一定的分类系统和排列顺序。

1) 工程造价信息分类的原则

(1) 稳定性。信息分类应选择分类对象最稳定的本质属性或特征作为信息分类的基础和标准。

(2) 兼容性。信息分类体系必须考虑到项目各参与方所应用的编码体系的情况，项目信息的分类体系应能满足不同项目参与方高效信息交换的需要。同时，与有关国际、国内标准的一致性也是兼容性应考虑的内容。

(3) 可扩展性。信息分类体系应具备较强的灵活性，可以在使用过程中进行方便的扩展，以保证增加新的信息类型时，不至于打乱已建立的分类体系，同时一个通用的信息分类体系还应为具体环境中信息分类体系的拓展和细化创造条件。

(4) 综合实用性。信息分类应从系统工程的角度出发，放在具体的应用环境中进行整体考虑。这体现在信息分类的标准与方法的选择上，应综合考虑项目的实施环境和信息技术工具。

2) 工程造价信息的具体分类

(1) 按管理组织的角度来分，可以分为系统化工程造价信息和非系统化工程造价信息。
(2) 按形式来分，可以分为文件式工程造价信息和非文件式工程造价信息。
(3) 按传递方向来分，可以分为横向传递的工程造价信息和纵向传递的工程造价信息。
(4) 按反映面来分，分为宏观工程造价信息和微观工程造价信息。
(5) 按时态来分，可分为过去的工程造价信息、现在的工程造价信息和未来的工程造价信息。
(6) 按稳定程度来分，可以分为固定工程造价信息和流动工程造价信息。

应用案例 9-4

单项选择：从工程造价信息反映面来看，可将工程造价信息划分为(   )。
A. 宏观工程造价信息和微观工程造价信息
B. 文件式工程造价信息和非文件式工程造价信息
C. 固定工程造价信息和流动工程造价信息
D. 系统化工程造价信息和非系统化工程造价信息
答案：A
【案例解析】
工程造价信息按反映面来分，分为宏观工程造价信息和微观工程造价信息。

4. 工程造价信息的内容

1) 信息资源的基本内容

信息作为一种资源，通常包括下述几个部分。
(1) 人类社会经济活动中经过加工处理有序化并大量积累后的有用信息的集合。
(2) 为某种目的而生产有用信息的信息生产者的集合。
(3) 加工、处理和传递有用信息的信息技术的集合。
(4) 其他信息活动要素(如信息设备、信息活动经费等)的集合。

2) 工程造价信息的主要内容

从广义上来说，所有对工程造价的确定和控制过程起作用的资料都可以称为工程造价信息，例如各种定额资料、标准规范、政策文件等。为促进建设工程造价信息化工作，规范建设工程造价信息管理行为，住房和城乡建设部标准定额司根据国家有关法律、法规，结合建设工程造价管理实际，制定了《建设工程造价信息管理办法》，在该办法中建设工程造价信息分为政务信息、计价依据信息、工料机价格信息和指标指数信息。

(1) 政务信息。包括建设工程造价管理相关的政策法规、行政许可、工作动态等信息。
(2) 计价依据信息。包括国家发布的计价规范、统一定额(指标)等，地方及行业发布的定额(指标)、估价表等建设工程计价依据。
(3) 工料机价格信息。工料机价格信息是指人工、材料、机械等要素的单位价格信息。

这类信息在各省市、地级市的工程定额管理部门会通过函件、造价信息网定期进行发布。

例如，在人工工资方面，山东省工程建设标准定额站定期发布的信息如图 9.1 所示。

图 9.1　建筑工种人工成本信息表

例如，在材料价格方面，山东省工程建设标准定额站定期发布的信息如图 9.2 所示。

图 9.2　定额材料价格表

例如，在施工机械台班单价方面，山东省工程建设标准定额站定期发布的信息如图 9.3 所示。

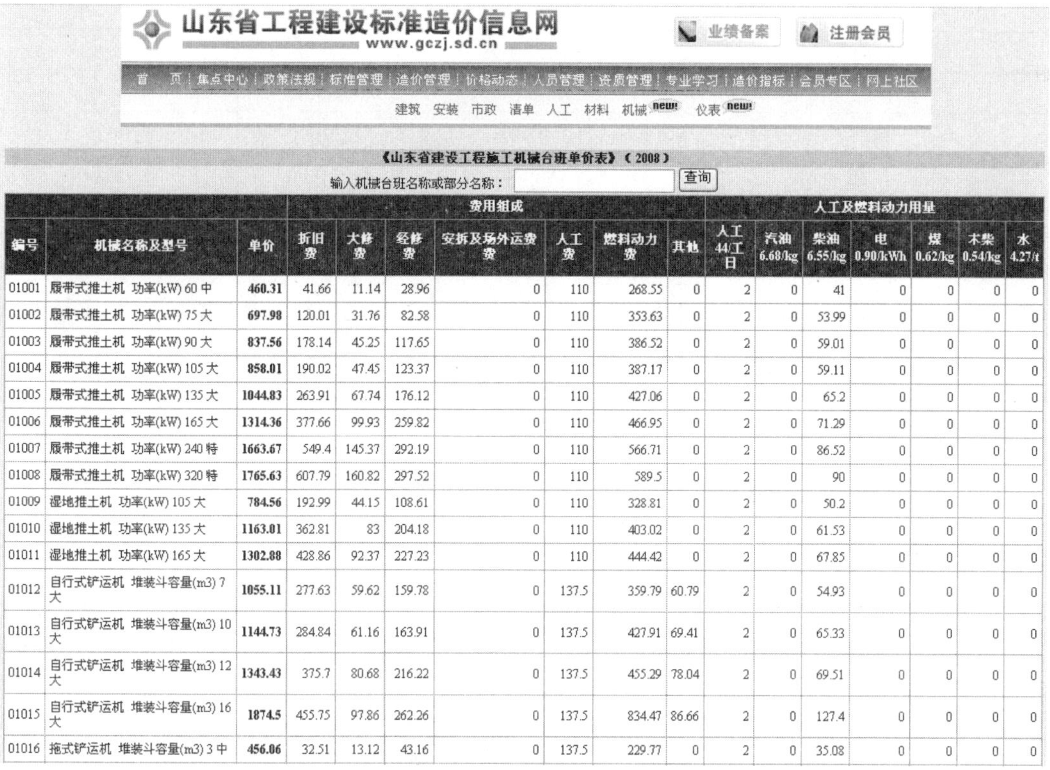
山东省工程建设标准造价信息网
www.gczj.sd.cn
业绩备案 注册会员
首 页 | 集点中心 | 政策法规 | 标准管理 | 造价管理 | 价格动态 | 人员管理 | 资质管理 | 专业学习 | 造价指标 | 会员专区 | 网上社区
建筑 安装 市政 清单 人工 材料 机械 new! 仪表 new!

《山东省建设工程施工机械台班单价表》（2008）

输入机械台班名称或部分名称： 查询

编号	机械名称及型号	单价	费用组成							人工及燃料动力用量						
			折旧费	大修费	经修费	安拆及场外运费费	人工费	燃料动力费	其他	人工 44/工日	汽油 6.68/kg	柴油 6.55/kg	电 0.90/kWh	煤 0.62/kg	木柴 0.54/kg	水 4.27/t
01001	履带式推土机 功率(kW) 60 中	**460.31**	41.66	11.14	28.96	0	110	268.55	0	2	0	41	0	0	0	0
01002	履带式推土机 功率(kW) 75 大	**697.98**	120.01	31.76	82.58	0	110	353.63	0	2	0	53.99	0	0	0	0
01003	履带式推土机 功率(kW) 90 大	**837.56**	178.14	45.25	117.65	0	110	386.52	0	2	0	59.01	0	0	0	0
01004	履带式推土机 功率(kW) 105 大	**858.01**	190.02	47.45	123.37	0	110	387.17	0	2	0	59.11	0	0	0	0
01005	履带式推土机 功率(kW) 135 大	**1044.83**	263.91	67.74	176.12	0	110	427.06	0	2	0	65.2	0	0	0	0
01006	履带式推土机 功率(kW) 165 大	**1314.36**	377.66	99.93	259.82	0	110	466.95	0	2	0	71.29	0	0	0	0
01007	履带式推土机 功率(kW) 240 特	**1663.67**	549.4	145.37	292.19	0	110	566.71	0	2	0	86.52	0	0	0	0
01008	履带式推土机 功率(kW) 320 特	**1765.63**	607.79	160.82	297.52	0	110	589.5	0	2	0	90	0	0	0	0
01009	湿地推土机 功率(kW) 105 大	**784.56**	192.99	44.15	108.61	0	110	328.81	0	2	0	50.2	0	0	0	0
01010	湿地推土机 功率(kW) 135 大	**1163.01**	362.81	83	204.18	0	110	403.02	0	2	0	61.53	0	0	0	0
01011	湿地推土机 功率(kW) 165 大	**1302.88**	428.86	92.37	227.23	0	110	444.42	0	2	0	67.85	0	0	0	0
01012	自行式铲运机 堆装斗容量(m3) 7 大	**1055.11**	277.63	59.62	159.78	0	137.5	359.79	60.79	2	0	54.93	0	0	0	0
01013	自行式铲运机 堆装斗容量(m3) 10 大	**1144.73**	284.84	61.16	163.91	0	137.5	427.91	69.41	2	0	65.33	0	0	0	0
01014	自行式铲运机 堆装斗容量(m3) 12 大	**1343.43**	375.7	80.68	216.22	0	137.5	455.29	78.04	2	0	69.51	0	0	0	0
01015	自行式铲运机 堆装斗容量(m3) 16 大	**1874.5**	455.75	97.86	262.26	0	137.5	834.47	86.66	2	0	127.4	0	0	0	0
01016	拖式铲运机 堆装斗容量(m3) 3 中	**456.06**	32.51	13.12	43.16	0	137.5	229.77	0	2	0	35.08	0	0	0	0

图 9.3 施工机械台班单价表

(4) 指标指数信息。指标指数信息包括指标信息和指数信息。指标信息是指按工程类型、价格形式等分类形成的造价和消耗量指标；指数信息是指一定时期工程造价指标的变化趋势。

例如，中国建设工程造价信息网发布的省会城市住宅建安工程造价指标信息见表 9-1。

表 9-1 2010 年下半年省会城市住宅建安工程造价指标 单位：元/m^2

地 区	工 程 类 别		
	多 层	小 高 层	高 层
北京	1281.00	1663.00	1698.00
上海	1502.00	1835.00	1988.00
天津	1461.00	1973.00	2095.00
重庆	980.00	1100.00	1220.00
石家庄	820.00	1180.00	1260.00
太原	975.00	1587.00	—
呼和浩特	1100.00	1600.00	1750.00
沈阳	880.00	1200.00	1550.00
长春	995.00	1350.00	1550.00

续表

地 区	工 程 类 别		
	多 层	小 高 层	高 层
哈尔滨	1334.00	1615.00	—
南京	1100.00	1365.00	1746.00
杭州	1050.00	1250.00	1700.00
合肥	—	1250.00	1500.00
南昌	909.00	1044.00	1244.00
济南	1232.00	1588.00	1747.00
郑州	796.00	1209.00	1382.00
武汉	879.00	1157.00	1295.00
长沙	1100.00	1350.00	1550.00
广州	1486.00	—	1711.00
南宁	980.00	1330.00	1490.00
成都	1050.00	1300.00	1360.00
贵阳	960.00	1164.00	1451.00
西安	1098.00	1561.00	1821.00

例如，山东省工程建设标准定额站定期通过山东省工程造价指标指数分析发布系统发布的指数信息如图9.4所示。

图9.4　工程造价指标指数分析发布系统

5. 工程造价指数

工程造价指数是反映一定时期由于价格变化对工程造价影响程度的一种指标。它是调整工程造价价差的依据。工程造价指数反映了报告期与基期相比的价格变动趋势，利用它可以研究实际工作中的下列问题：①可以利用工程造价指数分析价格变动趋势及其原因；②可以利用工程造价指数估计工程造价变化对宏观经济的影响；③工程造价指数是工程发承包双方进行工程估价和结算的重要依据。

1) 工程造价指数的分类

(1) 按工程范围、类别、用途分类。

① 单项价格指数。是分别反映各类工程的人工、材料、施工机械及主要设备报告期价格对基期价格的变化程度的指标。可利用它研究主要单项价格变化的情况及其发展变化的趋势，如人工费价格指数、主要材料价格指数、施工机械台班价格指数、主要设备价格指数等。

② 综合造价指数。是综合反映各类项目或单项工程人工费、材料费、施工机械使用费和设备费等报告期价格对基期价格变化影响工程造价程度的指标，是研究造价总水平变动趋势和程度的主要依据，如建筑安装工程造价指数、建设项目或单项工程造价指数、建筑安装工程直接费造价指数、其他直接费及间接费造价指数、工程建设其他费用造价指数等。

(2) 按造价资料限期长短分类。

① 时点造价指数。是不同时点(例如，2017年10月10日10时对上一年同一时点)价格对比计算的相对数。

② 月指数。是不同月份价格对比计算的相对数。

③ 季指数。是不同季度价格对比计算的相对数。

④ 年指数。是不同年度价格对比计算的相对数。

(3) 按不同基期分类。

① 定基指数。是各时期价格与某固定时期的价格对比后编制的指数。

② 环比指数。是各时期价格都以其前一期价格为基础计算的造价指数。

2) 工程造价指数的编制

(1) 各种单项价格指数。

① 人工费、材料费、施工机械使用费价格指数计算公式为：

$$人工费(材料费、施工机械使用费)价格指数 = p_n / p_0$$

式中：p_0——基期人工日工资单价(材料预算价格、机械台班单价)；

p_n——报告期人工日工资单价(材料预算价格、机械台班单价)。

② 间接费及工程建设其他费费率指数的计算公式为：

$$间接费(工程建设其他费)费率指数 = p_n / p_0$$

式中：p_0——基期间接费(工程建设其他费)费率；

p_n——报告期间接费(工程建设其他费)费率。

(2) 设备、工器具价格指数。

设备、工器具费用的变动通常是由两个因素引起的，即设备、工器具单件采购价格和采购数量。建设项目实施过程中所采购的设备、工器具是由不同规格、不同品种组成的，因此，设备、工器具价格指数属于综合指数。设备、工器具价格指数可以用综合指数的形式来表示，其计算公式为：

$$设备、工器具价格指数 = \frac{\sum 报告期设备、工器具单价 \times 报告期购置数量}{\sum 基期设备、工器具单价 \times 基期购置数量}$$

应用案例 9-5

单项选择：某工程主要购置 M、N 两类设备，M 类设备基期欲购 5 台，单价 28 万元，报告期实际购置 6 台，单价 35 万元；N 类设备基期欲购 8 台，单价 16 万元，报告期实际购置 10 台，单价 27 万元，则设备购置价格指数为(　　)。

A. 145.9%　　　　B. 179.1%　　　　C. 146.3%　　　　D. 122.8%

答案：C

【解】

根据已知条件计算如下：设备、工器具价格指数=(35×6+27×10)/(28×6+16×10)=146.3%

(3) 建筑安装工程造价指数。

建筑安装工程造价指数是一种综合指数，其中包括了人工费指数、材料费指数、施工机械使用费指数以及间接费等各项个体指数的综合影响。其计算公式为：

$$\text{建筑安装工程造价指数} = \frac{\text{报告期建筑安装工程费}}{\dfrac{\text{报告期人工费}}{\text{人工费指数}} + \dfrac{\text{报告期材料费}}{\text{材料费指数}} + \dfrac{\text{报告期施工机械台班费}}{\text{施工机械台班费指数}} + \dfrac{\text{报告期工程建设其他费用}}{\text{工程建设其他费用指数}}}$$

或

$$\text{建筑安装工程造价指数} = \frac{\text{报告期建筑安装工程费}}{\dfrac{\text{报告期人工费}}{\text{人工费指数}} + \dfrac{\text{报告期材料费}}{\text{材料费指数}} + \dfrac{\text{报告期施工机械台班费}}{\text{施工机械台班费指数}} + \dfrac{\text{报告期措施费}}{\text{措施费指数}} + \dfrac{\text{报告期间接费}}{\text{间接费指数}} + \text{利润} + \text{税金}}$$

应用案例 9-6

某典型工程，其建筑工程造价的构成及相关费用与上年度相比的价格指数见表 9-2。和去年同期相比，该典型工程的建筑工程造价指数为(　　)。

表 9-2　某建筑工程造价的构成及相关费用与上年度相比的价格指数

费用名称	人工费	材料费	机械使用费	措施费	间接费	利润	税金	合计
造价/万元	110	645	55	40	50	66	34	1000
指数	128	110	105	110	102	—	—	—

A. 109.9%　　　　B. 110.3%　　　　C. 111.0%　　　　D. 111.4%

答案：A

【解】

$$\text{建筑安装工程造价指数} = \frac{1000}{\dfrac{110}{128}+\dfrac{645}{110}+\dfrac{55}{105}+\dfrac{40}{110}+\dfrac{50}{102}+66+34} \times 100\% = 109.9\%$$

(4) 建设项目或单项工程造价指数。

该指数是由设备、工器具价格指数，建筑安装工程造价指数，工程建设其他费用指数综合得到的。它属于总指数，与建筑安装工程造价指数类似，一般用平均数指数的形式来表示。其计算公式为：

$$建设项目或单项工程指数 = \frac{报告期建设项目或单项工程造价}{\frac{报告期建筑安装工程费}{建筑安装工程造价指数} + \frac{报告期设备、工器具费用}{设备、工器具价格指数} + \frac{报告期工程建设其他费用}{工程建设其他费用指数}}$$

应用案例9-7

某建设项目建筑安装工程投资、设备及工器具投资、工程建设其他费用投资预算分别为2000万元、1500万元、500万元，直接工程费占建筑安装工程费用的75%，措施费和间接费合计为200万元，直接工程费价格指数为105%，措施费和间接费的综合价格指数为110%，设备及工器具价格指数为115%，工程建设其他费用价格指数为105%，试求该建设项目的工程造价指数。

【案例解析】

建筑安装工程造价指数计算的过程，形成其他单项指数包括直接工程费、措施费、间接费，虽然不包括利润和税金，但计算出的建筑安装工程造价指数在计算建设项目工程造价指数时，可以适用于整个建筑安装工程造价。

【解】

直接工程费=2000×75%=1500(元)

建筑安装工程造价指数=(1500+200)/(1500/105%+200/110%)=105.7%

建设项目的工程造价指数=(2000+1500+500)/(2000/105.7%+1500/115%+200/105%)=118.02%

(5) 投资总量指数的编制。

指两个时期固定资产投资变动的指数。其计算公式为：

$$投资总量指数 = 投资总额指数 \div 投资价格指数$$

$$投资总额指数 = 报告期投资总额 \div 基期投资总额$$

3) 工程造价指数的应用

工程造价指数编制后，主要用在以下几个方面。

(1) 根据价格指数分析价格上涨的原因，解释工程造价指数的波动对建筑市场和宏观经济的影响。

(2) 采用调值法结算的项目中，用于工程结算价的计算与调整。

(3) 根据价格指数求修正工程造价。

6. 工程造价信息的管理

1) 工程造价信息管理的基本原则

工程造价信息的管理是指对信息的收集、加工整理、储存、传递与应用等一系列工作的总称，其目的就是通过有组织的信息流通，使决策者能及时、准确地获得相应的信息。

为了达到工程造价信息管理的目的，在工程造价信息管理中应遵循以下基本原则。

(1) 标准化原则。要求在项目的实施过程中对有关信息的分类进行统一，对信息流程进行规范，力求做到格式化和标准化，从组织上保证信息生产过程的效率。

(2) 有效性原则。工程造价信息应针对不同层次管理者的要求进行适当加工，针对不同管理层提供不同要求和浓缩程度的信息。这一原则是为了保证信息产品对于决策支持的有效性。

(3) 定量化原则。工程造价信息不应是项目实施过程中产生数据的简单记录，而应该是经过信息处理人员的比较与分析。

(4) 时效性原则。考虑到工程造价计价与控制过程的时效性，工程造价信息也应具有相应的时效性，以保证信息产品能够及时服务于决策。

(5) 高效处理原则。通过采用高性能的信息处理工具(如工程造价信息管理系统)，尽量缩短信息在处理过程中的延迟。

2) 我国工程造价信息管理的现状

目前我国的工程造价信息管理主要以国家和地方政府主管部门为主，通过各种渠道进行工程造价信息的搜集、处理和发布。随着我国建设市场越来越成熟，企业规模不断扩大，一些工程咨询公司和工程造价软件公司也加入到工程造价信息管理的行列。

(1) 全国工程造价信息系统逐步建立和完善。实行工程造价体制改革后，国家对工程造价的管理逐渐由直接管理转变为间接管理。国家制定统一工程量计算规则，编制全国统一工程项目编码和定期公布人工、材料、机械等价格信息。随着计算机网络技术及 Internet 的广泛应用，国家也建立了工程造价信息网，定期发布价格信息及其产业政策，为各地方主管部门、各咨询机构、其他造价编制和审定等单位提供基础数据。同时，通过工程造价信息网，采集各地、各企业的工程实际数据和价格信息。主管部门及时依据实际情况，制定新的政策法规，颁布新的价格指数等。各企业、地方主管部门可以通过该造价信息网，及时获得相关的信息，如图 9.5 所示。

图 9.5　中国建设工程造价信息网

(2) 地区工程造价信息系统的建立和完善。各地区造价管理部门通过建立地区性造价信息系统，定期发布反映市场价格水平的价格信息和调整指数；依据本地区的经济、行业发展情况制定相应的政策措施。通过造价信息系统，地区主管部门可以及时发布价格信息、政策规定等。同时，通过选择本地区多个具有代表性的固定信息采集点或通过吸收各企业作为基本信息网员。收集本地区的价格信息、实际工程信息，作为本地区造价政策制定价格信息的数据和依据，使地区主管部门发布的信息更具有实用性、市场性和指导性。目前，全国有很多地区建立了工程造价信息网，如图 9.6～图 9.8 所示。

图 9.6　四川造价信息网

图 9.7　山东省工程建设标准造价信息网

图 9.8　日照市工程建设标准造价信息网

(3) 随着工程量清单计价方式的应用，施工企业迫切需要建立自己的造价资料数据库，但由于大多数施工企业在规模和能力上都达不到这一要求，因此这些工作在很大程度上委托给工程造价咨询公司或工程造价软件公司去完成，这是我国《建设工程工程量清单计价规范》颁布实施后工程造价信息管理出现的新趋势。

3) 工程造价信息管理目前存在的问题

(1) 对信息的采集、加工和传播缺乏统一规划、统一编码，系统分类、信息系统开发与资源拥有之间处于相互封闭、各自为战的状态，其结果是无法达到信息资源共享的优势，更多的管理者满足于目前的表面信息，忽略信息深加工。

(2) 信息网建设有待完善。现有工程造价网多为定额站或咨询公司所建，网站内容主要为定额颁布、价格信息、相关文件转发、招投标信息发布、企业或公司介绍等，网站只是将已有的造价信息在网站上显示出来，缺乏对这些信息的整理与分析。

(3) 信息资料的积累和整理还没有完全实现和工程量清单计价模式的接轨。由于信息的采集、加工处理上具有很大的随意性，没有统一的模式和标准，造成了在投标报价时较难直接使用，还需要根据要求进行不断的调整，很显然还不能满足新形势下市场定价的要求。

4) 工程造价信息化的发展趋势

(1) 适应建设市场的新形势，着眼于为建设市场服务，为工程造价管理服务。我国加入世界贸易组织后，建设管理部门、建设企业都面临着与国际市场接轨的问题，同时也面临着参与国际竞争的严峻挑战。信息技术的运用，可以促进管理部门依法行政，提高管理工作的公开、公平、公正和透明度；可以促进企业提高产品质量、服务水平和企业效率，达到提高企业自身竞争能力的目的。针对我国目前正在大力推广的工程量清单计价制度，工程造价信息化应该围绕为工程建设市场服务，为工程造价管理改革服务这条主线，组织技术攻关，开展信息化建设。

(2) 我国有关工程造价方面的软件和网络发展很快。为加大信息化建设的力度，全国工程造价信息网正在与各省信息网联网，这样全国造价信息网联成一体，用户就可以很容易地查阅到全国、各省、各市的数据，从而大大提高各地造价信息网的使用效率。同时把与工程造价信息化有关的企业组织起来，加强交流、协作，避免低层次、低水平的重复开发，鼓励技术创新，淘汰落后，不断提高信息化技术在工程造价中的应用水平。

(3) 发展工程造价信息化，要建立有关的规章制度，促进工程技术健康有序地向前发展。为了加强建设信息标准化、规范化，建设系统信息标准体系正在建立，制定信息通用标准和专用标准，建立建设信息安全保障技术规范和网络设计技术规范。加强全国建设工程造价信息系统的信息标准化工作，包括组织编制建设工程人工、材料、机械、设备的分类及标准代码，工程项目分类标准代码，各类信息采集及传输标准格式等工作，将为全国工程造价信息化的发展提供基础。

课题 9.3 中国香港地区与国外工程造价信息管理

中国香港地区及美国、日本等国都是通过政府和民间两种渠道发布工程造价信息。其中政府主要发布总体性、全局性的各种造价指数信息，民间组织主要发布相关资源的市场行情信息。这种分工既能使政府摆脱许多烦琐的商务性工作，又能使他们不承担误导市场，甚至是操纵市场的责任。同时还可以发挥民间组织造价信息发布速度快，造价信息发布能够坚持公开、公平和公正的基本原则等优势。

中国的工程造价信息都是通过政府的工程造价管理部门发布的。因此，开创和拓宽民间工程造价管理工程造价信息的发布渠道，加强行业和协会的作用，是中国今后工程造价管理体制改革的重要内容之一。

1. 中国香港地区的工程造价信息管理

工程造价信息的发布往往采取指数的形式。按照指数内涵，中国香港地区发布的主要工程造价指数可分为两类，即成本指数和价格指数，分别是依据建造成本和建造价格的变化趋势来编制。建造成本主要包括工料等费用支出，它们占总成本的 80%以上，其余的支出包括经常性开支(Overheads)以及使用资本财产(Capital Goods)等费用；建造价格中除包括建造成本之外，还包括承包商赚取的利润，一般以投标价格指数来反映其发展趋势。

1) 成本指数的编制

在中国香港地区，最有影响的成本指数要数由建筑署发布的劳工指数、建材价格指数和建筑工料综合成本指数。

(1) 劳工指数是根据一系列不同工种的建筑劳工(如木工、水泥工、架子工等)的平均日薪，以不同的权重结合而成。各类建筑工人的每月平均日薪由统计署和建造商会提供，其计算方法是以建筑商每类建筑劳工的总开支(包括工资及额外的福利开支)除以该类工人的工作日数，计算所用原始资料均由问卷调查方式得到。

(2) 建筑署制定的建材价格指数同样为固定比重加权指数，其指数成分多达 60 种以上。这些比重反映建材真正平均比重的程度很难测定，但由于指数成分较多，故只要所用的比重与真实水平相差不至很远，由此引起的指数误差便不会很大。

(3) 建筑工料综合成本指数实际上是劳工指数和建筑材料指数的加权平均数，比重分别定为 45%和 55%，由于建筑物的设计具有独特性，不同工程会有不同的建材和劳工组合，因此，工料综合成本指数不一定能够反映个别承建商成本的变化，但却反映了大部分香港承建商(或整个建造行业)的平均成本变化。

2) 投标价格指数的编制

投标价格指数的编制依据主要是中标的承包商在报价时所列出的主要项目单价，目前中国香港地区最权威的投标价格指数有 3 种，分别由建筑署及两家最具规模的工料测量行(即利比测量师事务所和威宁谢有限公司)编制，它们分别反映了公营部门和私营部门的投标价格变化。两所测量行的投标指数均以一份自行编制的"概念报价单"为基础，同属固定比重加权指数，而建筑署投标价格指数则是抽取编制期内中标合约中分量较重的项目，各项目权重以合约内的实际比重为准，因此属于活比重形式。由于两种指数是各自独立编制的，就大大加强了指数的可靠性。而政府部门投标指数的增长速度相对较低，这是由于政府工程和私人工程不同的合约性质所致。

2. 美国和日本的工程造价信息管理

1) 美国

美国政府部门发布建设成本指南、最低工资标准等综合造价信息；而民间组织负责发布工料价格、建设造价指数、房屋造价指数等方面的造价信息；另外有专业咨询公司收集、处理、存储大量已完工项目的造价统计信息以供造价工程师在确定工程造价和审计工程造价时借鉴和使用。《工程新闻记录》(ENR，*Engineering News-Record*)共编制两种造价指数，一种是建筑造价指数，另一种是房屋造价指数。ENR 编制造价指数的目的是为了准确地预测建筑价格，确定工程造价，它是一种加权总指数，由构件钢材、波特兰水泥、木材和普通劳动力 4 种个体指数组成。

2) 日本

日本建设省每半年调查一次工程造价变动情况，每 3 年修订一次现场经费和综合管理费，每 5 年修订一次工程概预算定额。隶属于日本官方机构的"经济调查会"和"建设物价调查会"，专门负责调查各种相关经济数据和指标。调查会还受托政府使用的"积算基准"进行调查，即调查有关土木、建筑、电气、设备工程等的定额及各种经费的实际情况，报告市场各种建筑材料的工程价、材料价、运输费和劳务费等。价格资料是通过对各地商社、建材店、货物或工地实地调查所得的。每种材料都标明由工厂运至工地，或库房、商店运至工地的差别，并标明各月的升降情况。利用这种方法编制的工程预算比较符合实际，体现了市场定价的原则，而且不同地区不同价格，有利于在同等条件下投标报价。同时，一些民间组织还定期发布建设物价和积算资料 (工程量计算)，变动较快的信息每个月发布一次。

单元小结

本单元详细讲述了工程造价资料的积累、管理与运用方面的基本知识，分析了工程造价资料与造价信息的关系，对工程造价信息管理进行了系统介绍，尤其是对工程造价指数的编制进行了较为详细的介绍。为了解和借鉴发达国家和地区工程造价管理的先进经验，对中国香港地区及美国和日本两国的工程造价信息管理模式进行了较为详细的介绍。

综合案例

【综合应用案例】

某建设项目建筑安装工程投资、设备及工器具投资、工程建设其他费用投资预算分别为 2400 万元、2360 万元、840 万元，直接工程费占建筑安装工程费用的 77.6%，措施费和间接费共计 230.4 万元，直接工程费价格指数为 106.2%，措施费和间接费的综合指数为 108%，设备及工器具价格指数为 106.5%，工程建设其他费用价格指数为 105%。

【问题】

(1) 根据以上数据求该建设项目的工程造价指数并解释该指数的意义。

(2) 若该项目建筑面积为 22000m^2，考虑价格变动因素，求该项目的单方造价。

(3) 表 9-3 是某年建筑安装工程价格指数统计表，根据表中的数据解释引起价格指数变动的主要因素，并解释该年建筑安装工程各项价格指数的意义及所带来的影响。

表 9-3 某年建筑安装工程价格指数统计表

建筑安装工程价格指数	人工费价格指数	施工机械使用费价格指数	材料费价格指数
113.8%	110.5%	106.7%	116.3%

(4) 根据表 9-3 中的数据，某招标项目人工费预算价 250 万元，施工机械使用费预算价 80 万元，材料费预算价 380 万元，措施费为直接费的 4.3%，间接费为直接费的 8%，利润按直接费和间接费的 5% 取费，税率为 4%，求该工程标底价。

【解】

问题(1)：

直接工程费=77.6%×2400=1862.4(万元)

措施费和间接费=230.4 万元

利润和税金=2400−1862.4−230.4=307.7(万元)

建筑安装工程价格指数=(1862.4+230.4)/(1862.4/106.2%+230.4/108%)=106.4%

该建设项目的工程造价指数=(2400+2360+840)/(2400/106.4%+2360/106.5%+840/105%)=106.2%

该指数说明报告期投资价格比基期上升 6.2%。

注：因为题目没有给出利润和税金的造价指数，所以在计算建筑安装工程价格指数可以不考虑利润和税金。

问题(2)：

该项目单方造价=24000000÷2200=1090.9(元/m^2)

注：一般单方造价多指建安工程费的单方造价，即承发包价格中的单方造价。

问题(3)：

建筑安装工程价格指数为 113.8%，说明该年建筑安装工程价格指数比上年度上升 13.8%。

人工费价格指数为 110.5%，说明该年人工费价格指数比上年度上升 10.5%。

施工机械使用费价格指数为 106.7%，说明该年施工机械使用费价格指数比上年度上升 6.7%。

材料费价格指数为116.3%,说明该年材料费价格指数比上年度上升16.3%。

这几项数据说明,该年建筑安装各项价格指数上升幅度较大,其中建筑材料价格上涨是主要因素,因为建筑材料价格是建筑安装工程价格的重要组成部分(约占60%)。

建筑安装工程价格指数上涨带来的影响是:固定资产投资额虚增;建筑业产值和劳动生产率虚增。

问题(4):
直接工程费=250+80+380=710(万元)
措施费=710×4.3%=30.53(万元)
间接费=(710+30.53)×8%=59.24(万元)
利润=(710+30.53+59.24)×5%=39.99(万元)
税金=(710+30.53+59.24+39.99)×4%=33.59(万元)
标底价=(710+30.53+59.24+39.99+33.59)×113.8%=993.87(万元)

技能训练题

一、单选题

1. 以下不是按照不同阶段对工程造价资料进行分类的是( )。
   A. 投资估算　　B. 单项工程　　C. 施工图预算　　D. 竣工结算
2. 工程造价资料积累的内容应包括( )。
   A. "量"(如主要工程量、材料量、设备量等)和"价"及对造价有重要影响的技术经济条件
   B. "量"(如主要工程量、材料量、设备量等)和"价"
   C. "量"(如主要工程量、材料量、设备量等)及对造价有重要影响的技术经济条件
   D. "价"及对造价有重要影响的技术经济条件
3. 以下关于工程造价资料的说法中,错误的是( )。
   A. 1991年11月,原建设部印发了关于《建立工程造价资料积累制度的几点意见》的文件,标志着我国工程造价资料积累制度正式建立起来
   B. 工程造价资料按照其不同发展阶段,一般分为项目可行性研究、投资估算、初步设计概算、施工图预算、竣工结算、工程决算等
   C. 工程造价资料积累的内容应包括"量"和"价",还要包括对造价确定有重要影响的技术经济条件
   D. 要建立造价资料数据库,首要的问题是数据资料的搜集、整理和输出工作
4. 相关新材料、新工艺、新设备、新技术的分部分项工程的人工工日、主要材料用量、机械台班用量属于工程造价资料积累内容中的( )。
   A. 建设项目工程造价资料　　　　B. 单项工程造价资料
   C. 单位工程造价资料　　　　　　D. 其他
5. 要建立造价资料数据库,首要的问题是( )。
   A. 做出计划　　　　　　　　　　B. 原始数据的收集
   C. 数据输入工作　　　　　　　　D. 工程的分类与编码

6. 下列不能体现工程造价资料数据库作用的是( )。
   A. 编制概算指标、投资估算指标的重要基础资料
   B. 考核基本建设投资效果的依据
   C. 编制固定资产投资计划的参考
   D. 编制标底和投标报价的参考
7. 工程造价指数按照工程范围、类别、用途分为( )。
   A. 单项造价指数和综合造价指数   B. 时点造价指数和区间造价指数
   C. 定基指数和环比指数   D. 月指数和年指数

二、多选题
1. 编制建安工程造价指数所需的数据有( )。
   A. 报告期人工费   B. 基期材料费
   C. 报告期利润指数   D. 基期施工机械使用费
   E. 报告期间接费
2. 以下按造价资料限期长短对工程造价指数分类的是( )。
   A. 时点造价指数   B. 周指数   C. 月指数
   D. 季指数   E. 年指数
3. 以下按基期不同对工程造价指数分类的是( )。
   A. 单项造价指数   B. 时点造价指数
   C. 定基指数   D. 环比指数
   E. 报告期指数

三、简答题
1. 简述工程造价资料的概念及作用。
2. 工程造价资料积累的内容有哪些?
3. 常用的工程造价指数有哪些?如何编制工程造价指数?
4. 简述工程造价信息的特点、分类。

四、案例分析题
   某建设项目报告期建筑安装工程费为1800万元,造价指数为120%,报告期设备、工器具单价为90万元,基期单价为80万元,报告期购置数量为18台,基期购置数量为20台,报告期工程建设其他费为800万元,工程建设其他费用指数为110%,试分析该项目的工程造价指数。

参 考 文 献

[1] 中华人民共和国住房和城乡建设部．建设工程工程量清单计价规范(GB 50500—2013)[S]．北京：中国计划出版社，2013．

[2] 中华人民共和国住房和城乡建设部．房屋建筑与装饰工程计量规范(GB 500854—2013)[S]．北京：中国计划出版社，2013．

[3] 中国建设工程造价管理协会．建设项目投资估算编审规程(CECA/GC 1—2007)[S]．北京：中国计划出版社，2007．

[4] 中国建设工程造价管理协会．建设项目设计概算编审规程(CECA/GC 2—2007)[S]．北京：中国计划出版社，2007．

[5] 中国建设工程造价管理协会．建设项目工程结算编审规程(CECA/GC 3—2010)[S]．北京：中国计划出版社，2010．

[6] 中国建设工程造价管理协会．建设项目全过程造价咨询规程(CECA/GC 4—2009)[S]．北京：中国计划出版社，2009．

[7] 中国建设工程造价管理协会．建设项目施工图预算编审规程(CECA/GC 5—2010) [S]．北京：中国计划出版社，2010．

[8] 中国建设工程造价管理协会．建设工程招标控制价编审规程(CECA/GC 6—2011)[S]．北京：中国计划出版社，2011．

[9] 国家发展和改革委员会，建设部．建设项目经济评价方法与参数[M]．3版．北京：中国计划出版社，2006．

[10] 中华人民共和国人力资源和社会保障部，中华人民共和国住房和城乡建设部．建设工程劳动定额(LD/T 72.1～11—2008)[S]．北京：中国计划出版社，2009．

[11] 全国造价工程师执业资格考试培训教材编审委员会．建设工程造价管理(2013年版)[M]．北京：中国计划出版社，2013．

[12] 全国造价工程师执业资格考试培训教材编审委员会．建设工程计价(2014年修订版)[M]．北京：中国计划出版社，2014．

[13] 全国造价工程师执业资格考试培训教材编审委员会．建设工程造价案例分析(2013年版)[M]．北京：中国计划出版社，2013．

[14] 中国建设工程造价管理协会．全国建设工程造价员资格考试工程造价基础知识题库与模拟试卷[M]．北京：中国建材工业出版社，2011．

[15] 天津理工大学造价工程师培训中心．工程造价案例分析(2011年版)[M]．北京：中国建筑工业出版社，2011．

[16] 天津理工大学造价工程师培训中心．工程造价计价与控制(2011年版)[M]．北京：中国建筑工业出版社，2011．

[17] 全国一级建造师执业资格考试用书编写委员会．建设工程经济[M]．3版．北京：中国建筑工业出版社，2011．

[18] 中国建设监理协会．建设工程投资控制[M]．北京：知识产权出版社，2011．

[19] 周和生，尹贻林．建设项目全过程造价管理[M]．天津：天津大学出版社，2008．

[20] 鲍学英．工程造价管理[M]．2版．北京：中国铁道出版社，2014．

北京大学出版社高职高专土建系列教材书目

序号	书名	书号	编著者	定价	出版时间	配套情况
	"互联网+"创新规划教材					
1	建筑构造(第二版)	978-7-301-26480-5	肖 芳	42.00	2016.1	PPT/APP/二维码
2	建筑装饰构造(第二版)	978-7-301-26572-7	赵志文等	39.50	2016.1	PPT/二维码
3	建筑工程概论	978-7-301-25934-4	申淑荣等	40.00	2015.8	PPT/二维码
4	市政管道工程施工	978-7-301-26629-8	雷彩虹	46.00	2016.5	PPT/二维码
5	市政道路工程施工	978-7-301-26632-8	张雪丽	49.00	2016.5	PPT/二维码
6	建筑三维平法结构图集(第二版)	978-7-301-29049-1	傅华夏	68.00	2018.1	APP
7	建筑三维平法结构识图教程(第二版)	978-7-301-29121-4	傅华夏	68.00	2018.1	APP/PPT
8	建筑工程制图与识图(第2版)	978-7-301-24408-1	白丽红	34.00	2016.8	APP/二维码
9	建筑设备基础知识与识图(第2版)	978-7-301-24586-6	靳慧征等	47.00	2016.8	二维码
10	建筑结构基础与识图	978-7-301-27215-2	周 晖	58.00	2016.9	APP/二维码
11	建筑构造与识图	978-7-301-27838-3	孙 伟	40.00	2017.1	APP/二维码
12	建筑工程施工技术(第三版)	978-7-301-27675-4	钟汉华等	66.00	2016.11	APP/二维码
13	工程建设监理案例分析教程(第二版)	978-7-301-27864-2	刘志麟等	50.00	2017.1	PPT/二维码
14	建筑工程质量与安全管理(第二版)	978-7-301-27219-0	郑 伟	55.00	2016.8	PPT/二维码
15	建筑工程计量与计价——透过案例学造价(第2版)	978-7-301-23852-3	张 强	59.00	2017.1	PPT/二维码
16	城乡规划原理与设计(原城市规划原理与设计)	978-7-301-27771-3	谭婧婧等	43.00	2017.1	PPT/素材/二维码
17	建筑工程计量与计价	978-7-301-27866-6	吴育萍等	49.00	2017.1	PPT/二维码
18	建筑工程计量与计价(第3版)	978-7-301-25344-1	肖明和等	65.00	2017.1	APP/二维码
19	市政工程计量与计价(第三版)	978-7-301-27983-0	郭良娟等	59.00	2017.2	PPT/二维码
20	高层建筑施工	978-7-301-28232-8	吴俊臣	65.00	2017.4	PPT/答案
21	建筑施工机械(第二版)	978-7-301-28247-2	吴志强等	35.00	2017.5	PPT/答案
22	市政工程概论	978-7-301-28260-1	郭 福等	46.00	2017.5	PPT/二维码
23	建筑工程测量(第二版)	978-7-301-28296-0	石 东等	51.00	2017.5	PPT/二维码
24	工程项目招投标与合同管理(第三版)	978-7-301-28439-1	周艳冬	44.00	2017.7	PPT/二维码
25	建筑制图(第三版)	978-7-301-28411-7	高丽荣	38.00	2017.7	PPT/APP/二维码
26	建筑制图习题集(第三版)	978-7-301-27897-0	高丽荣	35.00	2017.7	APP
27	建筑力学(第三版)	978-7-301-28600-5	刘明晖	55.00	2017.8	PPT/二维码
28	中外建筑史(第三版)	978-7-301-28689-0	袁新华等	42.00	2017.9	PPT/二维码
29	建筑施工技术(第三版)	978-7-301-28575-6	陈雄辉	54.00	2018.1	PPT/二维码
30	建筑工程经济(第三版)	978-7-301-28723-1	张宁宁等	36.00	2017.9	PPT/答案/二维码
31	建筑材料与检测	978-7-301-28809-2	陈玉萍	44.00	2017.10	PPT/二维码
32	建筑识图与构造	978-7-301-28876-4	林秋怡等	46.00	2017.11	PPT/二维码
33	建筑工程材料	978-7-301-28982-2	向积波等	42.00	2018.1	PPT/二维码
34	建筑力学与结构(少学时版)(第二版)	978-7-301-29022-4	吴承霞等	46.00	2017.12	PPT/答案
35	建筑工程测量(第三版)	978-7-301-29113-9	张敬伟等	49.00	2018.1	PPT/答案/二维码
36	建筑工程测量实验与实训指导(第三版)	978-7-301-29112-2	张敬伟等	29.00	2018.1	答案/二维码
37	安装工程计量与计价(第四版)	978-7-301-16737-3	冯钢	59.00	2018.1	PPT/答案/二维码
38	建筑工程施工组织设计(第二版)	978-7-301-29103-0	鄢维峰等	37.00	2018.1	PPT/答案/二维码
39	建筑材料与检测(第2版)	978-7-301-25347-2	梅 杨等	35.00	2015.2	PPT/答案/二维码
40	建设工程监理概论(第三版)	978-7-301-28832-0	徐锡权等	44.00	2018.2	PPT/答案/二维码
41	建筑供配电与照明工程	978-7-301-29227-3	羊 梅	38.00	2018.2	PPT/答案/二维码
42	建筑工程资料管理(第二版)	978-7-301-29210-5	孙 刚等	47.00	2018.3	PPT/二维码
43	建设工程法规(第三版)	978-7-301-29221-1	皇甫婧琪	44.00	2018.4	PPT/素材/二维码
44	AutoCAD建筑制图教程(第三版)	978-7-301-29036-1	郭 慧	49.00	2018.4	PPT/素材/二维码
45	房地产投资分析	978-7-301-27529-0	刘永胜	47.00	2016.9	PPT/二维码
46	建筑施工技术	978-7-301-28756-9	陆艳侠	58.00	2018.1	PPT/二维码
	"十二五"职业教育国家规划教材					
1	★建筑工程应用文写作(第2版)	978-7-301-24480-7	赵立等	50.00	2014.8	PPT
2	★土木工程实用力学(第2版)	978-7-301-24681-8	马景善	47.00	2015.7	PPT
3	★建设工程监理(第2版)	978-7-301-24490-6	斯 庆	35.00	2015.1	PPT/答案
4	★建筑节能工程与施工	978-7-301-24274-2	吴明军等	35.00	2015.5	PPT
5	★建筑工程经济(第2版)	978-7-301-24492-0	胡六星等	41.00	2014.9	PPT/答案

序号	书 名	书 号	编著者	定价	出版时间	配套情况
6	★建设工程招投标与合同管理(第3版)	978-7-301-24483-8	宋春岩	40.00	2014.9	PPT/答案/试题/教案
7	★工程造价概论	978-7-301-24696-2	周艳冬	31.00	2015.1	PPT/答案
8	★建筑工程计量与计价(第3版)	978-7-301-25344-1	肖明和等	65.00	2017.1	APP/二维码
9	★建筑工程计量与计价实训(第3版)	978-7-301-25345-8	肖明和等	29.00	2015.7	
10	★建筑装饰施工技术(第2版)	978-7-301-24482-1	王 军	37.00	2014.7	PPT
11	★工程地质与土力学(第2版)	978-7-301-24479-1	杨仲元	41.00	2014.7	PPT
基础课程							
1	建设法规及相关知识	978-7-301-22748-0	唐茂华等	34.00	2013.9	PPT
2	建筑工程法规实务(第2版)	978-7-301-26188-0	杨陈慧等	49.50	2017.6	PPT
3	建筑法规	978-7-301-19371-6	董伟等	39.00	2011.9	PPT
4	建设工程法规	978-7-301-20912-7	王先恕	32.00	2012.7	PPT
5	AutoCAD建筑绘图教程(第2版)	978-7-301-24540-8	唐英敏等	44.00	2014.7	PPT
6	建筑CAD项目教程(2010版)	978-7-301-20979-0	郭 慧	38.00	2012.9	素材
7	建筑工程专业英语(第二版)	978-7-301-26597-0	吴承霞	24.00	2016.2	PPT
8	建筑工程专业英语	978-7-301-20003-2	韩薇等	24.00	2012.2	PPT
9	建筑识图与构造(第2版)	978-7-301-23774-8	郑贵超	40.00	2014.2	PPT/答案
10	房屋建筑构造	978-7-301-19883-4	李少红	26.00	2012.1	PPT
11	建筑识图	978-7-301-21893-8	邓志勇等	35.00	2013.1	PPT
12	建筑识图与房屋构造	978-7-301-22860-9	贠禄等	54.00	2013.9	PPT/答案
13	建筑构造与设计	978-7-301-23506-5	陈玉萍	38.00	2014.1	PPT/答案
14	房屋建筑构造	978-7-301-23588-1	李元玲等	45.00	2014.1	PPT
15	房屋建筑构造习题集	978-7-301-26005-0	李元玲	26.00	2015.8	PPT/答案
16	建筑构造与施工图识读	978-7-301-24470-8	南学平	52.00	2014.8	PPT
17	建筑工程识图实训教程	978-7-301-26057-9	孙 伟	32.00	2015.12	PPT
18	建筑制图习题集(第2版)	978-7-301-24571-2	白丽红	25.00	2014.8	
19	◎建筑工程制图(第2版)(附习题册)	978-7-301-21120-5	肖明和	48.00	2012.8	PPT
20	建筑制图与识图(第2版)	978-7-301-24386-2	曹雪梅	38.00	2015.8	PPT
21	建筑制图与识图习题册	978-7-301-18652-7	曹雪梅等	30.00	2011.4	
22	建筑制图与识图(第二版)	978-7-301-25834-7	李元玲	32.00	2016.9	PPT
23	建筑制图与识图习题集	978-7-301-20425-2	李元玲	24.00	2012.3	PPT
24	新编建筑工程制图	978-7-301-21140-3	方筱松	30.00	2012.8	PPT
25	新编建筑工程制图习题集	978-7-301-16834-9	方筱松	22.00	2012.8	
建筑施工类							
1	建筑工程测量	978-7-301-19992-3	潘益民	38.00	2012.2	PPT
2	建筑工程测量	978-7-301-28757-6	赵 昕	50.00	2018.1	PPT/二维码
3	建筑工程测量实训(第2版)	978-7-301-24833-1	杨凤华	34.00	2015.3	答案
4	建筑工程测量	978-7-301-22485-4	景铎等	34.00	2013.6	PPT
5	建筑施工技术	978-7-301-16726-7	叶雯等	44.00	2010.8	PPT/素材
6	建筑施工技术	978-7-301-19997-8	苏小梅	38.00	2012.1	PPT
7	基础工程施工	978-7-301-20917-2	董伟等	35.00	2012.7	PPT
8	建筑施工技术实训(第2版)	978-7-301-24368-8	周晓龙	30.00	2014.7	
9	土木工程力学	978-7-301-16864-6	吴明军	38.00	2010.4	PPT
10	PKPM软件的应用(第2版)	978-7-301-22625-4	王 娜等	34.00	2013.6	
11	◎建筑结构(第2版)(上册)	978-7-301-21106-9	徐锡权	41.00	2013.4	PPT/答案
12	◎建筑结构(第2版)(下册)	978-7-301-22584-4	徐锡权	42.00	2013.6	PPT/答案
13	建筑结构学习指导与技能训练(上册)	978-7-301-25929-0	徐锡权	28.00	2015.8	PPT
14	建筑结构学习指导与技能训练(下册)	978-7-301-25933-7	徐锡权	28.00	2015.8	PPT
15	建筑结构	978-7-301-19171-2	唐春平等	41.00	2011.8	PPT
16	建筑结构基础	978-7-301-21125-0	王中发	36.00	2012.8	PPT
17	建筑结构原理及应用	978-7-301-18732-6	史美东	45.00	2012.8	PPT
18	建筑结构与识图	978-7-301-26935-0	相秉志	37.00	2016.2	
19	建筑力学与结构	978-7-301-20988-2	陈水广	32.00	2012.8	PPT
20	建筑力学与结构	978-7-301-23348-1	杨丽君等	44.00	2014.1	PPT
21	建筑结构与施工图	978-7-301-22188-4	朱希文等	35.00	2013.3	PPT
22	建筑材料(第2版)	978-7-301-24633-7	林祖宏	35.00	2014.8	PPT
23	建筑材料检测试验指导	978-7-301-16729-8	王美芬等	18.00	2010.10	
24	建筑材料与检测(第二版)	978-7-301-26550-5	王 辉	40.00	2016.1	PPT
25	建筑材料与检测试验指导(第二版)	978-7-301-28471-1	王 辉	23.00	2017.7	PPT

序号	书　名	书　号	编著者	定价	出版时间	配套情况
26	建筑材料选择与应用	978-7-301-21948-5	申淑荣等	39.00	2013.3	PPT
27	建筑材料检测实训	978-7-301-22317-8	申淑荣等	24.00	2013.4	
28	建筑材料	978-7-301-24208-7	任晓菲	40.00	2014.7	PPT/答案
29	建筑材料检测试验指导	978-7-301-24782-2	陈东佐等	20.00	2014.9	
30	建筑工程商务标编制实训	978-7-301-20804-5	钟振宇	35.00	2012.7	PPT
31	◎地基与基础(第2版)	978-7-301-23304-7	肖明和等	42.00	2013.11	PPT/答案
32	地基与基础	978-7-301-16130-2	孙平平等	26.00	2010.10	PPT
33	地基与基础实训	978-7-301-23174-6	肖明和等	25.00	2013.10	PPT
34	土力学与地基基础	978-7-301-23675-8	叶火炎等	35.00	2014.1	PPT
35	土力学与基础工程	978-7-301-23590-4	宁培淋等	32.00	2014.1	PPT
36	土力学与地基基础	978-7-301-25525-4	陈东佐	45.00	2015.2	PPT/答案
37	建筑工程质量事故分析(第2版)	978-7-301-22467-0	郑文新	32.00	2013.9	PPT
38	建筑工程施工组织实训	978-7-301-18961-0	李源清	40.00	2011.6	PPT
39	建筑施工组织与进度控制	978-7-301-21223-3	张廷瑞	36.00	2012.9	PPT
40	建筑施工组织项目式教程	978-7-301-19901-5	杨红玉	44.00	2012.1	PPT/答案
41	钢筋混凝土工程施工与组织	978-7-301-19587-1	高　雁	32.00	2012.5	PPT
42	建筑施工工艺	978-7-301-24687-0	李源清等	49.50	2015.1	PPT/答案
	工 程 管 理 类					
1	建筑工程经济	978-7-301-24346-6	刘晓丽等	38.00	2014.7	PPT/答案
2	施工企业会计(第2版)	978-7-301-24434-0	辛艳红等	36.00	2014.7	PPT/答案
3	建筑工程项目管理(第2版)	978-7-301-26944-2	范红岩等	42.00	2016.3	PPT
4	建设工程项目管理(第二版)	978-7-301-24683-2	王　辉	36.00	2014.9	PPT/答案
5	建设工程项目管理(第2版)	978-7-301-28235-9	冯松山等	45.00	2017.6	PPT
6	建筑施工组织与管理(第2版)	978-7-301-22149-5	翟丽旻等	43.00	2013.4	PPT/答案
7	建设工程合同管理	978-7-301-22612-4	刘庭江	46.00	2013.6	PPT/答案
8	建筑工程招投标与合同管理	978-7-301-16802-8	程超胜	30.00	2012.9	PPT
9	工程招投标与合同管理实务	978-7-301-19035-7	杨甲奇等	48.00	2011.8	PPT
10	工程招投标与合同管理实务	978-7-301-19290-0	郑文新等	43.00	2011.8	PPT
11	建筑工程招投标与合同管理实务	978-7-301-20404-7	杨云会等	42.00	2012.4	PPT/答案/习题
12	工程招投标与合同管理	978-7-301-17455-5	文新平	37.00	2012.9	PPT
13	工程项目招投标与合同管理(第2版)	978-7-301-24554-5	李洪军等	42.00	2014.8	PPT/答案
14	建设工程监理概论	978-7-301-15518-9	曾庆军等	24.00	2009.9	PPT
15	建筑工程安全管理(第2版)	978-7-301-25480-6	宋　健等	42.00	2015.8	PPT/答案
16	施工项目质量与安全管理	978-7-301-21275-2	钟汉华	45.00	2012.10	PPT/答案
17	工程造价控制(第2版)	978-7-301-24594-1	斯　庆	32.00	2014.8	PPT/答案
18	工程造价管理(第二版)	978-7-301-27050-9	徐锡权等	44.00	2016.5	PPT
19	工程造价控制与管理	978-7-301-19366-2	胡新萍等	30.00	2011.11	PPT
20	建筑工程造价管理	978-7-301-20360-6	柴　琦等	27.00	2012.3	PPT
21	工程造价管理(第2版)	978-7-301-28269-4	曾　浩等	38.00	2017.5	PPT/答案
22	工程造价案例分析	978-7-301-22985-9	甄　凤	30.00	2013.8	PPT
23	建设工程造价控制与管理	978-7-301-24273-5	胡芳珍等	38.00	2014.6	PPT/答案
24	◎建筑工程造价	978-7-301-21892-1	孙咏梅	40.00	2013.2	PPT
25	建筑工程计量与计价	978-7-301-26570-3	杨建林	46.00	2016.1	PPT
26	建筑工程计量与计价综合实训	978-7-301-23568-3	龚小兰	28.00	2014.1	
27	建筑工程估价	978-7-301-22802-9	张　英	43.00	2013.8	PPT
28	安装工程计量与计价综合实训	978-7-301-23294-1	成春燕	49.00	2013.10	素材
29	建筑安装工程计量与计价	978-7-301-26004-3	景巧玲等	56.00	2016.1	PPT
30	建筑安装工程计量与计价实训(第2版)	978-7-301-25683-1	景巧玲等	36.00	2015.7	
31	建筑水电安装工程计量与计价(第二版)	978-7-301-26329-7	陈连姝	51.00	2016.1	PPT
32	建筑与装饰装修工程工程量清单(第2版)	978-7-301-25753-1	翟丽旻等	36.00	2015.5	PPT
33	建筑工程清单编制	978-7-301-19387-7	叶晓容	24.00	2011.8	PPT
34	建设项目评估(第二版)	978-7-301-28708-8	高志云等	38.00	2017.9	PPT
35	钢筋工程清单编制	978-7-301-20114-5	贾莲英	36.00	2012.2	PPT
36	建筑装饰工程预算(第2版)	978-7-301-25801-9	范菊雨	44.00	2015.7	PPT
37	建筑装饰工程计量与计价	978-7-301-20055-1	李茂英	42.00	2012.2	PPT
38	建筑工程安全技术与管理实务	978-7-301-21187-8	沈万岳	48.00	2012.9	PPT
	建 筑 设 计 类					
1	建筑装饰CAD项目教程	978-7-301-20950-9	郭　慧	35.00	2013.1	PPT/素材

序号	书 名	书 号	编著者	定价	出版时间	配套情况
2	建筑设计基础	978-7-301-25961-0	周圆圆	42.00	2015.7	
3	室内设计基础	978-7-301-15613-1	李书青	32.00	2009.8	PPT
4	建筑装饰材料(第2版)	978-7-301-22356-7	焦 涛等	34.00	2013.5	PPT
5	设计构成	978-7-301-15504-2	戴碧锋	30.00	2009.8	PPT
6	设计色彩	978-7-301-21211-0	龙黎黎	46.00	2012.9	PPT
7	设计素描	978-7-301-22391-8	司马金桃	29.00	2013.4	PPT
8	建筑素描表现与创意	978-7-301-15541-7	于修国	25.00	2009.8	
9	3ds Max 效果图制作	978-7-301-22870-8	刘 晗等	45.00	2013.7	PPT
10	Photoshop 效果图后期制作	978-7-301-16073-2	脱忠伟等	52.00	2011.1	素材
11	3ds Max & V-Ray 建筑设计表现案例教程	978-7-301-25093-8	郑恩峰	40.00	2014.12	PPT
12	建筑表现技法	978-7-301-19216-0	张 峰	32.00	2011.8	PPT
13	装饰施工读图与识图	978-7-301-19991-6	杨丽君	33.00	2012.5	PPT
	规 划 园 林 类					
1	居住区景观设计	978-7-301-20587-7	张群成	47.00	2012.5	PPT
2	居住区规划设计	978-7-301-21031-4	张 燕	48.00	2012.8	PPT
3	园林植物识别与应用	978-7-301-17485-2	潘利等	34.00	2012.9	PPT
4	园林工程施工组织管理	978-7-301-22364-2	潘利等	35.00	2013.4	PPT
5	园林景观计算机辅助设计	978-7-301-24500-2	于化强等	48.00	2014.8	PPT
6	建筑·园林·装饰设计初步	978-7-301-24575-0	王金贵	38.00	2014.10	PPT
	房 地 产 类					
1	房地产开发与经营(第2版)	978-7-301-23084-8	张建中等	33.00	2013.9	PPT/答案
2	房地产估价(第2版)	978-7-301-22945-3	张 勇等	35.00	2013.9	PPT/答案
3	房地产估价理论与实务	978-7-301-19327-3	褚菁晶	35.00	2011.8	PPT/答案
4	物业管理理论与实务	978-7-301-19354-9	裴艳慧	52.00	2011.9	PPT
5	房地产营销与策划	978-7-301-18731-9	应佐萍	42.00	2012.8	PPT
6	房地产投资分析与实务	978-7-301-24832-4	高志云	35.00	2014.9	PPT
7	物业管理实务	978-7-301-27163-6	胡大见	44.00	2016.6	
	市 政 与 路 桥					
1	市政工程施工图案例图集	978-7-301-24824-9	陈亿琳	43.00	2015.3	PDF
2	市政工程计价	978-7-301-22117-4	彭以舟等	39.00	2013.3	PPT
3	市政桥梁工程	978-7-301-16688-8	刘 江等	42.00	2010.8	PPT/素材
4	市政工程材料	978-7-301-22452-6	郑晓国	37.00	2013.5	PPT
5	道桥工程材料	978-7-301-21170-0	刘水林等	43.00	2012.9	PPT
6	路基路面工程	978-7-301-19299-3	偶昌宝等	34.00	2011.8	PPT/素材
7	道路工程技术	978-7-301-19363-1	刘 雨等	33.00	2011.12	PPT
8	城市道路设计与施工	978-7-301-21947-8	吴颖峰	39.00	2013.1	PPT
9	建筑给排水工程技术	978-7-301-25224-6	刘 芳等	46.00	2014.12	PPT
10	建筑给水排水工程	978-7-301-20047-6	叶巧云	38.00	2012.2	PPT
11	数字测图技术	978-7-301-22656-8	赵 红	36.00	2013.6	PPT
12	数字测图技术实训指导	978-7-301-22679-7	赵 红	27.00	2013.6	PPT
13	道路工程测量(含技能训练手册)	978-7-301-21967-6	田树涛等	45.00	2013.2	PPT
14	道路工程识图与 AutoCAD	978-7-301-26210-8	王容玲等	35.00	2016.1	PPT
	交 通 运 输 类					
1	桥梁施工与维护	978-7-301-23834-9	梁 斌	50.00	2014.2	PPT
2	铁路轨道施工与维护	978-7-301-23524-9	梁 斌	36.00	2014.1	PPT
3	铁路轨道构造	978-7-301-23153-1	梁 斌	32.00	2013.10	PPT
4	城市公共交通运营管理	978-7-301-24108-0	张洪满	40.00	2014.5	PPT
5	城市轨道交通车站行车工作	978-7-301-24210-0	操 杰	31.00	2014.7	PPT
6	公路运输计划与调度实训教程	978-7-301-24503-3	高福军	31.00	2014.7	PPT/答案
	建 筑 设 备 类					
1	建筑设备识图与施工工艺(第2版)(新规范)	978-7-301-25254-3	周业梅	44.00	2015.12	PPT
2	水泵与水泵站技术	978-7-301-22510-3	刘振华	40.00	2013.5	PPT
3	智能建筑环境设备自动化	978-7-301-21090-1	余志强	40.00	2012.8	PPT
4	流体力学及泵与风机	978-7-301-25279-6	王 宁等	35.00	2015.1	PPT/答案

注：🌐为"互联网+"创新规划教材；★为"十二五"职业教育国家规划教材；◎为国家级、省级精品课程配套教材，省重点教材。相关教学资源如电子课件、习题答案、样书等可通过以下方式联系我们。

联系方式：010-62756290，010-62750667，yxlu@pup.cn，pup_6@163.com，欢迎来电咨询。